U0321574

图书在版编目（CIP）数据

中国城池图录 /（日）石割平造编；蔡敦达译编

上海： 同济大学出版社， 2018.1

ISBN 978-7-5608-7133-2

Ⅰ．①中… Ⅱ．①石… ②蔡… Ⅲ．①古城－建筑史－中国－图集 Ⅳ．①TU-098.12

中国版本图书馆CIP数据核字(2017)第152618号

中国城池图录

著　　作　　【日】石割平造 编撰

　　　　　　蔡敦达 译编

出版策划　　萧菲菲(xff66@aliyun.com)

责任编辑　　陈立群(clq8384@126.com)

视觉策划　　裕德文传

内文设计　　裕德文传

封面设计　　陈益平

电脑制作　　张晓明

责任校对　　徐春莲

出　　版
发　　行　　同济大学出版社 www.tongjipress.com.cn
　　　　　　上海市四平路1239号　　邮编 200092　　电话 021-65985622

经　　销　　全国各地新华书店

印　　刷　　上海锦良印刷厂

成品规格　　215mm×285mm　296面

字　　数　　592 000

版　　次　　2018年1月第1版　2018年1月第1次印刷

书　　号　　ISBN 978-7-5608-7133-2

定　　价　　240.00元

中国城池图录

【日】石割平造　编撰

蔡敦达　译编

同济大学出版社

目 录

第一篇 总 论

第二篇 各地城郭

译编者的话

2000年，我作为客座副教授在国际日本文化研究中心（日本国京都市，简称日文研）研究期间，除自己本身的研究以外，还贪婪地收集着我认为以后有用的建筑史、庭园史方面的资料，或大本大本复印书本资料或用相机拍摄图像资料（当时还没有带扫描的复印机），因为白天使用复印机的人多，只得夜间加班加点复印到很晚。《中国城池图录》[①]（日文版书名『支那城郭ノ概要』）就是其中的一本。这是一本上世纪四十年代初出版的资料集，图纸多且大小不一，加之是从其他大学的图书馆特地调借来的，因此复印需十分小心，记得我前后用了将近一周的时间方才"大功告成"。结束研究回国返校时，将它随同在日文研所收集的文献资料一起带回了上海，但以后就一直被打入"冷宫"。这次"出土"缘于以下两个机会：一是自2014年度起我作为海外研究员参加了日文研刘建辉教授主持的"从图像资料重新探讨旧日本帝国域内文化"的共同研究班，担任对日本学者等在20世纪前半期考察中国建筑和都市所留下的图像资料等的解读工作；二是同济大学出版社的陈立群编辑听说此书后竭力促成其出版问世。

先行研究

关于此书，此前已有学者对其予以关注，首先是已故京都大学名誉教授爱宕元(1943~2012)，他在《中国的城郭都市》（日文版书名『中国の城郭都市』（中央公論社，1991年3月）中已对本书有所记述，之后他又在日本国立历史民俗博物馆研究报告第78集(1999年3月)中，撰文"石割平造著《中国城郭之概要》——旧陆军军人所见中国的城郭都市"（日文原名『支那城郭ノ概要』旧陆军人の目を通して見た中国の城郭都市」），对此书尤其是"总论"部分进行了详尽的考论。另外，此前，香港中文大学于1979年出版了原著的英文版影印缩小本 *Chinese walled cities : a collection of maps from Shinajōkaku no gaiyō* / edited by Benjamin E. Wallacker，主要由图纸部分组成。而笔者现在编译所用的是日文研图书馆藏本，原为日中历史研究中心赠送本（钤有"日中历史研究中心"印），上面捺有早稻田大学工学部建筑史研究室首任教授田边泰印，曾为其藏书。另见"井上"印及"井上中尉"的铅笔笔迹，疑为此书的最早主人。

爱宕元先生（以下省略敬称）在《中国的城郭都市》第九章"明清时代的城郭都市"中这样

[①]本书为刘建辉教授主持的国际日本文化研究中心"从图像资料重新探讨旧日本帝国域内文化"共同研究项目成果之一。

写道："本书所收城郭图虽表现 1930 年代民国时期的状况，但这不仅完整保存了清末时期的形态，而且城郭形态基本上可以上溯至明清时期。所刊载的 108 座城郭图 (实为 100 座，其中"嘉兴"仅见建置沿革，没有图纸)，全都以 1/1000(恐 1/10000 之误，爱宕元以下论文中所使用的亦为 1/10000) 的平面图正确标示城门的位置、城内主要街道的走向、城墙的壕沟和护城河以及桥梁的位置等。部分城郭还标记有城内的住户和人口数。标示尤为详细的是城门结构、城墙厚度和护城河的深度，毫无疑问，这些都是出于军事目的的需要，但从研究城郭都市的立场而言，这些亦具有极高的参考价值。"并从原书 100 座的城郭图中选择 12 幅进行了介绍。

"石割平造著《中国城郭之概要》——旧陆军军人所见中国的城郭都市"是刊于国立历史民俗博物馆共同研究"都市生活空间的历史研究"报告书中的论文。论文由爱宕元自己撰写的"序论"部分和原书第一编总论部分以及爱宕元的注释组成。在"序论"中，爱宕元介绍了原书作者石割平造以及书的第一编总论和第二编各地城郭的篇目内容。接下来按现代日语的表记方法全文收录原书第一编总论，他不仅一一订正了原书中的印刷错误、误解和事实误认，而且还十分详尽地加上了自己的注释。正如他在"论文梗概"中所言："原书的总论部分对中国城郭都市的沿革、种类、结构等作了概括。本论文除对这部分进行介绍以外，还根据近年城郭史研究方面的积累和考古学方面的成果，尽可能作了详细的注释。"在这里要说明的是，这些注释在这次翻译、编辑《中国城池图录》上起到了事半功倍的作用，我本人亦受益匪浅。

此外，九州大学名誉教授川胜守著《中国城郭都市社会史研究》(汲古书院，2004 年 2 月)尾章亦就《中国城郭之概要》作了详尽的介绍，称其为"不幸时代的产物"，但具有"很高的资料价值"。根据此书的相关城郭图对城墙、城门的结构以及城内坊制和城外市街等进行了论述，并制作了"城郭城墙结构一览表"。还在书中使用或卷末附录了原书的大部分截面图和平面图。

石割平造小考

据爱宕元考证，石割平造为战前日本陆军高级参谋培养机构——陆军大学校第二十八期 (大正五年，1916 年) 毕业的优秀生，是个技术军官。陆军大学校毕业时的军衔为工兵大尉，昭和十二年 (1937) 十月为预备役工兵少佐。同十三年复归现役，同年被派往中国战场，参加了这年的武汉和南昌战役。翌年为日军"支那派遣军"参谋，同十六年晋升为工兵大佐 (恐中佐之误，写于昭和十五年十二月的原书序言中仍称其为陆军少佐，以下小传中有"同十六年十二月升任中佐"的记载)。为原书撰写序言的"支那派遣军"总参谋长板垣征四郎为其陆军大学校第二十八期同窗。

另秦郁彦编《日本陆海军综合事典》(东京大学出版会，1991 年 10 月) 亦见有石割平造的小传，内容更为详细，现抄录如下：

石割平造，富山县人，生于明治十七年 (1884) 十二月二十四日，卒于昭和二十七年 (1952)十二月十五日。少时就读名古屋幼年学校、中央幼年学校，明治三十八年 (1905) 三月毕业于陆军士官学校；同三十八年四月任工兵少尉兼工兵九大队助理；同四十年十二月升任工兵中尉；同四十二年十一月毕业于陆军炮兵工兵学校高等科；同四十五年二月任技术审查部助理。

大正二年 (1913) 十二月入陆军大学校; 同四年八月任工兵大尉; 同五年十二月毕业于陆军大学校并任工兵九大队中队长; 同六年九月任参谋助理; 同六年十二月任近卫师团参谋; 同九年二月任陆军炮兵工兵学校教官; 同九年六月为参谋本部成员; 同十年八月任工兵少佐; 同十一年二月任广岛湾要塞参谋; 同十二年三月为预备役。昭和十三年 (1938) 五月应招并任第一师团后备工兵二中队队长; 同十四年五月任华北派遣军参谋部助理; 同十六年十月任工兵学校教官; 同十六年十二月升任中佐; 同十七年五月任参谋本部助理 (供职本邦战史编纂部); 同二十年十月退役; 同二十年十二月任第一复员省史实部助理。

有关石割平造的事迹, 大类伸、鸟羽正雄合著的《日本城郭史》(雄山阁, 1977 年 8 月) 中亦有记载, 石割平造在被派往中国之前, 作为陆军筑城部本部编《日本城郭史资料》(日本国立国会图书馆藏) 编辑委员之一 (少佐身份) 参与了城郭的调查和资料的编撰, 在二战后其身边还保留着相关的备忘录。此外还有昭和十三年五月十六日至二十二日参加富山县境内城郭遗址实地考察的记录 (参阅高冈市教育委员会编《富山县高冈市守山城遗址范围确认调查概报 I》, 2007 年 3 月)。另外, 有关石割平造在华活动在《日本城郭史》增补"关于大东亚战争期间的城郭情况"中见有如下记载:"石割平造氏被派往中国华中后成为一部队长, 其后奉华北军之命, 调查中国的主要城郭, 其成果由华北军刊行。"原书是在侵华华北占领军的授意下编写出版的, 这当确凿无疑。

《战史丛书支那事变陆军作战〈3〉至昭和十六年十二月》(朝云新闻社, 1975 年 11 月) 江南作战条目以及稻叶正夫编《冈村宁次大将资料 (上) 战场回想篇》(原书房, 1970 年 2 月; 中译本《冈村宁次回忆录》, 天津市政协编译委员会译, 中华书局, 1981 年 12 月) 等书中亦见有石割平造的相关记载。

除此书以外, 石割平造还编写有《工兵的本质》(青年军事新书 3, 霞关书房, 昭和十九年七月, 1944 年 7 月) 一书, 由六章组成, 即工兵的沿革、工兵的特性、工兵作业的种类、现代战争的趋势与工兵的机械化、各种作战中的工兵 (此书的重点, 除水陆作战以外, 还包括交通、筑城、地面战、空战等) 和工兵的教育等。

本书内容介绍

原书为昭和十五年 (1940) 侵华日军"支那派遣军"司令部刊行的出版物, 由当时供职华北日军参谋部助理石割平造少佐搜集并编辑的。全书由第一篇总说和第二篇各地城郭组成, 第一篇总说由两章七节构成。第一章内容为筑城的种类及其形式, 第一节长城讲述长城的历史沿革和现状; 第二节局部地区的筑城分都市筑城、特殊筑城和现存城郭的概要三部分, 第一部分包括都市的位置及数量、罗城及子城、外部防御、由罗城群构成的都市等, 第二部分包括山寨、资源筑城、"满城"等, 第三部分为现存城郭的概要; 第三节试对中国筑城与日本筑城的关系进行了比较。第二章内容为筑城性质, 第一节城墙分城墙的截面、女墙和筑城材料三部分; 第二节为外壕; 第三节城门分城门的数量、种类及其结构、附属设施; 第四节为马面。第二篇各地城郭除简单的各城郭建置沿革外, 通过图纸详细介绍了 100 座城郭都市当时的 (民国以前或上溯至明清时期的) 面貌。

现将原书中第二篇城郭都市的目录抄录如下：

第二篇 各地城郭

第一章 华北的城郭

第一节 河南省的城郭

西安、灵宝、陕县、洛阳、中牟、开封、睢县、归德、陈州、周家口、郾城、信阳、光州、汝宁、卫辉、彰德

第二节 山西省的城郭

太原、汾阳、沁县、长治、泽州、临汾、太平、绛州、侯马镇、闻喜、运城、大同

第三节 河北省的城郭

北京、通州、沧县、德州、保定、定县、正定、获鹿、顺德、邯郸、大名

第四节 山东省的城郭

德县、青州、博山、济南、长清、泰安、宁阳、衮州、邹县、济宁、金乡、滕县、沂州、单县、峄县

第二章 华中的城郭

第一节 江苏及北部浙江省的城郭

南京、句容、镇江、扬州、丹阳、金坛、常州、无锡、苏州、昆山、常熟、太仓、嘉定、宝山城、松江、宜兴、萧县、泗县、宿迁、邳县、嘉善、嘉兴、杭州、湖州

第二节 安徽省的城郭

宁国、当涂、滁县、庐州、安庆、亳县、正阳关、蒙城、凤阳

第三节 江西省及武汉地区的城郭

九江、星子、都昌、德安、安义、瑞昌、萍乡、吉安、武昌、汉阳、应城、安陆、襄阳、长沙

关于原书目录有几点说明，①书中西安归于第一章华北的城郭第一节河南省的城郭中讲解；②同上第一章第二节山西省的城郭，在"太原"和"汾阳"之间遗漏"太谷"，而书正文中有其建置沿革和图纸，中译本中加上；③同上第一章第三节河北省的城郭，"德州"仅存篇目（疑与第四节山东省的城郭中"德县"为同一地方）；④第二章华中的城郭第一节江苏及北部浙江省的城郭，"嘉兴"在正文中仅见"建置沿革"而没有图纸，中译本中删除；⑤同上第二章第一节江苏及北部浙江省的城郭中的"泗县"，中译本移至第二节安徽省的城郭"蒙城"前；⑥同上第二章第三节江西省及武汉地区的城郭，"萍乡、吉安"目录与正文前后顺序不一，中译本以目录及图纸编号排列；⑦同上第二章第三节江西省及武汉地区的城郭的"安陆"，从该处的记述和图纸看，疑为"钟祥"，两者并非同一地方，具体参阅该处记述。综上所述，本书实际收录了100座城郭的图纸（由于中译本编排上的需要，章节的编排名称与原书有所不同，但实际内容不变）。

以上城郭图基本上以1/10000的平面图（其中含部分1/12500或1/15000不等的平面图）制图。

图中详细记载了有关城郭都市整体结构的各种数据和信息，诸如城墙的高度、基础和上部的厚度、女墙的高度和设置间隔、瓮城的有无等城门的详细构造、马面的有无、城郭四隅的构造、通往城墙上的联络通道的形态、城墙的材料即土城或是砖城、城墙的截面（多有 1/500 的详图）、城墙外壁的倾斜度、护城河的宽度和深度、护城河有无水、护城河上桥的长度和宽度、桥桁与水面间隔、河底是否泥泞能否行走、冬季河中有无结冰、河外则有无堤坝或土垒、若有则标示堤坝或土垒的高度、城郭内主要街道、自城郭外通向城门的主要道路、城郭内的户籍数和人口数、城郭内房屋的疏密分布、省政府或府州县的政府机关所在地、寺院道观文庙等大型建筑物所在地、城郭内河塘沟渠、城郭内外练兵场和兵营的所在地、城郭外城关的规模和形态等。不少图中还标示有城郭周边地理环境的信息，诸如城郭都市周边的等高线、周边的水系及其水的深度及河的宽度和流速，而就和华北的城郭而言，还标示了黄土地带特有的沟壑的走向、城郭外最近处的高地等。

思考和说明

关于原书的编写，爱宕元在上述论文中这样写道："这些关于中国城郭极为详细的数据，著者是基于自身的实地调查以及实际参加攻城战而获得的。再有考虑到著者时为'支那派遣军'参谋的身份，因此推测其还参照了《步兵第某某连队作战详细报告》附录的作战详细图之类的军事机密资料等。"应该说爱宕元的观点或推测基本不错，若需加以修正的话，首先石割平造是编者，而非著者，原书板垣征四郎的序言中亦使用"蒐集"两字，从整本书的性质来看，"编"较"著"更为恰当。从以上编者的经历可以看出，他是昭和十三年 (1938) 五月应招入伍（据说此前服预备役是因为健康的原因）并任第一师团后备工兵二中队队长，翌年五月任华北派遣军参谋部助理，同十六年十月任工兵学校教官、十二月升任中佐。原书中所涉城郭的实地调查、测绘或相关资料的收集工作当在其任工兵队长及参谋部助理这段时间进行的，可以推测这项实地调查和测绘工作是以石割为主加之其所率领的工兵连队或专门小组协作完成的，在他来华两年左右时间里要完成这些城郭的调查、测绘或资料的收集，非一人之力所能为之。然其后原书的编写工作则是在石割任参谋部助理前后主要由他一人完成的，因为其本身就是城郭方面的专家。实地调查、测绘和作战详细图的使用是其编书的重要手段，此外，他还应该使用了现成的相关资料，如方志等。据其书中所称，城郭的建置沿革主要引用了《支那地名辞典》。日本国内当时有两种中国地名辞典，一是星斌夫著《支那地名辞典》，富山房，昭和十六年 (1941) 四月刊行；二是外务省情报部编《支那地名集成》，日本外事协会、昭和十五年 (1940) 九月刊行。但从原书刊行的时间昭和十五年十二月来看，所引用的似乎不像是前者。但查看这两本地名辞典后，发觉前者似乎存在某种可能性，然出版时间上相差四个月难以解释。一种可能或许是原书的实际刊行时间晚于《支那地名辞典》，事实上此时前后似乎没有其他同类地名辞书。这疑问有待今后解决。其次，原书刊行后，一部分留作部队内部工作用，如前述日文研所藏本最早就是"井上中尉"所使用的。另有一部分以"支那派遣军总司令部"的名义赠送给各国立大学的图书馆（从图书馆登记的时间看，如 2000 年我所复印书上的登记时间为昭和十六年十月十日，较原书的刊行年月足足晚了近一年，这能否作为原书刊行时间较实际出版要晚的旁证，亦有待考证）。再者，石割平造本身是研究城郭的专家，如前所见，他在日本时就曾调查过不少的城郭建筑和遗址，虽然两者性质上存在很大的不同，但在实地调查和测绘的方法等方面多有相同之处。记得我在日文研刘建辉教授研究班上发表研究报告时，该中心井上章一教授的发言颇有启发意义。他说，在日本的城郭研究方面，最早时大多为军人，而且非常热衷于城郭的调查和研究，用现在的话说，活脱的城郭宅人。石割平造可能就是这样一个人，专业、兴趣、加之战争的需要促使他编写了这本书。

至于原书的编写目的，毫无疑问就是为配合所谓的"大东亚战争"，即为侵略战争服务，而且从以上书的图纸标示中亦可清楚地看出，大多标示与战斗或占领有关，例如，城郭图第五十六其二"水西门图"上见有"昭和十二年十二月十二日午后二时 爆破"的字样，指的就是南京大屠杀(1937年12月13日)前日日军进攻水西门、炸塌城墙的暴行。因此，我以为关于此书的编写，可以从三方面来考虑，同样是为侵略战争服务，一是为了攻城战的需要，二是为了占领后的殖民统治的需要。例如，以书中的河南省的城郭为例来看，在此书编写、出版时，有些已沦陷而有些尚未被占领。就书中所列城郭而言，早于1940年沦陷的有豫北的彰德(安阳，1937年11月)、卫辉(汲县，1938年2~3月)，豫东的归德(1938年5月)、睢县(1938年5月)、开封(1938年6月)、陈州(淮阳，1938年9月)和豫中的中牟(1938年6月)，豫南的光州(潢川，1938年9月)、信阳(1938年10月)，以上地区在1938年10月前沦陷；而1941年以后被占领(过)的有豫西的陕县、灵宝、洛阳(均为1944年5月)和豫中的郾城(1944年5月)、豫南的汝宁(汝南，1941年1月)以及周家口(1944年5月)。从城郭图纸来看，没被占领地区的图纸较为简单，如西安城郭图仅三张，且根据相关史料绘制；而沦陷区的南京十分详尽，总共有十五张之多(包括明故宫)，不仅有南京的地形图，而且还有主要城门图，并标注有各种详细的数据，明显进行过相关的实地调查和测绘，这些亦为今后的研究探讨提供了视角。另外还有第三点，即从石割在日本时的经历来看，石割本人的专业背景亦不可忽视(实际上上世纪二三十年代日本来我国进行实地考察的各类群体多有相关的专业背景)。而另一方面，原书等当时出于侵略战争的需要而编写的负资产，现在却成了不可多得的历史资料。除揭示侵略战争的罪行以外，客观上亦为我们留下了当时中国华北、华中地区的城郭图。尤其是由于历史的变迁，这些城郭大多已不复存在，而当今的经济发展给我们提供了包括城郭在内的历史遗产保护和重建的机遇，因此这些历史资料就显得更加重要。但我还是不得不对那场侵略战争感到愤怒，在编译本书过程中，本想找些当时的老照片放在书中一起编辑出版，但找来找去，发现全是些战争中不堪入目、令人痛心的图像，于是不得不放弃。我在想，假若没有那场战争，这些城郭、城墙或许现今的我们还都能看到，想来实在让人感慨(尤其是当看到喜仁龙《北京的城墙与城门》等书中上世纪二十年代的老照片时，感慨的心情更为强烈)。

原书成书于1940年前后，距今将近八十年，由于时代和国家意识等的局限，书中不免存在现在看来早已过时的东西。例如，"支那"一词便是个典型。"支那"与震旦同源，原为古代印度对中国的称呼，随佛教经典传入中国。古代佛教徒以印度为"中国"，称中国为"支那"。九世纪初又通过佛教传入日本，江户时代后期，"支那"成为日本民间一种对中国普遍的非正式称呼。明治维新以后，此用语又由日本传回中国。但二十世纪初，随着中日两国间冲突的不断加剧，民族主义情绪高涨，中国人及海外华人开始认为"支那"这个称呼带有贬义。1930 年，民国政府明令拒绝接受使用"支那"称呼中国的日本公文书；1932 年以降日本在外交场合中不再使用这个词语。但不可否认就是自此时起，"支那"确确实实被打上了种族歧视的烙印。因此，在第二次世界大战后，"支那"这个词语就是一种种族歧视的用语，我们中国人不予接受理所当然。另外，1946 年日本政府通令在日本国内公文书中不可使用"支那"名称。当一些二战前或期间刊行的出版物再版时都将"支那"改为了"中国"，如前出的地名辞典分别改为《中国地名辞典》（名著普及会，1979 年；增补版，国书刊行会，1986 年）、《中国地名辞典 英中·日中对照》（原书房，1985 年）。我在译编过程中，除为尊重历史原貌（如当时的书名、原始文献和图纸）以外，一般都更改为"中国"。

此外，这次中译本保留了所有原书中所载图纸，而改动较多的是各城郭的建置沿革。除保存其部分内容以外，笔者根据现今出版的方志、地方政府网站以及网络上的相关资料对这部分动了较大的"手术"。本想在建置沿革中加大筑城史方面的内容，无奈本人才学疏浅加之时间限制而没能做到，幸亏当今有不少这方面的研究专著、论文以及考古新发现，望诸位读者参考以弥补本书之不足。原书中汉字等错误亦作了改正，容不一一注明。另外，作为今后的研究课题，原书所用的资料来源、实地调查和成书的过程以及与其他相关城郭图纸的比较研究等，还需要有更深入的追求，期待有更多的史料被发掘和发现。另外，由于出版条例等的规定，译编者或编辑对极个别地方的表述等做了改动或删除，敬请原谅。若希冀对照原书的读者，亦可上网查阅日本国会图书馆数据库原文：http://dl.ndl.go.jp/info:ndljp/pid/1079053。

最后借此机会，对爱宕元元先生的家属表示谢意，感谢他们同意使用爱宕元先生论文中的注释。同时感谢刘建辉教授、井上章一教授、原新潟大学教授井村哲郎先生和原奈良大学教授森田宪司先生以及共同研究班、日文研图书馆的同仁，还要感谢同济大学出版社的陈立群编辑，是他极有耐心地等待了这份"迟到"的书稿。

蔡敦达

2017 年 3 月 20 日

初稿于大阪茨木彩都山吹寓所

2017 年 6 月 20 日

定稿于上海同济研究室

序　言

中国筑城史上下五千年，通过对其研究，不仅能推测汉民族战术性及技术性的趋向，而且其本身就是中国文化史的重要组成部分。本人自出征以来，对此多有兴趣，于公务之余，留意此类资料的搜集。文献方面的研究需要涉猎古文书，故因时间上的限制，主要从考古学立场出发，针对实物进行了调查。然而，现存中国筑城大体为明代以后遗迹，其之前远古筑城几乎不得而求。一般而论，中国历史悠久，但现存物中古远之物十分少见，这是中国史研究者时常遭遇的困惑，筑城史研究亦是如此。然汉民族墨守陈规，我坚信只要广泛搜集现存城郭的资料，梳理往古以来的筑城源流亦并非做不到，因而计划尽可能多地搜集这方面的资料。无奈我驻扎的地方多限于华中地区，至于中国文化发祥地的华北地区只考察两三处城郭，况且华中地区亦有不少尚未踏查之处。因此，这些未踏查之地的城郭只得凭借地图或闻知收入书中，通过这些能够观察此等诸城与当地居民、地形的关系等概要。当然，有关筑城研究重要性的资料尚不充分，不少还有待于今后的研究。

综观中国筑城的变迁，自古至今其筑城思想几乎没有变化，各时代如出一辙①。因此，本书的筑城史研究不选用按时代分类的普通方法，而是采用如下编辑方法：按筑城的种类及具体城郭，叙述其沿革和现状。

---

①的确，通览古时战国的《墨子·备城门》篇以及唐代的《通典兵典》、宋代的《武经总要》等，就军事立场而言，筑城思想没有多大变化。而且，其后的元、明、清代由于火器兵器的发展不成熟，可以说在城郭的结构方面没有大的变化。但是，中国的城郭因为是拥有众多人口的都市，十世纪宋代以降出现了商业都市化、消费都市化的新现象，就这点而言，不能说没有发生相应的时代变化。

包括本条注释在内，以下注释均为爱宕元(1943~2012，日本中国史学家、京都大学名誉教授、帝京大学教授)先生论文《石割平造著〈支那城郭之概要〉——旧陆军军人所见中国的城郭都市》(载《国立历史民谷博物馆研究报告》第78辑，1999年9月)中注释，考据详实，现今仍有其学术价值，故附录以作参考——译编者注。

第一篇 总 论

当远古人类发生争斗时，初期建筑是自我防备的设施。在组成小集团或成立国家后，发生了小集团或国家层面的筑城，这在任何民族都一样。可以推测，汉民族在其历史上，尤以旧制建筑城郭，其创始极其宏远。因此，在文献资料方面，上古时代的记录中已有这些记载。《易经》（上经泰、同人下经解）[1]、《诗经》（大雁·文王之什·緜、文王有声、荡之什·崧高、韩奕）[2]等中能够找到其印证，《春秋左氏传》襄公十一年中见有"防"[3]，为防御筑城之意。

上古以来，最令汉民族头痛的是剽悍的北方民族入侵中原和掠夺无度的土匪强盗骚扰都市，此两者实为三千年来一成不变的筑城原因。为此，汉民族所采用的筑城方式有，国境线上连绵不绝的线式筑城以及各都市等直接用于防卫的围郭。虽经时代变迁，但其筑城思想没有丝毫改变，只是筑城材料和特殊构造物随时代发展而进步。在筑城的组织和形式的根本观念上古今一致[4]。

筑城尤其是国境筑城，在汉民族统治中原时大规模进行；反之，北方民族入主中原时却不从事此类建设，倒是呈现出退步的迹象[5]。汉民族完全统治中原自上古至西晋、隋唐及以后的明代[6]，中国筑城是在汉民族统治中原时发达起来的。而明代达到了城郭建筑的顶峰，现存的万里长城、南京城及北京城——这些伟大的筑城实例皆在这一时代完成[7]。幸运的是这一时代的筑城多保存至今，本书城郭亦以这一时代以后的实例为主要研究对象。

在总论中，分门别类地阐明筑城的形式及细部的结构，以此展开研究。

①《易·泰卦上六》："城复于隍，勿用师。自邑告命，贞吝。象曰：城复于隍，其命乱也。"意为累积隍土筑起的城倒塌了，回到了原来的隍。《易·同人卦九四》："乘其墉，弗克攻，吉。象曰：乘其墉，义弗克也。其吉则困而反则也。"意为虽然登上了敌人的城郭，但是没有攻克。
②《诗·大雅·文王之什·緜》中歌咏古公亶父在周原营造城郭、宗庙、宫室等，见有采用版筑筑城的内容。同前书大雅·文王之什·文王有声中歌咏文王移都邑于鄷，武王移于鄗，见有筑城的内容。同前书荡之什·崧高中歌咏穆王时甫侯、申侯之德，有筑城内容。同前书荡之什·韩奕中歌咏韩侯来朝接受皇命，亦见有城池修筑之句。
③《春秋左氏传》襄公十八年之误。"冬十月，会于鲁济，寻溴梁之言，同伐齐。齐侯御诸平阴，堑防门而守之，广里。（杜注）平阴城在济北卢县东北，其城南有防，防有门，于门外作堑，横行广一里，故经书围。"意为在称防的小城前面挖枯壕防御。
④中国的城郭都市、即州县城的起源可以追溯到新石器农耕时代定居在丘陵上的原始部落以及其后发达的商周时代的邑制都市国家，这些邑多发展成为以后的州县城，选址上没有多大变化，古城郭的一部分在后世被反复修筑或再利用，这种做法屡见不鲜。例如，郑州殷城上层为战国时期和宋代的版筑，明清临淄县城的一部分建立在战国齐临淄县城上。
⑤这里有关辽、金、元、清征服中原王朝的记述有误。辽、金、元分别新建了各自大规模的都城，即五都、中都和大都；清亦在数个既存的大城郭内新筑了分离满城和汉城的界墙。而且，很少破坏或拆除既存的一般的州县城郭，甚至各时期都有修筑。
⑥北宋时代，辽夺取河北、山西北部的所谓燕云十六州，西夏占据陕西、甘肃的一部分，中原在北宋的完全掌控中，此记述排除北宋是不恰当的。
⑦这一记述容易招致误解。的确，现存的大规模城郭都建于明代，但过去也有过大规模的筑城，根据近年的考古调查，复原了多处大规模城郭。都城方面，有汉长安城、北魏洛阳城、隋唐长安和洛阳城、北宋开封府城等，这些规模上都能够匹敌明代的北京和南京城，甚至超过它们。还有，扬州城、太原府城、成都府城等唐代的都城都远超明代的，规模要大得多。

第一章 筑城的种类及其形式

中国的筑城大致分为出于国境防御的线式筑城和出于局部防御的围郭,前者典型为万里长城,后者按内容种类分为都市筑城、山岩及资源筑城等。

一、长 城

长城之语始见于《史记·赵世家》:"中山筑长城(赵成侯六年、公元前369年)"、同前"侵齐,至长城"[①]及齐世家"赵人归我长城(以上均为公元前369年[②])"等[③],据此可作出以下判断:

①长城在春秋时期(前770~前403)既已存在。

②此类设施不仅限于中国北方,而且在中原亦有存在。

1. 上古的长城[④]

(1) 中原的长城

春秋末期至战国,中原诸侯割据,邻国间蚕食并吞,无宁日可言。出于防御,中原始筑长城。

①齐长城 齐国领地为现今山东北半部,为防御其南方的鲁国和楚国筑起了长城。即西自平阴横断泰山北岗,经诸城南方至大珠山(青岛西南方约50公里处)附近,临海结束,全长约330公里[⑤]。

②楚长城 楚国领地广大,淮河沿岸和长江沿岸均为其所有。自战国中叶以后,在远离其国都郢的北方筑起了长城。其位置在京汉线西部,东起泌阳西至叶县,经内乡至竹叶,全长约430公里[⑥]。

③魏南长城及赵南长城 魏、赵两国出自晋,然水火不容,争斗不休,魏国都大梁(现今开封),赵定都邯郸。然魏仰仗其强力屡屡夺取邯郸,故两国均建筑长城防御对方。即,魏以开封为主,自原武至密县间,呈"つ"字形筑城,全长约200公里。而赵在漳河北面、即磁县、临漳间筑起了25公里长的长城[⑦]。

④燕南长城 燕为防御西南方的赵筑起了长城。其走向大致与易水平行,全长约150公里[⑧]。

⑤中山长城 《史记·赵世家》记载有"成侯六年,中山筑长城"。此长城应在现今河北省、山西省境内。

(2) 北边的长城

战国时期(前403~前221),建立在北方的燕、赵、魏、秦诸国为防御北方民族的侵扰,在各自的北方边境筑城。《史记·匈奴传》中有详细记载。

公元前约500年,魏惠王在固阳筑长城[⑨]。

---

①前者为北狄鲜虞的中山国筑在与西南赵国境上的内地长城,后者为齐国在泰山西北的内地长城。

②《史记·卷四六·田敬仲完世家》威王九年的记事。赵返还其东境的内地长城。另,前369年为前368年之误。

③内地长城的最初文献记载为《春秋左氏传》僖公四年(前656)"(屈完说)楚国方城以为城,汉水以为池"。可知这是楚国的方城,在春秋前期就已建筑。

④近年,根据卫星图片和实地勘察,内地长城的位置更为具体、清晰。但书中已大致图示了这些成果,不禁为编者五十年前标绘的内地长城的准确性而折服。

⑤根据近年的研究约405公里。

⑥根据近年的研究约405公里。

⑦就魏而言,产生威胁的是西方的秦,河西长城的筑城用意明确。根据近年的研究,赵的内地长城约162公里。

⑧根据近年的研究约202公里。

⑨《史记·卷四四·魏世家》"(惠王十九年)筑长城,塞固阳。(正义)括地志云:榈阳县,汉旧县也,在银州银城县界。按:魏筑长城,自郑滨洛,北达银州,至胜州固阳县为塞也。固阳有连山,东至横河,西南至夏、会等州。"根据《括地志》记载,固阳如插图所示位于米脂偏北处。魏此长城不是北边长城,为针对西邻秦而设的内地长城(河西长城)。书中公元前500年有误,魏惠王十九年应为公元前351年。

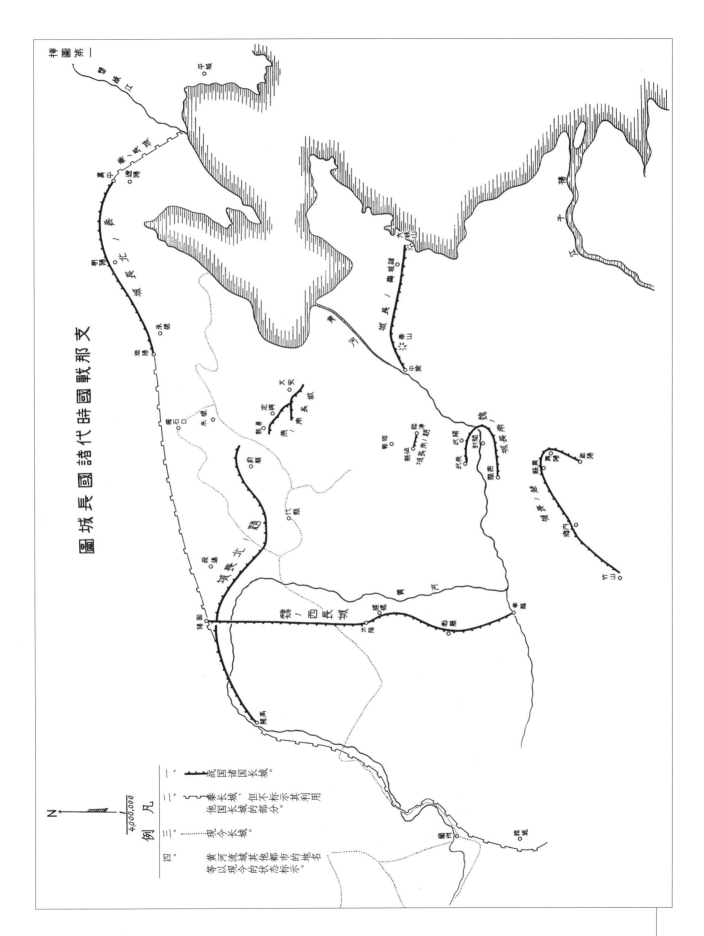

公元前 314 年，秦击败义渠之戎，在北地筑长城[①]。

公元前 307 年，赵武灵王击败林胡、楼烦，沿阴山筑长城[②]。

燕亦在击败东胡后，自造阳至襄平筑长城[③]。

当时的诸长城如上页插图所示。但有关当时的地名诸说不一，采信何种多存疑惑。本书主要依据日本研究成果及民国王国良氏所述等[④]。

秦统一天下后，公元前 215 年使蒙恬讨伐北方的方胡，悉数获取河南之地，利用前述的诸国长城，西自临洮东至辽东建筑万里长城。

推测其经始线自陇西经北河之北、阴山、独石口北，自热河的承德、朝阳之北入满洲达鸭绿江口，故位于距现存长城更远的北方。然据称其残余遗迹现今荡然无存，仅留下土垒[⑤]。

参考比较：在欧洲，公元 81 年，罗马皇帝图密善在多瑙河、莱茵河两河间建筑长城防备北方异族[⑥]。故中国早其五百年就已建筑了长城。

2. 现存的长城

(1) 沿 革

现存长城始于南北朝时代，北魏太武帝(424~452)、北齐文宣帝(550~559)、北周宣帝(578~579)皆在北方建筑长城。

隋炀帝亦大规模建筑长城，而在唐代位于山西、河北北境的长城大致已建成，到明代成化九年(1473)，余子俊首次在河套以南自黄甫川至定边筑起了 1700 里边墙，连成一片[⑦]。

(2) 现 状

延长部分在山海关、嘉谷关之间，途中延伸三线支线城墙，全长 2400 公里。(参阅右页插图)

据说在北京北面，城墙高 4.5~9 米，上宽 4.5 米，底宽 9 米。

至于特殊构造物，即在各处设置墩台，通道路处设关门。

山西省以西存在第二、第三线内部长城，其结构较第一线简易。

(3) 警 备

明代置辽东、蓟州、宣府、大同、山西、延绥、宁夏、固原、甘肃九边镇屯兵，尤其视山海关、古北口、居庸、紫荆、雁门、偏头第一线为内边，固防严守。

总之，中国国境筑城第一线为线式筑城，固若金汤，十分适合防御北方剽悍民族的骑兵攻击[⑧]。

---

①《史记·卷一一〇·匈奴列传》："(秦昭王时)逐起兵伐残义渠。于是秦有陇西、北地、上郡，筑长城以拒胡。"秦昭王在位公元前 306~251 年，书中公元前 314 年有误。
②同前书："而赵武灵王亦变俗胡服，习骑射，北破林胡、楼烦。筑长城，自代并阴山下，至高阙为塞。(正义) 括地志云：赵武灵王长城在朔州善阳县北。按水经云：白道长城北山上有长垣，若颓毁焉，沿溪亘岭，东西无极，盖赵武灵王所筑也。"根据《史记·卷四三·赵世家》记载，正式采用胡服骑射为武灵王十九年 (公元前 307 年)。
③同前书："燕亦筑长城，自造阳至襄平。"
④王国良《中国长城沿革考》(民国二十年、1931 年)
⑤根据卫星图片和航天飞机拍摄的图片，秦万里长城遗址得

到很大程度的确认，另根据这些图片所进行的实地考察，发现山岳地带为垒石结构。
⑥图密善皇帝在多瑙河、莱茵河两河间始筑长城 (Limes) 为 83 年。顺便提一下，哈德良皇帝的不列颠长城建于 120~140 年，其部分城址保存至今。
⑦《明史·卷一七八·余子俊传》。
⑧有关战国至明代的北边长城，王恢《中国历史地理》上册 (台湾学生书局、1976 年) 所载史料和地图丰富，使用方便。罗哲文《长城》(北京史地丛书、北京出版社、1982 年) 是本概说书，简明扼要。华夏子《明长城考实》(中国档案出版社、1988 年) 记述明长城详实，亦言及之前的北边长城。

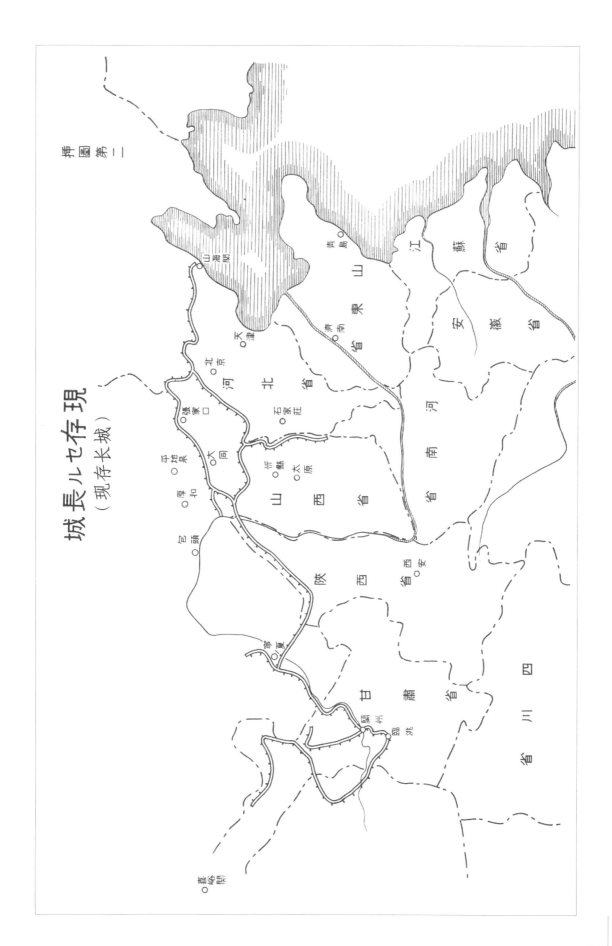

現存ル長城
（现存长城）

插圖第二

二、局部地区的筑城

1. 都市筑城

都市筑城大致可分为国都即首都筑城、地方都市即设置地方政治机构都市的筑城及防卫村邑部落的小型筑城。村邑筑城与地方都市的围郭相差无几，唯其规模过小，本节主要述说首都筑城及地方筑城。都市筑城，其外围设施坚固，内部围郭简易，用以防卫宫城或政治机构，还有在都市外部实施重点筑城的例子。

(1) 筑城的位置及数量

中国古代首都选址重点放在依赖天然屏障、接受自然掩护的安全位置上。例如，统一中国的周[1]、秦汉、隋唐等上古诸朝均不建都于中原的黄河下游平原，而是求之于偏西的渭水河盂的关中或洛水河谷，其一理由就是需要其周围险峻地形的庇护。然而，由于版图的扩大、首都人口的增加和庞大兵力的给养等需要，在如此缺乏政治和经济价值的地方建立大型国都，势必造成给养物资尤其是粮食的不足，因此不得不求之于江南。虽然隋炀帝开通了大运河，但上千数百公里的运输不尽如人意。五代诸国及宋皆定都中原交通要冲的汴（今开封），才逐渐解决了粮食问题。反观华中，自三国吴以来六朝建都建业（今南京），这是处富饶的经济中心，不像华北的国都存在经济上的困扰，而且建业的位置北面处于淮河及长江等水乡地带的要冲，南面为尚未开化的蕃族，无妨大碍，从而开启了持续 270 年灿烂的六朝文化。宋定都开封约 170 年后，遭东北崛起的金之驱逐，偏都鱼米之乡的浙江杭州，杭州如同六朝的的南京，开创了 150 年的南宋文化。

其后在北方，金、元、明、清皆定都现今的北京，除明以外，其他各朝的发祥地（根据地）都曾在东北或蒙古，故定都偏北方的北京，其粮食之不足亦需要江南输入。而北方民族为建立进攻南方的根据地、进而统治全中国，有必要立足长城以南地区，故定都交通要冲的北京。

总之，上古中国的国都位置均求之于安全地带的黄河上游地区，后逐渐迁至其下游地区，十世纪以后至近代，求之于政治经济及交通要冲地区。

然而，在不统一的时代，诸国分立各地，各小国多建都中原，此等小国为强国所蚕食，均极其短命。现将各时代首都位置及其时期列举如下（时期的数字以公元标示，估算数字以年数标示）。

---

[1] 西周是以郢京、镐京为中心的都市国家，必须与战国以降所形成的领土国家形式的统一国家——秦汉、隋唐加以严格区别。
[2] 黄帝、颛顼、帝喾、尧、舜的五帝时代是战国杜撰的道统（即时间轴上承接禅让的继承关系），属传说时代。不知编者所述尧舜时期依据何在？《史记·卷一·五帝本纪》及《正义》引尧在位 98 年、享年 117 岁或 116 岁之说，同本纪记舜在位 39 年。
[3] 近些年，发现了多处疑为夏殷遗址的新石器晚期遗址，但在学术上都不能证实其历史的存在。始于禹的夏王朝传说为 14 代 17 位王、持续 471 年（《史记》集解所引《竹书纪年》）或 432 年（《汉书》律历志）。自殷推定存在时代倒过来计算为公元前约 2050~1600 年左右。
[4] 殷王朝的绝对年代尚不明。《竹书纪年》记为 29 位王、496 年，《汉书·律历志》载为 31 位王、629 年。通常定为公元前约 1600~1050 年。殷首都为亳，其所在地有归德等多处说法。
[5] 春秋十二国始于公元前 700 年周东迁时有误，其多数为西周以来的国家。齐分为春秋时的姜齐和战国的田齐，是不同的国家。春秋、战国诸国的首都名和年代存在不少错误，因过于烦琐不一一注明。
[6] 五胡十六国的存在年代和首都的地名类推也存在不少错误，不一一注明。

中国历代都城表

时代	国名	首都	现今地名	年代		备注
尧	尧	平阳	山西省平阳	前2340～前2239	101	
舜	舜	蒲阪	山西省蒲州	前2239～前2200	39	②
夏	夏	安邑	山西省安邑	前2200～前1760	440	③
殷	殷(商)	亳	河南省归德	前1760～前1122	638	数次变更国都④
西周	西周	镐京	西安	前1122～前770	352	
春秋战国时期	东周	洛邑	洛阳	前770～前403	514	
	齐	临淄	山东省临淄	前770～前221	549	临淄在青州西北25公里处
	晋	太原	今太原东北或西北	前770～前403	367	
	楚	郢	湖北省荆州北方	前770～前278	492	郢在荆州北方约6公里纪南城
		陈	河南省淮阳县	前278～前223	55	淮阳在开封东南约120公里处
	吴	姑苏	江苏省苏州	前575～前473	102	
	越	绍兴	浙江省绍兴	前770～前334	436	
	鲁	曲阜	山东省曲阜	前770～前249	521	
	卫	朝歌	河南省洪县	前770～前658	112	彰德南方约60公里处
		楚邱	同滑县	前658～前628	30	洪县东方约30公里处
		帝丘	河北省濮阳	前628～前230	398	滑县东北约45公里处
	宋	商丘	河南省归德	前770～前286	484	
	郑	新郑	河南省新郑	前770～前375	395	郑州南方约90公里处
	陈	淮阳	河南省陈州	前770～前478	392	开封东南约120公里处
	蔡	上蔡	河南省上蔡	前770～前447	323	今上蔡西，上蔡在郾城东南40公里处
	曹	定陶	山东省定陶	前770～前487	383	曹县西北约25公里,传昔城址在其北方2公里处
	燕	大兴	北京	前770～前222	548	大兴亦称蓟
	秦	凤翔	陕西省凤翔	前770～前221	549	西安西方约140公里处
	韩	阳翟	河南省禹州	前403～前230	172	新郑西南约80公里处
	赵	邯郸	河北省邯郸	前403～前228	175	
	魏	大梁	开封	前403～前225	173	⑤
秦	秦	咸阳	咸阳	前221～前206	15	
西汉	西汉	长安	西安	前206～8	208	
新	新			8～23	15	
东汉	东汉	洛阳	洛阳	23～220	197	
	魏			220～265	45	
三国	吴	建邺	南京	221～280	51	
	蜀	成都	成都	221～263	42	
西晋	西晋	洛阳	洛阳	265～313	51	
东晋	东晋	建康	南京	316～420	104	
	前赵	平阳	山西省平阳	304～329	25	
	成	成都	成都	304～347	43	
	后赵	襄国	河北省顺德	318～351	33	
	前凉	姑藏	甘肃省凉州	308～376	68	凉州在兰州西北约220公里处
	前燕	邺	河南省彰德	337～370	33	
	前秦	长安	西安	351～394	43	
	后燕	中山	河北省定县	383～408	25	
	后秦	长安	西安	384～417	33	
	后凉	姑藏	甘肃省凉州	386～403	17	
	西秦	苑川	甘肃省榆中东北	385～431	46	榆中在兰州东南约50公里处
	南凉	西平	甘肃省西宁	397～414	17	
	南燕	广固	山东省青州近傍	398～410	12	传广固在青州东北约5公里尧山南
	西凉	敦煌	甘肃省敦煌	400～421	21	敦煌在甘肃省西北角
	北凉	张掖	甘肃省甘州	402～439	37	甘州在凉州西北约20公里处
	大夏	统万	陕西省怀远	407～431	21	怀远在西安北方约400公里省境附近
	北燕	龙城	热河朝阳	409～435	26	⑥

时代	国名	首都	现今地名	年代		备注
南北朝时期	宋	建康	南京	420～479	59	
	齐			479～502	23	
	梁			502～557	55	
	陈			557～589	32	
	北魏	平城	大同	398～494	96	
		洛阳	洛阳	494～535	41	
	东魏	邺	河南省彰德	535～550	15	
	北齐			550～577	27	
	西魏	长安	西安	535～558	23	
	北周			557～581	24	
隋	隋			581～618	37	
唐	唐			618～907	289	
	楚	虔州	江西省赣县	617～622	5	赣县在南昌南方约330公里处①
	渤海	上京	吉林省五家站附近	713～926	213	
五代	后梁	汴	开封	907～909	2	
		洛阳	洛阳	909～923	14	②
	后唐	洛阳	洛阳	923～936	13	
	后晋	汴	开封	936～947	11	
	后汉			947～951	4	
	后周			951～960	9	
	前蜀	成都	成都	907～925	18	
	后蜀			925～965	40	
	吴	扬州	扬州	902～937	45	
	南唐	金陵	南京	937～975	38	
	闽	福州	福建省福州	909～951	42	
	楚	潭州	长沙	907～951	44	
	荆南	江陵	湖北省荆州	907～963	56	
	南汉	广州	广东	905～971	66	
	吴越	杭州	杭州	905～971	66	
	北汉	晋阳	太原	951～979	28	在山西省城太原西南约20公里处
北宋	西夏	兴庆	宁夏	1038～1227	189	③
	北宋	开封	开封	960～1127	167	
南宋	辽	临潢	满洲巴林东北	916～938	22	临潢在兴安西省巴林东北波罗城
		燕京	北京	938～1125	187	
	金	会宁	满洲白城	1115～1191	76	白城在滨江省阿城县南方约4公里处
		燕京	北京	1191～1214	23	④
		开封	开封	1214～1234	20	
	南宋	临安	杭州	1132～1276	144	
	元	喀喇和林	外蒙古额尔德呢招	1235～1264	29	额尔德呢招在库伦西方约30公里处
		北京	北京	1264～1368	104	
明	明	南京	南京	1368～1402	34	
		北京	北京	1402～1644	242	
清	清			1644～1912	268	
民国	民国			1912～1927	15	
		南京		1927～		⑤

(春秋时期尚有许多小国，但在此仅列春秋十二国。)

世称中国二十四朝，建国者84国，定迁都者79处，若加上小国远不止这个数字。此等首都中，其当时的城郭残存至今的仅北京、南京两处。

地方都市称之县城、府城，但丧失经济功能的都市均已消亡，剩下的是些多少还发挥经济功能的都市。故其位置常位于水陆交通的要冲，还有不少是利用附近的高地、水流、湖泊等选定县城、府城的。

自上古至近代，中国县城中地方城市的数量无多大变化。这在势力强大的华北也好，近代华南、华中内地人口增加也罢，均没有很大变化，反而出现减少的倾向。不过，数量上的减少，在质量上却存在扩张的现象。现今、上古、近世的县城数量如下所示：

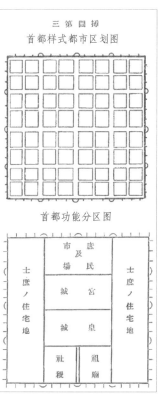

三 第 圖 插
首都样式都市区划图

首都功能分区图

时代	县城数量	较前时代的增减
汉	1578[6]	
唐	1629	增加 51[7]
明	1128	减少 491[8]
民国十九年	1472	增加 335

从以上统计可以看出，经 1500 年前后的变迁，地方城市数量上至今没有多大的增减[9]。

(2) 罗城及子城

中国都市均仿效首都的样式，研究都市筑城首先需要了解首都建设的情况。国都即首都，自周代以来，除两三处例外，至明、清国都，其样式的特点一以贯之。

①国都的样式 早在周代 (前 1122~ 前 252) 就已制定了首都的样式，即规划方九里的正方形地筑城墙，四面各设三门，为连接各自的门，在东西、南北各规划三条主干道路，主干道路之间及城墙侧再各开设一条次要道路，东西、南北各九条干线如棋盘布局，如此划分成 64 小区。其中，中央的 16 处小区为宫阙，北半部分是宫城，南半部分是皇城、即政治机构的所在地。皇城南面 8 小区的东半部分是宗庙，西半部分是社稷。宫阙左右各 16 小区为士庶住宅地，宫城北方 8 小区置市场，也安置庶民。其概要如插图所示[10]。

①隋末群雄之一的林士弘于 616 年在江西建国，自称楚国皇帝。隋末有多种群雄势力建国称帝，这里单举林士弘楚国为例，不明编者的意图。
② 909 年改洛阳为西京，而实际的都城是东京开封府(汴京)，没必要提及洛阳。五代十国诸国的年代也有不少错误，不一一注明。
③不仅是西夏，而且还必须纳入下一时代的北宋。
④金第四代海陵王在燕京之地营造中都大兴府城并迁都于此(不过迁都时间为 1153 年)，另为避免蒙古的军事压力放弃黄河以北之地，迁都河南的开封。但辽和元将游牧特点的夏营地和冬营地的传统引入都城制，建筑了复数的都城，用不着迁都。
⑤本书出版时间为昭和十五年十二月、即 1940 年 12 月，是为中华民国二十九年，为尊重历史照旧不改。1949 年 10 月 1 日以后为中华人民共和国——译编者注。
⑥《汉书·二八下地理志》所载数字。县 1314、道 32、侯国 241，总数 1587 个。
⑦《旧唐书·卷三八地理志》《新唐书·卷三七地理志》均记开元二十八年 (740) 的县数量为 1573 个。不知编者所记县城数的依据是什么？

⑧《大明一统志》载县数为 1116 个，不知编者所记县城数的依据是什么？
⑨书中所指出的，除黑龙江、吉林、辽宁东北三省，内蒙古自治区、青海省、西藏自治区、新疆维吾尔自治区以外的中国县城数历代无多增减，这点很重要。一方面是为了尽量不增加县令以下的地方官数量，另一方面亦为了有效地进行诉讼受理、治安维持等地方行政事务及最为重要的税收业务，精简高效的地方行政最为理想。为此，县城的数量历代大致固定。
⑩根据《周礼·冬官·考工记》匠人条中"营国，方九里，旁三门，国中九经九纬，经涂九轨，左祖右社，面朝后市，市朝一夫"的记载。营国即营造国都的理想规划，其记述有多种解释，书中的记述大致妥当。但王城是否此等规模很存疑问。城周九里 (3.65 公里) 四方，南北和东西各九条大路，路宽九轨均以"九"为基数。九通宾，应该是都城作为天子当之无愧的终极居所理念作用的结果。《周礼》原为记述西周诸制度的经典，但需注意的是，它成书于战国以后，曾经战国儒家的润色加工。根据近些年殷周时期古城址的发掘成果，城周 14.6 公里，城郭规模非常之大。

29

古时小区称里，唐代以后称坊，以高高的坊墙围绕，其各面（或仅为南北）各设一门。坊内设十字街形的干线道路，再划分棋盘式小区。此小区称曲[①]。坊内依据街鼓天明开启日没闭锁，夜间禁止出坊。

都市样式根据时代的变迁，宫阙的位置、城郭的形状、大小、城门的数量、坊制等存在若干变化[②]。

②罗城的种类及与子城的关系 古时称都市周围的城墙为郢或郭，至唐称罗城[③]。

罗城由一线或二线组成。

罗城一线的最多，二线的如北宋的开封城，当人口增加溢出城外时，在其外侧增设二线，称之郭城、外城或新城，而称既有的为内城或旧城。

除开封拥有外城外，北京亦在南侧设置过外城[④]。地方都市中，福州城在晋大康四年(283)筑城当时为一线，唐天福年间(901~903)设置外城形成双重城郭[⑤]。

罗城内城内设中城，唐以后称之子城。首都的宫阙相当于子城，地方都市中即围绕政治机构的城墙。

除汉不实施规正的都市制以外，自周至西晋，宫阙均设置在都市的中央。

自北朝北魏至东魏、隋、唐，在都市的中央最北面设宫阙。故商贾、市场等均位于宫阙南方，以适应庶民的日常生活。

北宋以降至清朝，效仿周制在中央设置宫阙。但江南的南京城，由于地形上的关系，宫阙设置在偏东位置。

地方都市的子城通常位于都市中央靠南，有时亦有靠东靠北的。一般而言，子城的城墙较罗城简易。通常同时设置子城和罗城，但亦有例外。例如福建省兴化城（距福州西南约75公里）北宋太平兴国八年(983)设子城，其48年后筑罗城。同省漳州府城（距厦门以西约40公里）初有罗城，入宋后建筑子城[⑥]。更有甚者，四川省成都唐咸通十一年(870)仅存子城没有罗城，入宋后始筑罗城[⑦]。

还有在罗城外设子城的例子，如安徽省凤阳城[⑧]。

多在罗城及子城外周设外壕注水[⑨]。

---

①坊内除十字街以外的小路并非呈棋盘状布局。所谓"曲"意为包括坊内小巷之巷角的小型区划。
②坊制将城内进行区划，四周筑起坊墙，实施严格的进出制度。坊制和宵禁制是唐代以前的典型制度，它显示了城郭都市中管理至上的理念。唐代后半以降开始瓦解，宋代已徒有虚名。
③在春秋以前的都市国家时代，内城称城，外城称郭，区分明确。战国以降，内城和外城逐渐一体化，没有了城和郭的区分。其后，在以都城为主的主要都市虽也建筑内城外郭式的城郭，但唐代中期以降，在主要州城中带内城（子城）重郭式或复郭式的城郭都市激增。这种现象是因为藩镇（节度使）等军阀势力强化自身根据地导致的结果。罗城、罗郭这类称呼并非始见于唐代，在南北朝时期就已出现。例如，北魏的例子见于《魏书·卷九二·列女传·任城国太妃孟氏传》，"贼帅姜庆真阴结逆党，袭陷罗城"。另有西魏末攻陷后梁都城江陵时的例子，《北史卷二三·于谨传》见有如下记载："曜兵汉沔，席卷度江，直据丹阳，是其上策。移郭内居人，退保子城，以待援至，是其中策。若难于移动，据守罗郭，是其下策。（中略）寻而(于)谨至，悉众围之。甸有六日，外城逐陷，梁主退保子城。"
④清代指汉城（汉人居住区）的部分。
⑤《淳熙三山志·卷四·地理类·子城》条记太康三年筑子城，同罗城条称王审知于唐末天复四年(901)筑城周40里的罗城。编者将唐天复年号(901~904)错写成了五代后晋的天福年号(936~944)。
⑥不知编者的依据是什么？《读史方舆纪要·卷九六·福建二·兴化府》条记"兴化废县（中略）宋太平兴国四年，置太平军"，但没言及城郭建筑。同卷九九福建五漳州府条记："漳州城，即今府城。唐迁郡治此，未有城。宋筑土为子城，周四里。咸平二年，环城浚濠。（中略）其外城仅树木栅，周十五里。绍兴中，郡守张成大毁子城，并撤外城，三面筑以土"，亦与本书不一致。
⑦咸通十一年仅存子城（《资治通鉴·卷二五二》）指的是隋代建筑的城周8里的城郭。其后乾符三年(876)建筑了城周25里、包括瓮门和却敌等诸城防设施8里在内的33里的罗城。罗城围绕在外侧，导致了城周8里城的子城化，并非原来就有子城。
⑧凤阳城的例子，与其说是罗城外的子城，不如看作外关城。城郭图89即为第二篇各地城郭第二章华中的城郭第二节安徽省城郭中的附图。
⑨在筑起罗城后，原来的城郭子城化，子城的城壕多被填埋。

③罗城的形状　首都城郭的形状依据周样式采用正方形，但也有不少矩形的。既有东西长的矩形，亦有南北长的矩形。前者为三国魏的邺城（现今的彰德①）、隋唐的长安城等，后者有西晋的洛阳城②、东魏的邺城、辽的中都城③、元的大都城（以上两者为现今的北京）等。

汉的长安城在自然发达的都市周围环以城郭，形状并非规整④。建都江南南京的六朝及明的城郭、定都杭州的南宋的城郭为了适应地形，均没有采用规整的形状。

地方都市亦模仿首都样式，但由于都市发达状况及地形等的原因，很少能采用正规的形状。尤其在华中，如前所述，即便在南京及杭州亦难以采用正规的形状。其他地方城市多采用非正规的椭圆形或曲线经始的城郭。反之，华北则多方形或有棱角的城郭，至于北方，正方形的城郭到处可见。（参阅插图）

中国多不使用圆形经始的城郭。仅有例子见于嘉定县、萧县城、凤阳府城等（在日本圆形经始的城郭更少，唯静冈县藤枝的田中城）。

④罗城的大小　首都的幅员根据都市的发展趋势决定，故其大小因各朝代而异。如下所示：

城郭	周长（公里）	面积（平方公里）
隋唐长安城	37.0	85.0⑤
辽南京城（即现今北京）	22.6	30.0⑥
金中都城（同前）	37.2	86.4⑦
元大都城（同前）	30.0	40.8⑧
明南京城	32.0	40.0⑨
明北京城 { 内城	24.0 　共计38.0	37.0 　共计64.0⑩
{ 外城	14.0	27.0

将这些与日本的两三处大城郭相比较，中国首都城郭的宏大规模可想而知。

奈良平城京周边	20.2 公里
京都平安京周边	24.7 公里
丰臣时代的大坂城外郭	7.4 公里
江户时代的江户城外郭	18.5 公里⑪

①邺城址不在彰德（安阳市），而在其北约40公里的临漳西南20公里的邺镇。仅残存有曹操筑在西墙上的有名的三台（金凤台、铜雀台、冰井台）基础的一部分。
②应该指东汉的洛阳城，其后为三国的魏、西晋、北魏作为都城所继承。
③并非辽而是金。为海陵王筑城，位置基本邻接明清北京城西南外侧。
④首先在秦咸阳城南郊的离宫群基的遗址上营造若干个宫殿区，待宫殿区竣工后再用城墙将整个区域环绕起来，因而形成了不规则的形状，决不是所谓环绕"自然发达的都市"。
⑤根据考古学调查，实测值为东西9721米、南北8651.8米、周长36545.6米（约36.5公里）、面积84平方公里。
⑥根据文献记载，周长27里（约15公里），后扩大到36里（约

20公里）。不知本书所记数值的依据是什么？
⑦实测值为周长18.7公里、面积21.9平方公里。
⑧实测值为周长28.6公里、面积51.4平方公里。
⑨实测值为周长33.7公里、面积60平方公里。
⑩内城的实测值为周长23.5公里、面积35.5平方公里。外城的实测值为周长23.0公里、面积26.5平方公里。北侧内城和南侧外城相接（内城南墙和外城北墙几乎共有），整体的城郭周长不能单纯地累加在各自的城郭周长，而必须除去共有的部分。因此，内城和外城加在一起整体的城郭周长约为32.8公里。
⑪这些城郭本为军事要塞，单纯从大小、面积上比较作为君主居城的日本城郭大阪城、江户城与以城墙环绕整座都市的中国城郭都市，几乎没有意义。

然而，中国的首都亦有例外的小型城郭，即大蒙古帝国最初建立的首都喀罗和林城，是处周边仅约 3 公里的罗城。假设它是经营游牧生活的蒙古人最早的都城，给人的感觉应该是相当大的[①]。

⑤都城的道路及坊制　罗城内的干线道路根据宫阙的位置及与其他的关系，其数量有变化。即如前所述，周代东西、南北各 9 条干线，唐代设南北 14 条、东西 11 条干线道路[②]，坊数亦有增加，号称百八坊。

坊制对商业严加限制，东西两市场日没后不准营业[③]。坊只能在其围墙内进行商业活动[④]，日没后因实施交通管制，不能迎客做买卖。故首都不等于商业都市，至北宋，此制衰退，城内到处是繁华市街，拆除坊墙面向街衢直接开设店铺，甚至有营业至深夜的店家。开封城演变成为经济都市。行政规划上的坊丧失了其实质功能，蜕变成为街道名称。

作为地方都市的府城、州城、县城等的样式多模范首都样式。

(3) 外部防御

出于军事上及其他目的，亦有在罗城的外侧建筑由线状城墙或独立的郭组成的数个关城。

①罗城外侧的城墙　有在罗城外侧数公里处采用与罗城呈同心圆的环以外墙的城墙。其目的相当于现今的前沿阵地，延滞敌方的进攻或造成其困难。此外，还有以下作用：

若敌方控制我方罗城的制高点时，将对我方造成不利，这些地点必须置于我方掌控圈内；阻挡洪水于罗城外。

属前者的是南京。在南京城称之为外城，但性质上与北京的外城不同，主要目的不在于防卫溢出罗城外的住宅区，而是控制紫金山、雨花台等的制高点。不仅目的上与罗城的外城不同，而且其结构简易，因此不将此收在罗城中，而纳入本款的分类中[⑤]。属后者的多为散见在黄河平原的城郭。

此类外墙均为土垒，通道均设关门。

②关 城　关城为独立的城寨，根据军事上的需要设在罗城外侧，相当于欧洲筑城的分派堡要塞。但不像分派堡要塞那样远距离设置，而是近距离地布局在罗城各门的前方或两侧，其数量不

---

①顺便提一下，忽必烈 1256 年开始营造的上都开平府城为三重城郭，即周长 2.4 公里的宫城、5.6 公里的内城、外城包括外苑在内 8.3 公里。
②所谓南北十四条指的是东西走向的道路，所谓东西十一条指的是南北走向的道路。
③确切地说，东西两市的营业时间为正午至日没这段时间。
④原则上，都城内的商业活动被限制在两市内，不允许在各坊内进行。
⑤第二篇各地城郭"城郭图 55-1、南京内城及外城门迹图"中标示有南京外城的城墙。编者标示南京外城墙周长 56 公里、城门 18，其中图示 14 城门。
⑥、⑦辛亥革命后的民国初期直至 1949 年中华人民共和国成立后，拆除了包括城郭在内的许多关城。但亦有部分残存有关城的地方，例如陕西省耀县（西安东北约 50 公里）除县城墙外，还保留有北关城。另外，都市外围也有许多诸如东关、北关的地名，或东关路、北关路的街道路名。不少可根据现在的都市市街图对关城进行复原。
⑧正如书中所指出的，罗城即其中包括子城、内城的外城郭的称呼。因此，这里所举例的侯马镇、汾城县之类若干小城郭复合体的都市，作为其中心的城郭不适合称为罗城，应该称为镇城或县城。
⑨这是编者根据自身见闻的经验之谈。出于自卫的城堡、即所谓的山寨更多见于四川省、福建省和陕西省南部的汉中地区。
⑩自三国分立到五胡时期、南北朝的分裂时期，出现了许多称之为坞的山寨式村落。语源来自藏系羌族的城堡 yül（"被围着的地域"之意）。坞几乎均选址山顶等天然要冲，环以坚固的土壁和土垒，大型的有五千家住户，小型的亦能收容五百家乃至上千家住户，在分庭抗争的战乱时代，具有很强的自治性，是命运共同体式的村落。

过三四个。关城分独立和在罗城之间依堡垒连接两种。关城当下不见有遗存的。查阅古图见有太原及代州的例子，昔日的太原城曾有南关、北关及新堡三处关城，其中南关城依堡垒连接本城。而代州城在东西北面筑设关城，都依堡垒与本城连接。

关城内居民安居乐业、市场繁盛。至清朝边疆无忧患，关城的需要锐减直至消失[⑥]。罗城门外的居民区按方向称为东关、西关、南关、北关，至今各县门外的村落仍保留这些名称[⑦]。山西一带不少还在各关设置城墙。

(4) 由罗城群组成的都市

通常都市的发展是向其外围逐渐扩张。但亦有不采用这种形式的如下做法，即自主要村落间隔若干距离新建村落，依次形成分散的村落，每个村落设置罗城，并组合这些村落形成一个都市。如山西省侯马镇及汾城即是。整个都市均为物资集散地，十分发达；而这些业务均在各罗城内进行。此罗城的间隔四五十米至 200 米不等，只要坚守各罗城[⑧]，就能做到相互支援，防御能力因此得到加强。

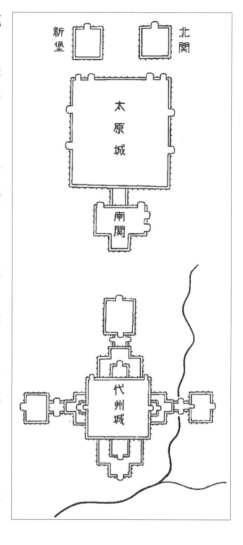

2. 特种筑城

在环以城墙的筑城中，还有特种目的的筑城。本节对这些加以归纳，详述其筑城情况。

(1) 山 寨

在中国的山岳地区筑有山寨，尤其在湖北、河南一带到处都是这种山寨[⑨]。山寨选址在比较平坦的山顶上，其大小除中径二三十米的小型山寨，更有能够容纳大村落的 1 公里以上的山寨。经始线沿高地的顶界线选定，干砌石砾、基石 (大小三四厘米或更大)，堆积四五米形成城墙。大型山寨内部还有数个坚固的小山寨 (有的还设有壕沟)。这用于权势者宅邸的防卫。

设山寨的目的如下：

①大户农家为防备遭强盗的偷袭而居此。

②强盗出于自身的防卫而建筑。

③山麓下居民的避难所。

④为避免整个村落居民住在山麓下的危险,还在山顶上设置村落,居民白天在山麓下经营农业,夜晚回到山顶居住。

因此，山寨根据其成因，设施上分个人和村落两种[⑩]。

(2) 资源筑城

在中国，为了防卫资源而在其周围筑起城墙，如山西省南部的盐池即是。在中国内地要获得

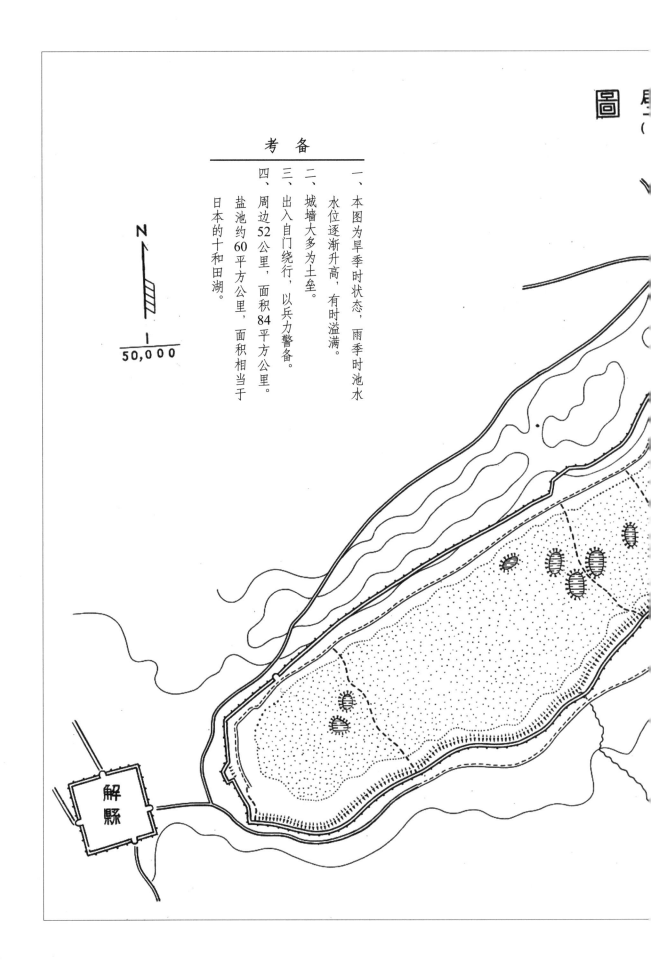

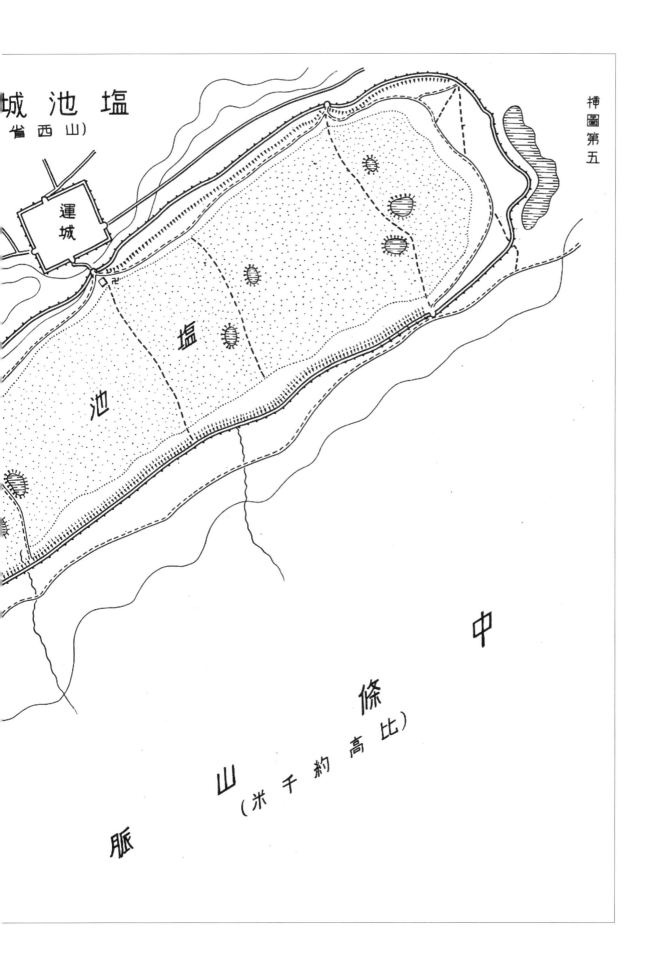

塩池城
(山西省)

運城

塩

池

中

條

山
(比高約千米)

脈

盐是件非常不容易的事，超越了四面环海的日本人的想象①。中国的"米盐之资"②在日本不过是美文中的遣词造句，但在中国意味着是比米和麦更加难以得到的生活必需品。因此，为了争夺盐的产地，自古发生过许多次争斗。出于防御及居民的擅自采集，故在其周围增设城墙③。

(3)"满城"

清朝在征服全中国后，在重要都市及边境驻屯满族八旗兵。其兵力约17万人，大致配备如下：

①北京周边 密云、昌平、保定、沧州、永平、玉田及此线以内尚有7处。

②北边 山海关、冷口、喜峰口、古北口、多伦、独石口、张家口、绥远、归化、宁夏、凉州。

③重要都市 青州（山东省）、南京、镇江、乍浦、杭州（以上都市在扬子江下游地带）、西安（陕西省）、成都（四川省）、荆州（湖北省）、福州（福建省）、广东。

作为驻屯部队的满族八旗兵在城内或城外建筑城郭，并居住在里面。这些城郭被称为"满城"。旗人与汉人之间不能交往、不能婚嫁，各自生活。待清朝灭亡、建立民国后，满城大都遭到破坏，目前现存的很少④。山东省青州市城外的满城现今尚存。设在城内的满城以西安为例，其占据城内东北部约四分之一地区，北面及东面利用了本来的城墙，西面及南面新设墙壁，从而组成满城⑤。杭州城内西北部，以墙壁围绕的一部分也属于此类城郭⑥。

3. 现存城郭的概要

以上述说了中国城郭的概要及组成。为了便于了解现存城郭的组成概要，在此收集了主要城郭并将其组成、经始、规模、障碍物等相互关系作了对照比较，使用相同的1/100000比例尺标示。

其一为华北（黄河以北）诸城比较一览图 (1/100000)；

其二为华北（黄河以南）诸城比较一览图 (1/100000)；

其三为华中诸城比较一览图 (1/100000)。

三、中国筑城与日本筑城的关系⑦

天智天皇四年 (665)，建筑在九州附近的大野城（福冈县太宰府北方）、基肆城（福冈和佐贺县境内）等同中国的山寨大小相似。早此建筑的水城城（福冈县二日市附近）属线式筑城，模范的是朝鲜样式，间接地受到中国的影响。

最早直接采用中国形式的是元明天皇和铜三年 (710) 建成的奈良平城京及其74年后建成的京都平安京，均采用了唐的筑城形式。其他的地方都市、即诸国的国府亦采用了中国的形式，至今留下其遗址的有陆奥的多贺城（仙台东北）、周防的国府（山口县周防）等，亦为矩形，效仿的是中国地方都市的罗城。同一时代，在向虾夷蚕食作战时亦使用过方形城郭，现今残存的有胆泽城（岩手县）。但屡屡遭受敌方的反击或侵犯，没有任何采用线式筑城来防御虾夷的迹象，常常使用的是作为进攻据点的都城形式。

中国的这种罗城方式在升平时代无妨大碍，但到群雄割据的分裂时代，便暴露其防御上的薄弱性，京都罗城容易遭受敌方的侵扰，这在史上曾有数例记载。作为地方都市的国府亦发挥不了罗城的作用。例如，堪称筑城最为坚固的陆奥多贺城屡屡陷入敌方掌中，同城守将留守氏最终弃城转移到其西方小型岩石结构的高森城。始于奈良时代的九州惟土城（福冈县线岛郡）采用的是罗城形式，自镰仓时代居此的原田氏最终在城郭的最高处建筑鹰巢城（高祖城）作为主城堡居住，而将原来的罗城城墙改造成第三层围墙。因此，来自中国的筑城思想在日本的南北朝时代已逐渐丧失，取而代之的是日本独特思考的方式，即主城堡、第二城堡、第三城堡的数条阵地线的筑城方式，经过日本的战国时代，出现了桃山、江户时代的城郭鼎盛期。

长城在日本基本上没被采用，仅见于前述的水城城及抵御元寇时九州沿岸的筑城。罗城在室町时代以后仅泉州堺（大阪府）采用了这种形式。堺作为室町时代的主要贸易港，都市富饶，有必要采用罗城防御他人的侵扰。

日本独自发展的筑城与中国都城相比较，中国的罗城是环抱整座都市的围郭，相反，日本的城郭与都市无关，是城主为防御他人而建筑的。因此，两者差异如下所述：

①就城郭的面积而言，中国的大而日本的小。

②中国的城郭第一线的罗城最为坚固，中城较罗城简易；相反，日本的城郭数线组合，作为外郭的第三城堡相对薄弱，越往城内越是坚固，城主堡最为坚固。

③在中国即便以战术目的建筑城郭，亦让居民杂居其中，每座城郭都市均是开放的；相反，日本的城郭带有秘密主义色彩，不许町民进出，城内巨木繁茂，白墙的天守阁耸立在苍翠之间，龟甲形的石垒墙倒映在碧绿的城壕中，森严庄重。

④当遭遇敌方进攻时，中国的城郭内男女老幼的居民都会受到战火的牵连，尤其是导致粮草的缺乏，第一线罗城的沦陷直接关系主城的生死存亡，城郭不具有韧性；相反，日本的城郭具有韧性，适合于长期固守。

---

①中国的盐产地大致分为海盐、池盐、井盐、土盐四种。井盐即掘井抽取盐分浓度高的地下水制盐，仅限于四川和云南地区。池盐产于内陆盐湖，分布在陕西、甘肃、青海、新疆、西藏、内蒙和东北三省，古来盐质最好、产量最多的是山西省南部的解池盐。
②例如，《旧唐书·卷一七三·李珏传》见有"茶为食物，无异米盐，于人所资，远近同俗"的记载。
③解池即指解州的盐池。其规模东西约20公里、南北约4公里、周长约50公里，这种规模在中国不称湖而称池。城墙周围52公里、面积84平方公里，数值非常准确。围绕解池的城墙是土堤，称禁垣或禁墙。中国自八世纪中叶以来，盐是国家的专卖品，盐税是极其重要的财源。因此，取缔私盐极其严厉，产盐地设置了严格的防护设施。有一点需要指出，为防止雨水等淡水流入稀释盐分浓度，实施了严密的防护措施。在防止盗窃成为私盐的同时，设施还发挥了阻止淡水流入的土堤作用，因而称之禁堰。
④征服王朝清朝筑障壁划分满城和汉城，用以安置不同民族的住民，但这在辛亥革命前，即清后半期已逐渐瓦解，汉人涌入满城内形成汉满混居形态。
⑤西安城内分隔满城和汉城的墙壁，自安远门（北门）往南至钟楼，再自钟楼往东至长乐门（东门）。这在清版《陕西通志》等的西安府城图中有明确标示。现在还残留有高七八米、长十数米的遗迹。参阅拙稿《中国的城郭都市——自殷周至明清》（中公新书1014，1992年，中央公论社）
⑥作为特殊筑城，此外还有关津、军事要塞等。用城墙围绕关津的典型例子是位于陕西河南省境的潼关，为频临黄土高原上高大的明代遗址。在黄河等的重要渡津有用城墙围绕两岸渡口的例子。大河的渡津多设定在存在大型沙洲的地方，此种情况有在大型沙洲建筑名曰中潬城的城郭，加之两岸城郭形成三城格局。有关中潬城，参阅拙稿"唐代的蒲州河中府城和河阳三城——伴有浮梁和中潬城的城郭"（《载唐代史研究会编《中国的都市和农村》，1992年，汲古书院）。作为军事要塞城郭的事例较少，现存的有明代抵御倭寇时建筑在浙江、福建沿海地区的卫城和所城。其一是浙江省苍南县海岸的蒲壮所城，至今保存完好，城周2480米、城高5.2米，基厚6.8米、上厚4.5米，除北门外，保存着其他三门和门楼。而且三门具瓮城结构，防备上十分坚固（参阅《中国文物报》，1995年8月5日）。
⑦以下有关与日本城郭的比较疑有多处误认。二战后的日本考古学和历史地理学在古代城址、国府址及城郭之一的中世寺内町方面有不少新的发现，在此不一一注明。

長治城(潞安)

城原太

濟寧城

單縣城

城邑安

城喜聞

運城城

新絳城

泰安城

大名城

晉城城(澤州)

彰德城

侯馬鎮城

順德城

沁縣城(沁州)

衛輝城

臨汾城

新鄉城

大同城

大谷城

汾陽城

汾城城

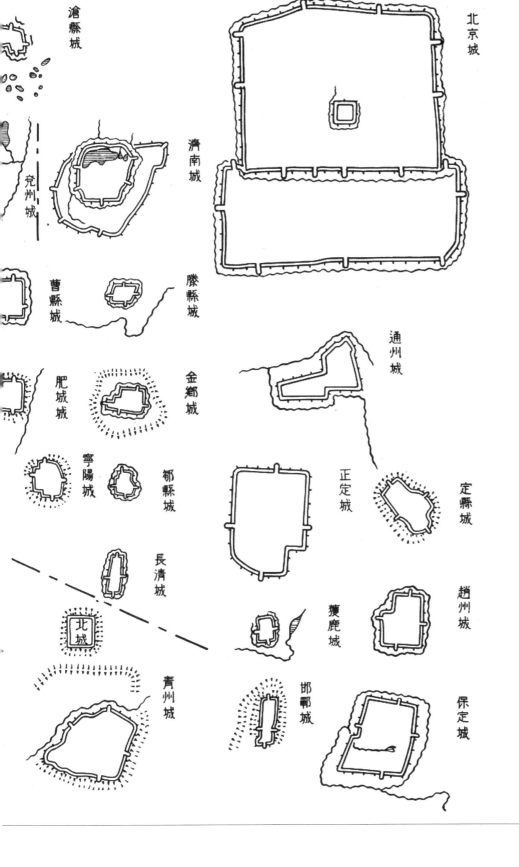

北支(黃河以北)諸城比較一覧圖(十万分一)

北京城

滄縣城

兗州城

濟南城

曹縣城

滕縣城

金鄉城

通州城

肥城城

寧陽城

鄒縣城

正定城

定縣城

長清城

趙州城

獲鹿城

北城

保定城

邯鄲城

青州城

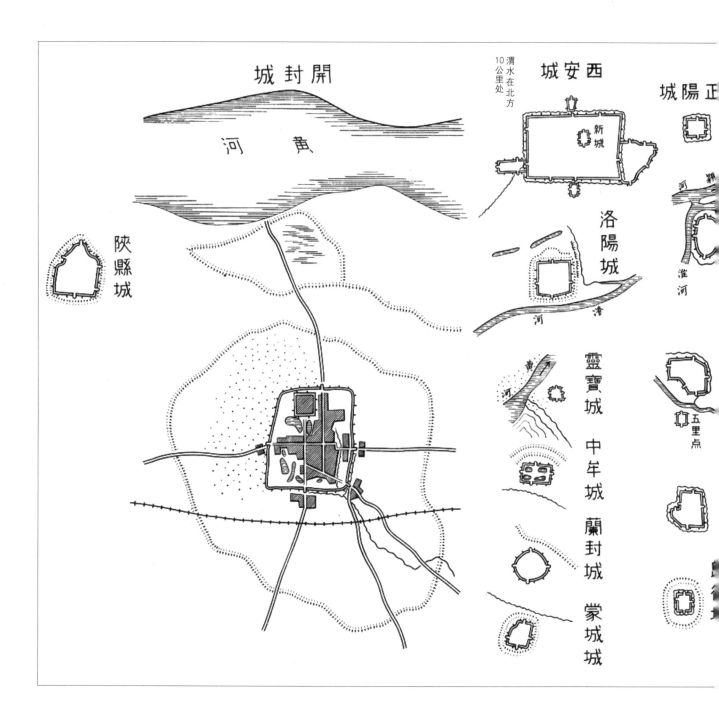

開封城

黃河

陝縣城

渭水在北方
10公里处

西安城

新城

正陽城

洛陽城

潁河

渙河

靈寶城　中牟城　蘭封城　蒙城城

黃河

五里点

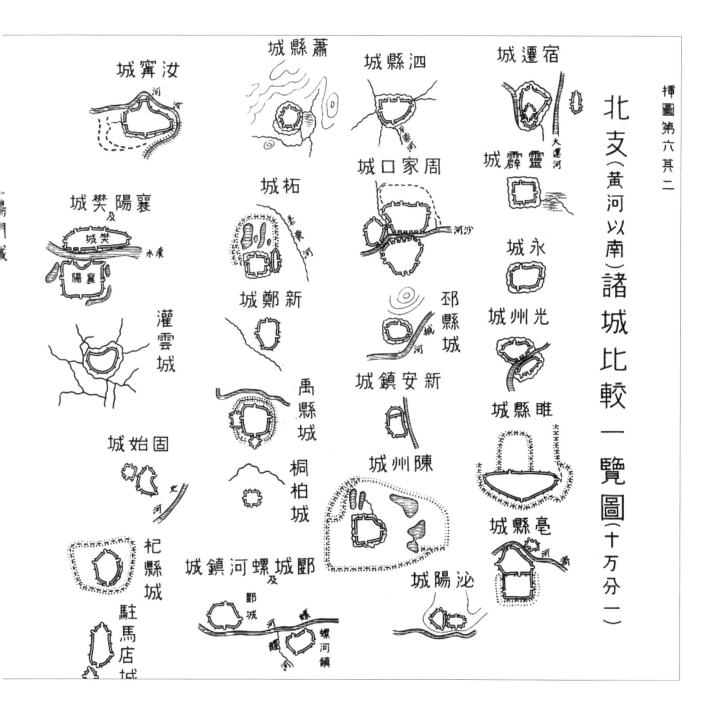

北支（黃河以南）諸城比較一覽圖（十万分一）

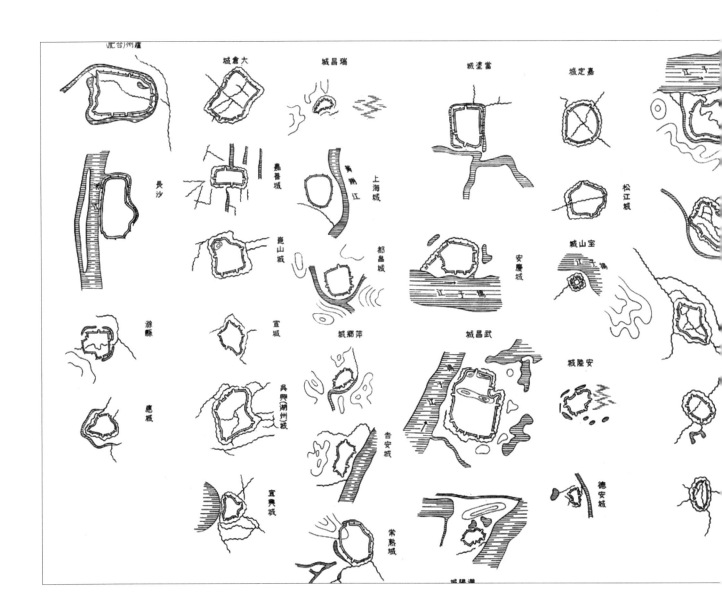

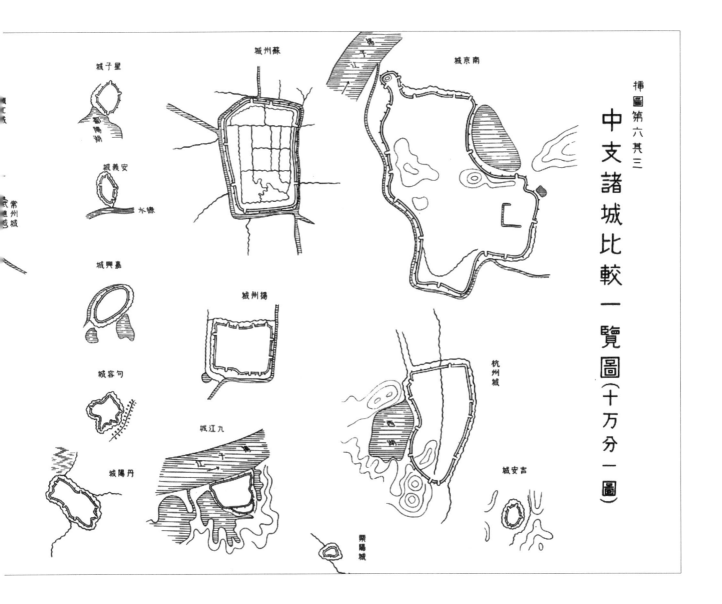

挿圖第六其三

中支諸城比較一覽圖（十万分一圖）

蘇州城

南京城

杭州城

星子城

巢陽湖

安義城

溧陽城

嘉興城

揚州城

句容城

九江城

丹陽城

吉安城

武進城

常州城

总之，日本的城郭重点放在战术上，中国的城郭倾向于居民的防护。粗看起来日本的城郭无视居民的保护，但中国的城郭不适于在强大敌人进攻下的长期抵抗，当都市沦陷时，因为异民族的原因，老幼妇女惨遭杀戮，这在中国历史上屡见不鲜。而日本在战祸降临时，疏散非战斗人员后，守城将士可集中精力只管战斗，这样反而损失减少，战斗能力提高。即便敌方侵入无防御的城下町，亦因为是同民族的关系，杀戮程度不及中国那样残酷。

　　中国的城郭有必要防备强盗土匪的侵扰。强盗的横行使得环绕都市外围的罗城在中国必不可少，相反，日本没有强盗等的灾祸，没有必要设置罗城①。

---

①此段记述多片面且主观。的确，中国的城郭为敌方攻陷后，非军事人员的城内住民会蒙受灾难，但敌方并非都是异民族。加之，即便是遭受异民族的入侵，都市全体住民惨遭杀害的事例亦是少数之例外。而且，为防止敌方的进攻，防备设施坚固的城郭都市事先做好了在笼城作长期抵抗的准备。南宋末，襄樊城面对蒙古大军的进攻甚至坚守了五年（1268~1273）。

筑城性质①分城墙、城壕及特种构筑物（城门、马面、楼橹等）详述。

一、城 墙

1. 城墙的截面

(1) 构筑上的种类

城墙按其结构有以下三种：

①如右图 A 所示，在自然地面上，前面和背面砌砖，中间填土。城门使用此种方法。另在华北大型城郭亦有此种结构。

②如右图 B 所示，在自然地面上，前面砌砖，背面大部分垒土支撑，土壤自然倾斜。此种方法多用于城墙。

③如右图 C 所示，如堤防般垒土，接着砌砖覆盖。此种做法多见于华中的小型城郭，如德安城、星子城、安陆城等。

(2) 宽 度

往古，汉长安城的城墙宽度依据《三辅黄图》所述②。现存城郭的有南京城、济南城及太原城。

除特殊的例子外，城墙高平均约 7 米；筑

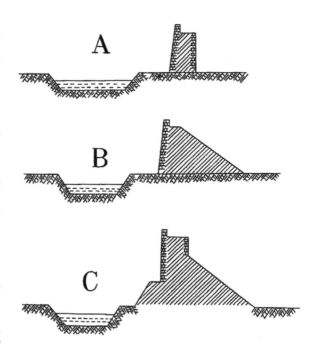

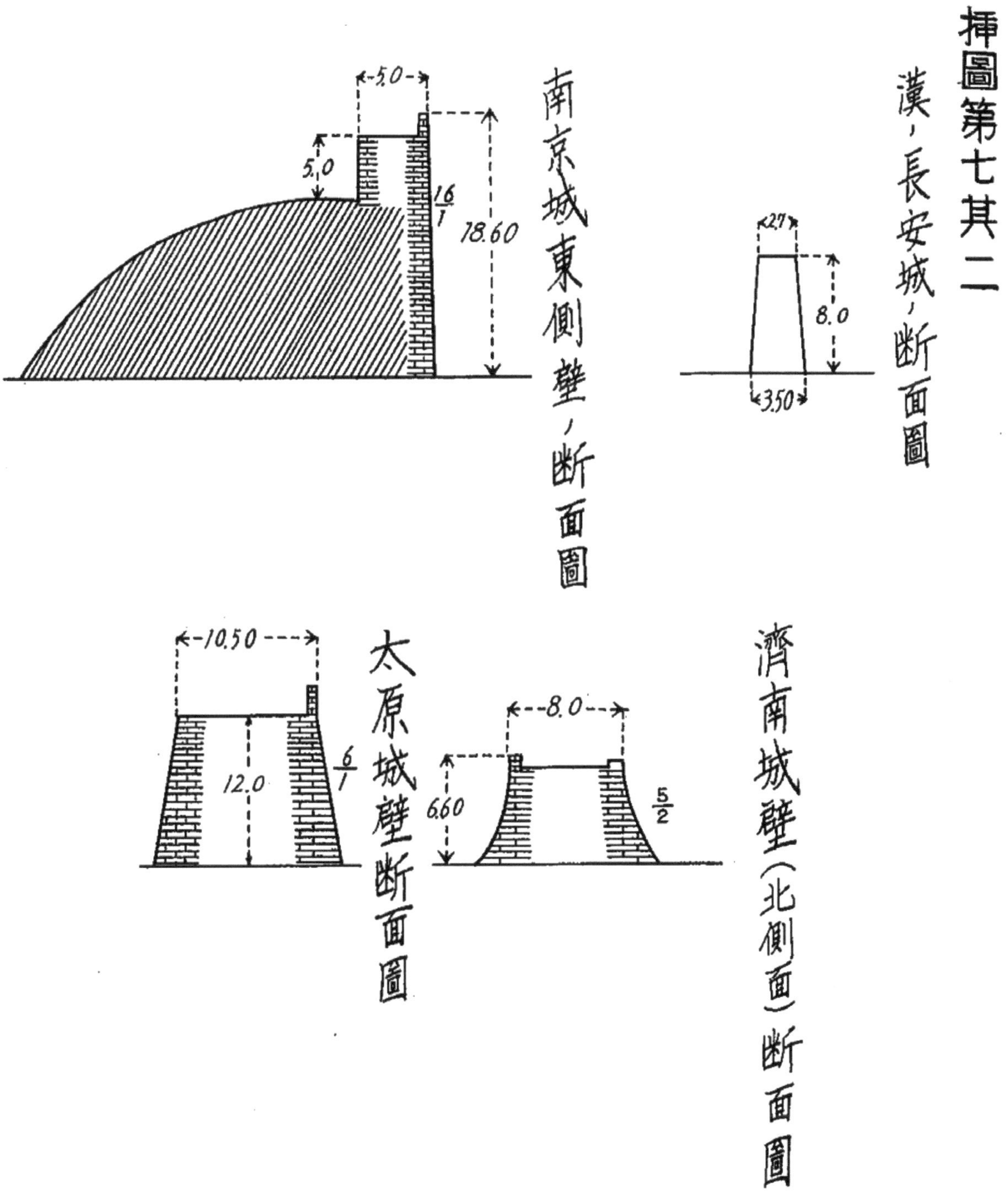

插圖第七其二

漢・長安城・斷面圖

南京城東側壁・斷面圖

濟南城壁（北側面）斷面圖

太原城壁斷面圖

---

①以下有关城郭结构方面的记述观察敏锐，有不少重要观点。

②《三辅黄图·卷一》载汉长安故城"按惠帝元年（前192）正月，初筑长安城。三年春，发长安六百里内男女十四万六千人，二十日罢。城高三丈五尺，下阔一丈五尺，六月发徒隶二万人常役。至五年，复发十四万五千人，三十日乃罢。九月城成，高三丈五尺，下阔一丈五尺，上阔九尺，雉高三坂，周回六十五里。"以汉尺22.5厘米计算，城高7.86米、下阔3.36米、上阔2.03米，与插图数值略有不同。另，雉三坂即女墙六尺（1.35米）在插图上没有标示。

47

在填土上的城墙多填土 4 米，墙高 4 米，总高度 8 米内外。

通常墙高 2~5 米，但在华北的大都城^①有不少墙高超 10 米的。

中国的城墙高度通常如前述约 7 米（加上女墙），最高的是南京城中华门附近，高 19 米（加上女墙）。反观日本的城郭，熊本城城主堡的垒石高 25 米、大阪城城主堡的垒石高 24 米，加上淹没在城壕中垒石高度 6 米，高达 30 米。中国城墙的高度虽不及日本的高度，但周围数十公里的城墙均为如此高度，可见其工程极其浩大，令人咋舌^②。

日本古时的筑城法则规定垒石的高度为三间、即 5.5 米，加上土墙即女墙，为 7.2、7.3 米，匹敌中国城墙的高度。就城墙的高度而言，两者偶然一致，属人难以攀登的高度，耐人寻味。

(3) 墙面及覆盖层

使用砖及石材的城墙倾斜度接近垂直，在一分五度内外，墙面不像日本的垒石墙中凹呈抛物线状，而是呈直线状。高墙上下方形成若干倾斜，为此，就整体而言，有的形成凸形斜面。通常较日本的垒石墙倾斜度要大。但沂南城墙倾斜度为一分二度强，与日本战国时代的垒石墙相似，稍稍呈双曲线状。

覆盖层中，使用石材的为层砌，使用砖的为砖砌。石材用于城门以及高墙重要的下半部分，次等部分和女墙使用砖，但在缺少石材处以及矮小城墙等仅使用砖。

覆盖层的厚度南京城有 2.8 米，小的城墙在 1 米以下，不见有日本筑城中的里笼（在石壁的背面填塞砾石）。

日本垒石墙所使用的石材属巨石，表面 0.7 米、厚 1.8 米；而中国城墙的覆盖层十分简易。这起因于土质的黏着力，不容易渗水，无地震^③且少雨^④。此外，日本的垒石墙直接自水壕向上垒砌石块，而中国的城墙与水壕之间存在崖径；若如日本垒石墙那样使用巨石的话，会造成障碍或崩坏^⑤，而使用轻型的砖和石材等，便于修补并使之经常保持完整的状态。

2. 女 墙

日本城墙的垒石墙上筑有白壁的土墙，开有枪眼。在中国城墙中，相当于这种土墙的部分称女墙。女墙厚度、高度基本上等同于日本的土墙，即厚四五十厘米，高 1.6~2 米，足以盖过人头，垛口间隔亦同日本的土墙，之间相隔 2 米。唯一不同的是女墙设有窗口，两者间隔 2 米，凹陷部分宽度约 40 厘米，高度约 80 厘米，便于俯视城墙脚。

---

①大都城的表述不妥当，应为大城郭。
②参阅 p39 注②《三辅黄图》所载汉长安筑城时招募的劳工数。自十世纪宋代以降，筑城所需的经费,材料,劳力等具体数字非常详尽。
③中国绝不少地震。有关城墙倒塌的大地震记录不胜枚举，这里暂且举两个例子。《汉书·卷二七五·行志下之下》载："宣帝本始四年（前 70）四月壬寅，地震河南以东四十九郡，北海、琅邪坏祖庙城郭，杀六千余人。元帝永光三年（前 41）冬，地震。绥和二年（前 7）九月丙辰，地震，自京师至北边郡国三十余坏城郭，凡杀四百一十五人。"《清德宗实录·卷九八》光绪五年（1879）条载："甘肃阶州等州县，于本年五月初十日地震，至二十二日始定。其间或隔日微震，或连日稍震，即止。惟十二日，阶州、文县、西和等处大震有声。城堡庙宇官署民房率多倾坏，伤毙多人。"1976 年 7 月 28 日河北省唐山市发生了大地震，大家应该还记忆犹新。这次地震使得百万人口的唐山市房屋几乎全部倒塌，死 24 万人，重伤 16 万人，属里氏 7.8 级的都市直下型地震。
④降雨量少仅限于华北，华中、华南或四川降雨量颇多。
⑤因城墙和外壕连在一起，故在城墙下部垒石的例子在中国城郭中亦存在。湖北的荆州（江陵）城、桂州（桂林）城等属此类。另外，如苏州城之类外壕连着运河，使用水门进出城内。此种结构的城郭其水门下部亦用垒石做法。

垛口宽度约 25 厘米，高度约 30 厘米，通常如右图排列。南京城的女墙在其下方还有垛口，苏州城的女墙并排两个垛口。

女墙上不盖房顶，但安徽省桐城的女墙同日本城郭的土墙，盖有屋顶。

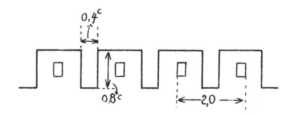

3. 筑城材料

(1) 上古的建筑材料

上古的长城等[1]现今已不见其踪影，现根据其他古城的遗迹，推断上古的筑城材料。

①山东省济南附近残留有上古古城的遗迹[2]，其为土城，古书称之谓版筑[3]。此构筑物颇为坚固，与砖无大差。故秦始皇构筑万里长城等时用的就是这种方法。

②甘肃省西北角古城——敦煌附近发现有汉代的长城遗址，其所使用的材料是将束成捆状的杨柳枝等和黏土交替垒叠，使之坚固[4]。

总之，上古的构筑材料不使用砖等，主要使用黏土及树枝等材料，亦有使用石头的。

(2) 中古以后的筑城材料

中古以后，逐渐使用砖。在唐宋时代，除首府外，仅限在繁荣的大都市使用砖覆盖城墙的做法。陕西、山西等由于土质的关系，要地仍使用版筑；而河北亦有要地使用砖的 (雄州，即现今的雄县) 事例[5]。更多地使用砖要等到明代，尤其在明末；而全面地在城墙上使用砖则是清康熙、乾隆以后的事[6]。石材加工技术的进步，使得石材能够同砖一样加工成规整的形状使用。

(3) 材料的大小

用于城墙的砖大于普通民居的约一倍，长约 42 厘米、宽约 24 厘米、厚约 12 厘米。石材长 90 厘米、宽和厚各约 30 厘米[7]。

砖与砖之间的接缝，使用灰泥砌接[8]。

---

[1] 参阅前注 p14 注④、p16 注⑤。
[2] 济南市东约 30 公里处的平陵古城址被推定为汉代的济南郡城。这里指的恐怕是这座城址。近年来，发现了多座殷代以及新石器龙山文化末期的城址，至于春秋战国、秦汉的故城更是不胜枚举。而华北的故城都是版筑结构，几乎没有例外。
[3] 在城墙的两面夹板，板长八尺、宽两尺，再往中间均衡地填入一两尺的黄土，用杵状的木棒等夯实，反复使用此种工序逐渐增加高度。这种土木施工法称作版筑。用版筑施工法建筑的城墙厚度均匀、层次分明，十分容易识别。
[4] 半沙漠的此类地区没有适合版筑的黄土，为了保证土壁强度，使用夯实的土层和束成捆状的杨柳枝层交替垒叠的做法。长城的建筑横跨不同的地理环境，在沙漠地带巧妙地利用了杨柳树枝，在山岳地带使用石块，材料运用十分多样。参阅吴福骧"河西汉墓" (载《文物》1990 年第 12 期)
[5] 十世纪前半五代后晋建国时，燕云十六州中，突出在南面的瀛、莫两州 959 年为后周世宗夺回，在其地瓦桥关置雄州。其后，成为宋代抵御辽的重要的战略要地。在强化防御的同时，考虑到此地属大湿地带，因而使用砖城结构。
[6] 明确指出大多数城郭属砖城结构比较难说，但早于清康熙、乾隆时期的没有问题。
[7] 这里所举的砖的尺寸与南京城的大致相符。当然，城砖和石材没有统一规格，因时代和地区存在很大不同。
[8] 明初南京城筑城时，为了加强砖与砖、砖与土壁的结合，使用将高粱研碎或蓼草等黏度高的物质。据说将蓼草与石灰、水搅拌后，蓼草会产生黏液，具有很强的黏着效果。

二、外壕^①

中国的城郭均有外壕，而多采用水渠，同日本的城郭。在今华北往往不见外壕，这是因为以前的外壕被风沙和洪水埋没的缘故。

外壕的大小因地而异，华中有大截面的城壕，而华北的相对比较小。例如，北京、太原等城壕宽30米内外，而华中的南京、苏州等的水壕宽七八十米，南京东侧的外壕竟达200米。日本的大水壕见于高田、津、佐贺、江户诸城，宽100米内外，江户城外壕最宽处亦不过150米。

中国的城壕多用于交通运输，尤其在华中。即巧妙地利用了大运河等城周河流作为外壕，亦利于舟筏的航行。

外壕的深度不一，但不少水深超过四五米。城墙与外壕之间有崖径^②。南京东侧墙的崖径达30米，苏州城墙的崖径不过四五米。日本的城郭没有此种崖径，多自壕底垒砌垒石墙。

三、城门

1. 城门的数量

城门的数量在普通都市通常设东、西、南、北四门，大都市有设十数处门的。各时代的首都的大都市门数如下表所示。

历代都城城门数量表

各时代首都^③		方向				合计
		东	西	南	北	
三国魏邺城^④		1	1	3	2	7
西晋洛阳城^⑤		3	3	3	2	11
隋唐长安城^⑥		3	3	3	3	12
北宋开封城	内城^⑦	1	1	1	1	4
	外城^⑧	3	3	4	3	13
辽南京城(今北京)^⑨		2	2	2	2	8
金中都城(今北京)^⑩		2	3	3	2	10
南宋临安府城(今杭州)^⑪						13
元大都城(今北京)^⑫		3	3	3	2	11
明南京城^⑬						13
明北京城	内城^⑭	2	2	3	2	9
	外城^⑮	2	2	3		7

即，古时以十二三门为最大，但到了近世，因交通的发达，城门数呈增加的趋势。例如，南京城在创建时为13门，后逐渐增加，目前有21门^⑯。

往时，日本城郭的门数极少，只有正门和后门。丰臣氏以降，建筑大城郭时增加了门的数量，大坂城外郭的门数为14，而江户城外郭开设16门。

2. 城门的种类及其结构

城门为了弥补其弱点，在其出入口配备特殊的设备，严加防守。因此，设单门和复门两种，为了与城外水路交通衔接，在城墙设置了水门。

(1) 单门

在城墙设拱形隧道用作通道，通道呈半圆穹窿形，其宽度四五米，高度因城墙壁高而异，四五米至 10 米不等。城内外出入口即门洞附近狭窄，宽度、高度约 3 米，便于锁门。

通常城门部分的城墙比较宽，其宽度是门以外部分的数倍。例如，北京的朝阳门附近城墙上宽 10 米，城门部分的城墙厚度 27 米；南京的太平门附近城墙上部宽 2 米，城门部分的城墙厚度 36 米有余。一般小城墙的城门长度亦在 10 米内外。

门扇现今通常在门的出口附近设一扇，但在入口亦残存有门扇装置设备。故往时在门的出入口均装有扇。门扇的结构同日本的城门扇，木制，外面装有铁板，为平开门[17]。

(2) 复门

在城门前方或背后添加小郭、设复门，而建在城门前方的称瓮城或月城，在日本称马出。设在城门内部的在日本称枡形。城墙及瓮城部分的通道结构同单门。瓮城的高度同都城墙高度或比都城墙低。

①瓮 城 唐初，为防御北狄，在北方城墙门设置瓮城为其嚆矢[18]。在中国内地的城墙设瓮城始于宋代，即北宋第七代哲宗的元祐年间(1086~1094)京城(开封)大修理时增设了三重瓮城[19]。

瓮城形状一般为半圆形[20]，现存的大都为一重。二重以上残存的很少，仅见于定县、正定、顺德等。

---

①书中似乎在区分使用空壕和水壕，但壕、濠混用。在此忠实原文标记。
②指在壕与城墙之间设置一定的空隙地。战时往往紧贴壕的内侧，应急地围以等身高简易的土壁，称羊马城。在城墙与羊马城之间配置兵力，于同一地平上迎击外敌，从而增强单从城墙上攻击外敌的杀伤力，同时提高阻止外敌侵入城墙脚下的防御效果。
③有关城门，从战术角度而言只要数量就行了，但从历史角度来看门名更为重要。换言之，从都城的各座城门起怎样的名称，可以清楚地看出各个王朝的时代性和都城选址的历史性环境。以下在标注历代都城的城门名的同时，纠正原文中存在的城门数的误写。不知何故？此表漏记西汉的长安城和东汉的洛阳城。
④东建春门，西宣明门，自南向东广阳门、中阳门、凤阳门，自北向东广德门、厩门。
⑤东建春、东阳、清明三门，西广阳、西明、阊阖三门，南开阳、平昌、宣阳、建阳四门，北大夏、广莫两门。
⑥东通化、春明、延兴三门，西开远、金光、延平三门，南启夏、明德、安化三门，北芳林、景耀、光化三门。
⑦因将以后的南宋行在标记为临安府城，故这里应该写成开封府城。东曹门、宋门两门，西梁门、郑门两门，南保康、朱雀、新门(亦名崇)三门，北封丘、景隆、天波(亦名金水)三门。
⑧东新曹、新宋两门，西固子、万胜、新郑三门，南陈州(亦名蔡河水门)、南薰、戴楼三门，北陈桥、新封丘、新酸枣、卫州四门。
⑨东安东、迎春两门，西显西、清晋两门，南开阳、丹凤两门，北通天、拱辰两门。
⑩东施仁、宣阳、阳春三门，西丽泽、颢华、彰义三门，南景凤、丰宣、端礼三门，北会城、通玄、崇智、光泰四门。
⑪东东青、崇新、新开、候潮、便门五门，西钱塘、丰豫、清波、钱湖四门，南嘉会门，北天宗水门，东北角艮山门，西北角余杭门。
⑫东光熙、崇仁、齐化三门，西肃清、和义、平则三门，南文明、丽正、

顺承三门，北安贞、建德两门。
⑬自正南门的聚宝门(现中华)逆时针数门共 13 座城门，其余是通济、正阳(现光华)、朝阳(现中山)、太平、神策(现和平)、金川、钟阜(现小东)、仪凤(现兴中)、定淮、清凉、石城(现汉西)、三山(现水西)。清代开武定、汉中、草场、挹江、小北、新民、中央、玄武八门，1949 年后增加雨花、解放两门，现今南京城城门数为 23 座。
⑭东东直、朝阳两门，西西直、阜成两门，南崇文、正阳、宣武三门(此三门还是外城的北三门)，北安定、德胜两门。
⑮东东便、广渠两门，西西便、广宁两门，南左安、永定、右安三门。但严格地说，东便门位于外城东北隅、门朝北开；西便门位于外城西北隅、门朝北开。
⑯表示 1930 年代后半期的城门数。参阅前注⑬。
⑰县城级的城门在门扇上钉铁板的并不多见。为此，非常时在木制门扇的外侧涂上厚厚的泥层，防备外敌的火器攻击。
⑱五代十六国时期，建立胡夏的匈奴赫连勃勃于 413 年建造统万城(陕西省靖边县)，城墙极其坚固，这在文献上有记载。另根据近些年的调查表明，西城四面的各城门均属瓮城结构(陕西省文管会"统万城址勘测记"，载《考古》1983 年第 3 期)。但统万城在唐代亦曾用作夏州城，城门的瓮城结构未必一定是五世纪初的样子。
⑲开封府外城最后一次大规模增建和修理结束于神宗元丰元年(1078)(见《续资治通鉴长编卷二九三》同年十月丁未条、《宋会要辑稿·方域一·二二~二三》)。其后，元祐年间逐渐实施了城门的瓮城化。《东京梦华录·卷一·东都外城》条记："城门皆瓮城三层，屈曲开门。唯南薰门、新郑门、新宋门、封丘门，皆直门两重。盖此系四正门，皆留御路故也。"直门两重指城门与瓮城的门呈直线排列。
⑳为此，亦称瓮城为月门。

圖 城 甕

重複セル甕城圖
定縣西門
（双重瓮城图）

信陽北門

黄坡北門

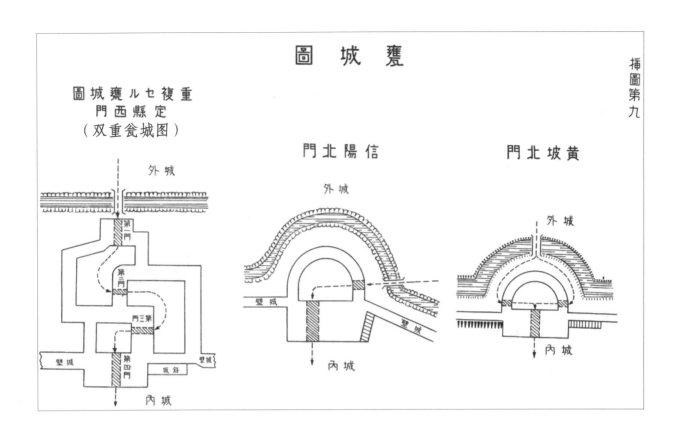

城壁內部ニ甕城ヲ有スル複門

（城墙内存在瓮城的复门）

南京城水西門

南京城光華門

太倉城北門

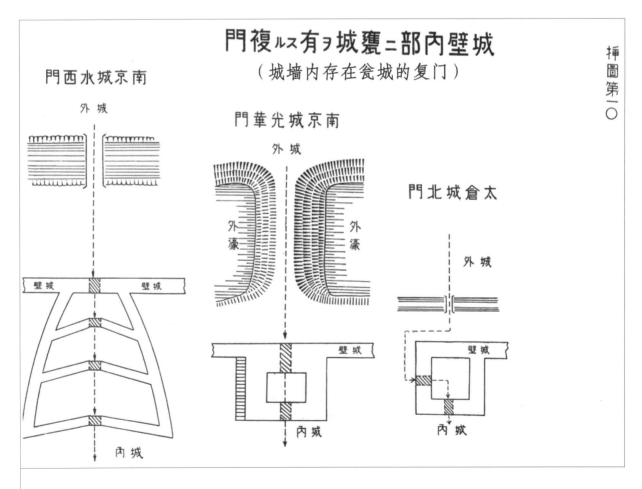

瓮城的实例如左页上图所示。

日本的马出如中国瓮城，不接触城墙，设置在外壕前方。故便于出击及撤退。

②设在城门内侧的复门 亦有在城门内侧重复设置与瓮城相同意义上的一个或数个小郭。其通道有自城外直线的，亦有如日本的枡形弯曲的。前者多见于南京城的城门，后者见于太仓城门。此种城门实例如左页下图所示。

日本的城门在主门两侧设置复门，但此种城门仅见于宫城。但最近中国有在罗城设置此种门的，现今南京城的中山门、挹江门等属此类。

(3) 水 门

在"小运河"地带，城郭利用运河作为外壕，为了贯通城内水路和城外运河，在城墙开凿隧道设置水门。

水门的数量根据城内外的水路状况而定，水路交通发达的地方，不少在城门附近对应城门数设置四水门。

水门的结构同城门，高度要低，能行舟为宜。即宽四五米，高自水面约 3 米，水深 2 米以上。

有水门的城郭多见于扬子江下游地区。

3. 城门的附属设施

(1) 藏兵洞

城门两侧及其上层设有与城门大略同形的藏兵洞。在南京中华门的下层设 6 个、上层设 7 个堂堂的藏兵洞[①]（参阅南京中华门图）。

(2) 城门上的楼橹

通常门上设楼橹。在展望、监视、戍守等方面，与日本的橹目的相同，但不像日本天守阁那样具有最后剖腹自杀场所的作用[②]。此外，还起到体现城郭威严、增添美观的作用。

通常在城门上设置一个门上橹，亦有设在瓮城上的，如北京朝阳门[③]。

楼橹两层的最多，四层的见于华北的大城郭[④]。楼橹的宽度不固定，因城郭的大小而异，小的 8 米，大的面阔 30 米、进深十四五米。各层宽度相同，不像日本的天守阁越往上层越窄。

色彩方面，屋顶上瓦的颜色为绿色或黑色（皇城黄色），墙壁多为白色，还有青灰色，少见红色。灰色的巍巍城墙耸立在单调的平原上，其间点缀着白色的城橹，其上为恰似皱褶的女墙檐，协调自然，壮丽如画。尤其是自鄱阳湖望星子城南门、莫愁湖畔看南京城清凉门，还有蒲圻城的东门等，

[①]藏兵洞不但设在城门处，而且还设在城墙内侧比较厚重的部分。用作预备兵力的预备所、预备兵器的储备所、特别是储备战时使用可燃性物资的仓库等。除南京城以外，湖北的江陵城亦残存有四处穿通城墙的藏兵洞。
[②]这是日本城郭作为战时仅供士兵固守的纯粹军事要塞和中国城郭作为城郭都市不同的地方。城郭沦陷时，城主在天守阁剖腹自杀更具日本特点。
[③]通常称城门上的橹为城楼（正楼），其外侧瓮城上的橹为箭楼。如西安府城以城墙环绕瓮城外侧的称护城，护城上的楼称谯楼（欠楼、闸楼）。
[④]西安府城的东门（朝阳门）、西门（安定门）、北门（安远门）各自的瓮城上残存有四层的箭楼，但均没有了城楼。东门的城楼（正楼）已修复，西安作为旅游资源修复城墙、复原城楼，积极进行这方面的保护。这些实属例外，县级的许多城郭在急速的经济发展大潮中遭受到严重的人为破坏。

景观最佳[①]。

楼橹不仅有建在城门上的，还有设在城隅的。往时城墙四隅均设有楼橹，但目前往往见于华北，华中没有[②]。

(3) 城墙上与地面的联络

通常城墙上与地面的联络设备设在城门部分。除此之外，几乎不见设置。唯在城隅等部分有设置[③]。

此种交通通道为坡道或阶梯[④]，位于门侧或瓮城内，与城墙交叉或并行。南京城正阳门坡道属前者，正定城门的交通通道属后者。

坡道的倾斜度约五分之一，阶梯台阶高度12厘米。这与日本的高、宽各30厘米比较，便于升降。

四、马面（马面战棚）

在城墙间隔若干距离设置方形凸出物，称之为马面或马面战棚[⑤]。马面在宋代就已存在[⑥]，再早是否就有，不甚明了[⑦]。

马面的目的是对城墙脚下的侧防及监视[⑧]，通常自城墙面向外凸出5米，其宽度也是5米[⑨]。同城墙的其他部分一样，马面上有女墙。

马面除设在城墙的凸角部外，每间隔七八十米设置。现状是大多已被拆除，有的一开始就没有，如南京城。现今几乎看不见了。

[①]江西省星子县城位于庐山东南麓鄱阳湖北部的西岸，其南门距湖岸约10米，鄱阳湖是其南面和东面的实际上的外濠。1938年日军实施武汉战役，在占领兵源基地的九江后，同年8月21日攻占了星子县城。紧接着占领武汉三镇，自武汉沿长江包括稍上游的湖北省蒲圻县的周边地区均在日军的占领下。编者由于军务上的关系随军参加了武汉战役，想必这里所记星子县城和蒲圻县城的景观来自其随军时的实际体验。即便在战时，编者还能如此冷静客观地观察中国城郭，使本书颇有价值。

[②]通常称城郭四隅的楼橹为角台、角楼。四隅一般为方形，但西安府城的西南隅为圆形，十分罕见。根据近些年的发掘调查表明，这种隅丸结构早在北齐的城郭——邺城的南城就有使用。

[③]这里的记述是编者仅仅根据自己看到的数例例子得出的结论，未免武断。在城门以外设置联络通道并不少见，例如，西安府城除城门以外，还在北墙开设了两处、在东西南墙各开设了一处联络通道。

[④]通常称这种联络通道的斜坡为马道。即便是阶梯，两侧或中央亦多为斜坡。非常时的城郭防御均在城墙上进行，因此必须迅速将大量的作战物资运送到城墙上。为了便于车马等的搬运，必须设置缓坡状的斜坡。

[⑤]马面与战棚完全是两把事。战棚是矩形的厚板，并放在女墙之间或没有女墙的城墙上，中央开垛口，目的是防御来自城下的弓箭攻击，起到盾的作用。

[⑥]宋仁宗庆历四年 (1044) 编撰的有关军备的综合性兵书《武经总要》四十卷中图示有含马面的种种城防设施。不知编者称马面始于宋代是否根据此书？

[⑦]现已证实马面的出现远远早于宋代。至今最古马面的实例出土于汉魏洛阳城址。这并非东汉初的洛阳城革创期遗迹，而是魏晋时期增设的。p43 注⑱所示赫连勃勃所统统万城址残存有 50 处马面，保存情况良好。

[⑧]马面更为具体的设置目的在于，从城墙上对进入城墙脚下的敌人展开防御攻击，还可以从马面上攻击敌人的背面，大幅度地歼灭城墙脚下的敌人。因此，按适当的间距设置马面的话，就没必要将城郭本身厚度筑得很厚。

[⑨]马面的凸出部和宽度都是5米，就规模而言十分小。现今城墙和马面保存基本完好的有西安府城、山西省平遥县城。西安是府城，89处马面的凸出部约12米，非常之大。城周6.86公里的平遥县城，72处马面凸出部约7米，宽度约10米。顺便提一下，前述统万城址中最大的马面凸出部16.4米、宽度18.8米，规模很大。

第二篇　各地城郭

前篇叙述了中国筑城的概要，本篇将进一步详细说明各个城郭的经始、截面及简要的建置沿革，以资筑城研究的参考。所辑录的诸城为西安、长沙线以东地域内有名或特殊的筑城，按地方分类，便于读者对其地域特点进行比较。

各城郭建置沿革主要依据《支那地名辞典》，但其一味偏重统治阶级的变迁，战争史、筑城、历史人物等描述枯燥乏味，以俟他日史料和时间充裕时再作增补修改①。

第一章 华北的城郭

华北①的西部和北部为山岳地带，邻接青海和蒙古；南部为黄河的广大平原；东部山东群山盘踞；黄河流域平原为逐鹿中原之地，北狄觊觎，匪贼横行。为此，除建筑长城外，都市筑城规模宏大，且村邑部落等亦见筑城。

一、河南省的城郭

河南省东连山东平原；南为广袤的平原；西及秦岭和大巴山脉，山地连绵；北以黄河为界，部分延伸至黄河以北区域。自古以来，该省作为中原王朝兴亡的中心，比肩陕西省的长安。殷以此为中心建国，周地跨陕西河南统治天下；汉亦始于陕西，后定都河南成为天下之王；三国魏、西晋均定都洛阳号令天下，东晋南迁后，化为五代十六国争乱之巷，然北魏统一华北定都洛阳，该地复为王畿之地；隋唐亦定都长安，至五代以汴京、即开封为首都，北宋亦建都汴京，繁华之极；金灭北宋以降，首都自河南迁往他处，金元、明清皆建都北京，古都洛阳、汴京等都市不再有昔日的繁华。为抵御匪贼的侵扰和防止河水泛滥等，筑高都市城墙，城外筑设防止水灾的外墙等筑城设施。

陕西省的关中②

西安位于陕西省境内，往时称之关中。关中为渭水盆地，东依黄河激流及其南方山地，与山西省及河南省接壤；南有秦岭山脉；西至甘肃省六盘山脉，其间山峦叠嶂；北有榆林山地，其间有若干隘路通往关外，即东有潼关及著名的函谷关之难关，西有散关，南有武关，北有萧关。四周闭塞，地形险峻，古来均为帝都所在地，号称天下第一，自上古至唐代屡屡利用这块盆地作为帝都。

西安（长安）建置沿革

西周时称"丰镐"。"丰镐"即周文王和周武王分别修建丰京和镐京的合称，为宗教、文化中心，亦称"宗周"，为西安建城之始。

秦王政二十六年（前221）置内史辖京畿各县。汉高祖二年（前205）在原秦内史地置渭南、中地、河上三郡，分别领有现今西安。高祖七年（前200）建都长安；同九年（前198）废三郡复置内史。景帝二年（前155）分内史为左、右内史，其中左内史辖长安以东，右内史辖长安以西地区。太初元年（前104）改右内史、左内史和主爵都尉为京兆尹、左冯翊和右扶风。均为郡级建制，同治长安城中，合称"三辅"，直隶朝廷。征和四年（前89）置司隶校尉部，三辅属之。京兆尹管辖长安城郊十二个县。西汉末，元始四年(4)分京兆尹置前辉光和后承烈二郡。新莽天凤元年(14)分三辅为师尉、翊尉、光尉、京尉、扶尉、列尉六尉郡，取代原来的京兆尹、左冯翊、右扶风。东汉建武元年(25)以长安为西都，复设京兆尹，属驻雒阳（后改称洛阳）的司隶校尉部，同时复设左

---

①民国时期的华北地区包括河北省、山东省、河南省、山西省、陕西省和甘肃省——译编者注。
②原文如此，不作改动——译编者注。

冯翊（治所移驻高陵）、右扶风（治所移驻槐里）；同二年(26)置雍州，治所驻长安，辖京兆尹等郡；同十五年(39)废雍州，京兆尹复归雒阳司隶校尉部。初平元年(190)以长安为都，分左冯翊西数县置左内史郡（驻高陵），旋废。建安十八年(213)于长安复置雍州，辖京兆尹等郡。

三国魏黄初元年(220)改京兆尹为京兆郡，驻长安，属雍州；同二年(221)魏文帝封其子曹礼为秦公，以京兆郡为秦国；同三年(222)改为京兆国；同六年(225)复为京兆郡。青龙三年(235)，魏明帝封其子曹洵为秦王，复改京兆郡为秦国。正始五年(244)复为京兆郡。西晋仍置京兆郡，属雍州，辖区较三国魏时缩小。十六国时期，前赵建都长安，仍置京兆郡，属雍州，辖区同西晋。后赵因袭前制。前秦建都长安，改京兆郡为京兆尹，隶于司隶校尉，辖区同后赵。后秦建都长安，仍置京兆尹，属司隶校尉，辖区同前秦。北朝北魏神麚四年(431)复置雍州，改京兆尹为京兆郡，治所移驻霸城。西魏建都长安，仍置京兆郡，治所迁回长安，仍隶雍州，辖区同北魏。北周建都长安，仍置雍州京兆郡；孝明帝二年(558)改郡守为尹，辖区较西魏增加。

隋建都长安（新都大兴城）。开皇三年(583)废京兆郡，由雍州统县。大业三年(607)改雍州为京兆郡，治所驻大兴城。唐建都长安（改大兴城为长安城）。武德元年(618)改京兆郡为雍州。天授元年(690)复改雍州为京兆郡，同年又复为雍州，属关内道。开元元年(713)改雍州为京兆府，治所依旧；同二十一年(733)改隶京畿道。五代后梁开平元年(907)废京兆府置雍州，同年废雍州置大安府，属永平军。后唐同光元年(923)改大安府为京兆府，曰西京。后晋京兆府属晋昌军。后汉京兆府属永兴军。后周因袭前制。

北宋置京兆府，初属关西道，至道三年(997)属陕西路。熙宁五年(1072)改隶永兴军路。大观元年(1107)升为大都督府；同四年(1110)又复为京兆府。金天会八年(1130)沿置京兆府。皇统二年(1142)改永兴军路为京兆府路，京兆府属之。从五代起，京兆府治所移驻长安城。元太宗三年(1231)沿设京兆府，属京兆府路。中统三年(1262)属陕西四川行中书省。至元九年(1272)忽必烈封三子忙哥剌为安西王，于京兆府城置王相府，京兆府属王相府；同十六年(1279)改京兆府为安西路总管府；同二十三年(1286)安西路属陕西等处行中书省。皇庆元年(1312)改安西路为奉元路。府城改名奉元城。

明洪武二年(1369)废奉元路，设西安府，西安由此得名，属陕西等处行中书省（后改为陕西等处承宣布政使司）。清顺治二年(1645)因袭明制设西安府，属陕西等处承宣布政使司，康熙三年(1664)属左布政使司，后改隶陕西布政使司。乾隆年间(1736~1795)西安府属西乾鄜道。宣统三年(1911)，新军起义光复西安后，原西安府辖地由省民政府（后改为民政部）直辖。

民国二年(1913)废府设道。西安地区归属中道，中道驻西安；同十五年(1926)撤道后，各县归省直辖；同十六年(1927)设立西安市，初名西安市政厅，后改名西安市政委员会；同十七年(1928)置陕西特别行政区域，定名西安市，直隶陕西省政府；同十九年(1930)撤西安市，复归长安县；同二十四年(1935)复设西安市。

西安位于陕西省中央，自黄河屈曲点西方约130公里处。

西安筑城沿革

(1) 汉代的长城

据说在距现今西安市西北十公里处。

汉高祖五年（前 202），高祖不顾部下将士反对，行幸栎杨（今临潼）；同七年（前 200）宫城建成迁都此地。城墙高约 8 米，周长约 28 公里，有 13 座城门，是在自然形成的都市上筑城，城郭形状不规整。

西汉王莽篡位、赤眉掠夺等使之衰落，东汉迁都洛阳后尤为衰败。

(2) 隋唐的长安城

隋代在现今西安市位置上规划王城及都市并营造城郭，唐代因袭隋都实现了三百年的繁华，其城郭及都市状态的城郭如右图所示。

(3) 唐以降的城郭

唐末天祐元年 (904) 朱全忠毁长安将之运至洛阳。同年三月改地名为佑国军，韩建任佑国军节度使，在任期间对长安城进行改置，拆除围郭和宫城，仅留下皇城并加修整后称之奉元城，照旧利用皇城南面和西面的城墙，拆除宫城的北墙，变化如图所示 (p54)。

府城在明洪武年间 (1368~1398) 都督濮英大规模修整后，城周 13 公里，城墙高三丈，四门宏伟壮观，东名长乐，西为安定，南称永宁，北为安远。其后，城墙四隅设角楼，主道交汇点建鼓楼，北部设钟楼用以警备。嘉靖五年 (1526) 及隆庆二年 (1568) 重修城墙，崇祯末年四门外筑郭城。至清朝，以钟楼为起点，北至安远东到长乐门之间另建城郭，作为满城驻屯旗人。

文獻三依ル唐長安城坊圖

（根据文献绘制的唐长安城坊图）

一、城坊数据

周长 三十八公里

卫街 南北十四街，东西十一街

坊 东西两市一百一十坊（坊为市街一区划，隋代称五个里）。各坊有三门或四门，东西贯通，南北以两小街贯通，称之为巷。

二、大明宫为太宗或其太上皇避暑之地，永安宫之改称。其侧之梨园为玄宗教授舞曲之处，又兴庆宫改玄宗离宫，其中沉香亭为玄宗携杨贵妃征诗时，李白赋清平调三章之处。

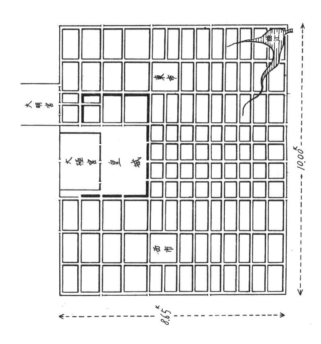

三、长安人口 唐玄宗时户数三十万，人口百数十万。

四、唐灭亡后，韩建改建成现今西安城之基础，其经始状态如图粗线所示。

N

1:100,000

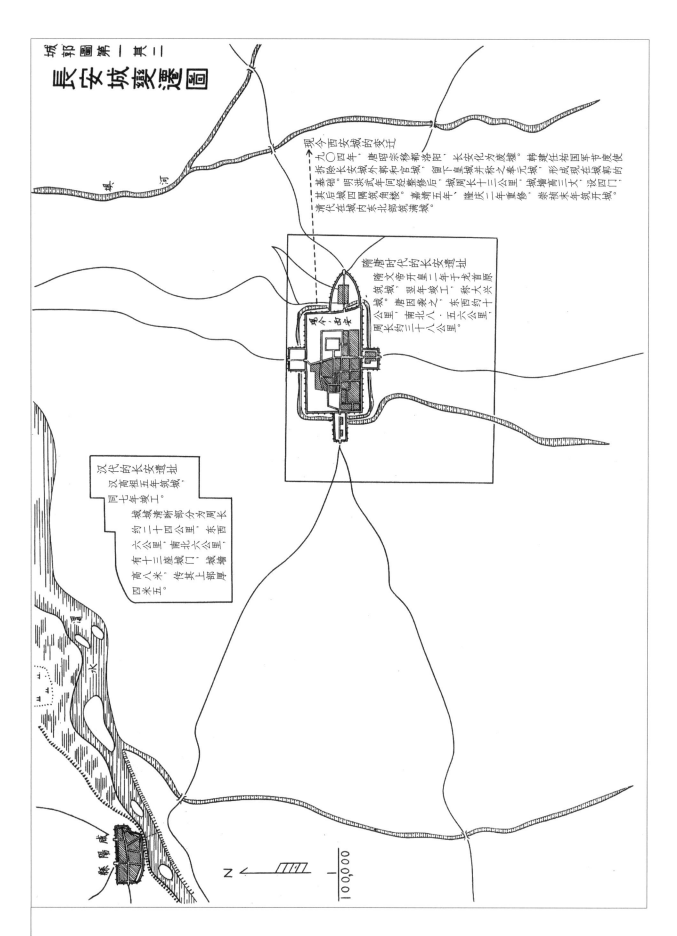

長安城變遷圖

→ 現今西安城的變遷

清代在城内东北部筑满城。其后城四隅筑角楼。嘉靖五年,隆庆二年重修,崇祯末年筑开城。拆除长安外郭城和宫城,留下皇城并称之为废墟,转建任佑国军节度使基础。明洪武年间经整修后成皇城。周长十三公里,城墙高三丈大,设四门的郭城九〇四年,唐昭宗迁移都洛阳长安城化为废墟,现在西安城的形成。

隋唐时代的长安遗址

隋文帝开皇二年筑城,唐因袭之,称大兴于龙首原公里,南北八·五公里,东西约十六。周长约三十八公里,城形成后东西约五五里。

汉代的长安遗址

汉高祖五年筑城,同七年竣工。城郭部分为周长约二十五公里,东西长六公里,南北六公里;有十三座城门,城墙高八米,传其上部厚四米五。

咸阳

N ← ▨ ─ 100,000

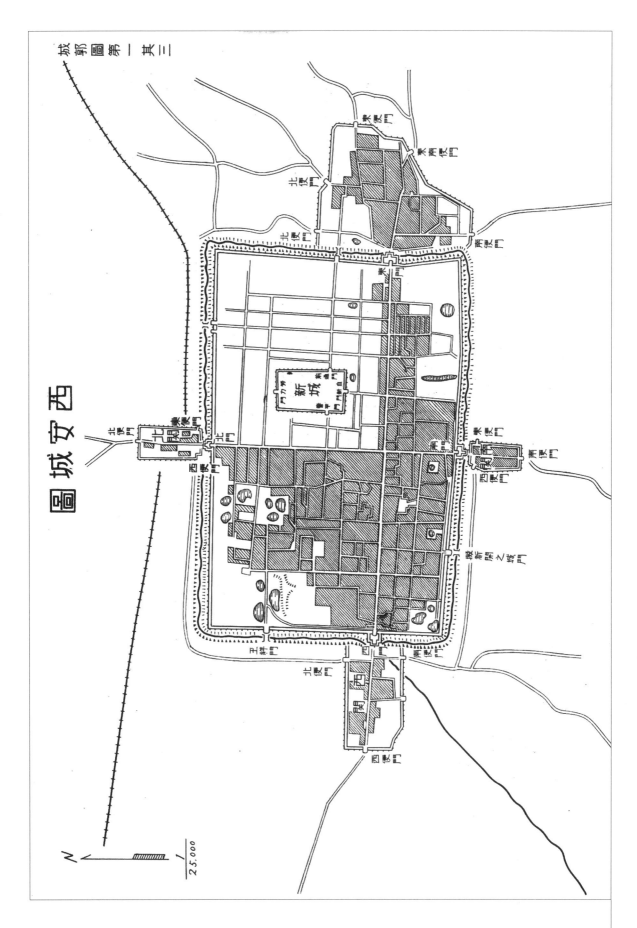

西安城圖

城郭圖第一 其三

63

灵宝建置沿革

春秋战国其地属秦国。秦时划归内史。汉武帝元鼎四年（前 113）置弘农郡，并在境内置弘农县，以为郡治，属司隶部。以后历经东汉、曹魏、西晋等王朝，政区建制不变。东晋十六国时期，先后为前赵、前秦、东晋、后秦等政权据有。北魏置恒农县，属司州恒农郡。隋开皇十六年 (596) 析弘农县地置桃林县，划归陕州。大业三年 (607) 复置弘农郡，并置弘农县，为郡治所在地。义宁元年 (617) 析弘农郡地置虢州。唐贞观八年 (634) 将州治从卢氏迁至弘农县，天宝 (742~756) 初年改县名为灵宝。五代时期，先后为梁、唐、晋、汉、周五个王朝所据有，均在此置虢州。北宋仍置虢州，并置虢略县，为州治，属永兴军路。金置灵宝县，属陕州；仍置虢略县，为虢州州治，属京兆府路。元至元八年 (1271) 废虢州为虢略，并以虢略为巡检司，属陕州。明仍置灵宝县，并置虢略镇巡检司，属河南府陕州。清初因袭明制，雍正二年 (1724) 属陕州直隶州。民国三年 (1914) 属河洛道；同二十一年 (1932) 灵宝划归河南省第十一行政督察区管辖。

灵宝位于陇海铁路沿线、河南、陕西省境东方约 60 公里处。

附函谷关

在灵宝西方约 3 公里处。

战国时代秦故关。秦二世三年（前 207)，沛公入咸阳守函谷关，项羽不得入至。汉初，置关都尉守之。武帝移新安，故关属弘农县。

函谷关在峡谷中，深险如函，故得其名。其间东西九公里，绝崖峭壁，崖上柏林覆盖，谷中终日不见日光。故关距长安 190 公里，秦有规定：日没关闭，鸡鸣开启。东自潼山西至潼津间通称函谷，号为天险。

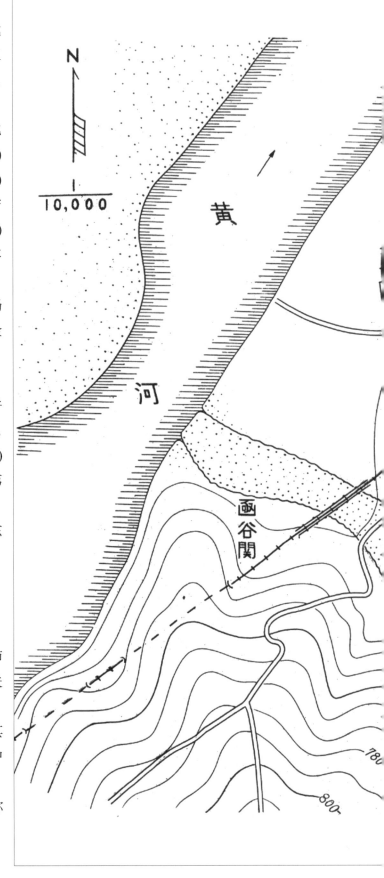

河南省

靈寶城ト函谷關

線海隴

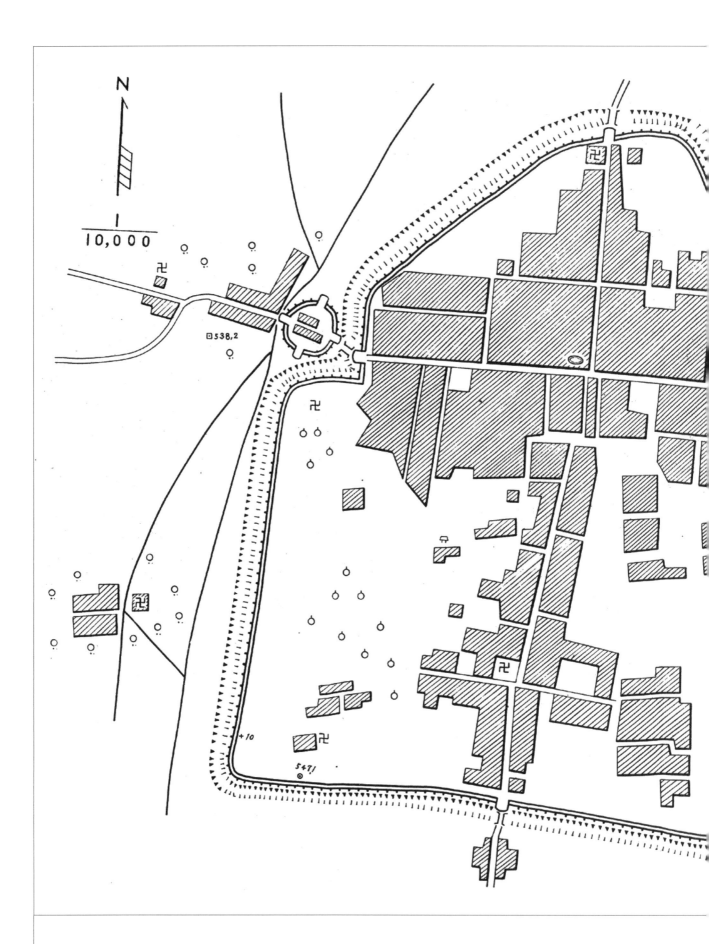

N

1
10,000

538,2

+10

5471

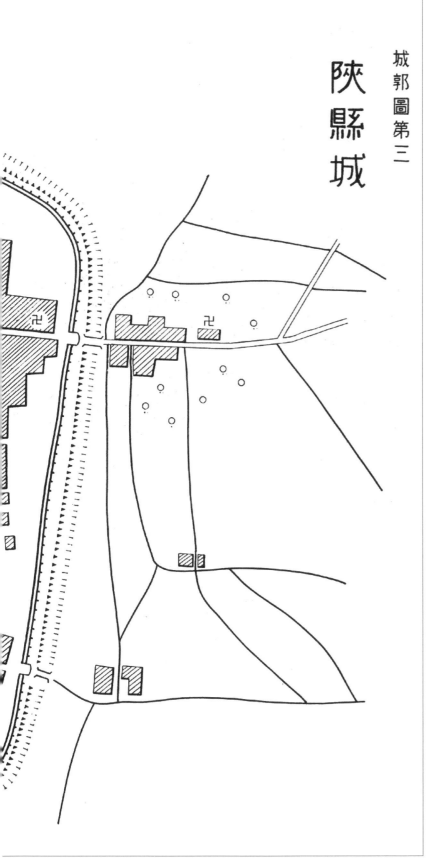

城郭圖第三

陕縣城

陕县建置沿革

西周时期，境内建有焦、北虢两国。春秋时以北虢之地属晋国。战国初为魏国据有，后属韩国。秦置陕县，属三川郡，为该地设县之始。西汉改属司隶部弘农郡。此后历经东汉、曹魏、西晋等王朝，政区建制不变。东晋十六国时期，先后为前赵、前秦、东晋、后秦等政权据有。北魏太和十一年 (487) 置陕州和恒农郡，改县名北陕，为郡治所在地，期间曾于太和十八年 (494) 省郡，后复置。北周时又置崤郡。隋大业 (605~617) 初年废陕州，以陕县属河南郡。义宁元年 (617) 复置弘农郡。唐初改置陕州，天宝元年 (742) 改称陕郡。乾元 (758~760) 初年仍为陕州。天祐元年 (904) 升为兴唐府，未久又在此置保义军。五代后梁开平二年 (908) 改称镇国军。后唐时仍为保义军。北宋置陕州，以陕县为州治所在地，属永兴军路。太平兴国 (976~984) 初年，改保义军为保平军。金仍置陕州，属南京路。元以陕州属河南行省河南府路。明洪武元年 (1368) 陕县并入陕州，初属南阳府，后改属河南府。清初因袭明制，以陕州为河南府属州。至雍正二年 (1724) 升陕州为直隶州，并为河陕汝道治所。民国二年 (1913) 改陕州为陕县，次年属河洛道；同二十一年 (1932) 陕县划归河南省第十一行政督察区管辖。

黄河在陕州下游有三门滩，不许船行，故下行舟船止于陕州，货物只得陆地运送。陕县位于陇海铁路沿线、洛阳西方 120 公里处。

洛阳建置沿革

周初，洛阳称郏鄏。周成王时派其叔父周公、召公到洛水流域营建新都，称洛邑，与西方的镐京并为东西两京，从而初步奠定了都城基础。前770年，周平王自镐京迁都洛邑，此后的周朝称东周，洛阳开始了作为正式国都的历史。此后历经春秋战国470余年，东周共有二十四王以此为都，至周赧王时，于公元前256年将洛阳等三十六邑尽献于秦。秦庄襄王元年（前249），以河、洛、伊三川之名，在此设三川郡，洛阳遂为郡治。

秦以洛阳为河南县，属三川郡，郡治洛阳。楚汉战争期间，项羽分封诸王，楚将瑕邱公申阳被封为河南王，以洛阳为都。前205年初申阳降汉，刘邦以其地置河南郡，郡治洛阳，此则为河南县，属司隶部。东汉定都洛阳。建武五年(29)改河南郡为河南尹，属司隶校尉部，洛阳兼为尹治和司隶部治所，地理位置同秦和西汉。此仍为河南县。东汉初年，改洛阳为雒阳。东汉末年，雒阳城遭到严重破坏，方圆数百里尽成丘墟。

三国曹魏时改雒为洛，仍以洛阳为都城，并改司隶校尉部为司州，河南尹如故。洛阳兼为州治、尹治所在地，此仍为河南县。西晋因袭魏制，定都洛阳，兼为司州州治和河南郡治，此仍为河南县。西晋末年和十六国时期，战乱频仍，洛阳建置不断发生变化，永嘉五年(311)匈奴贵族刘聪攻占洛阳，在此置荆州。后赵石虎统治时改置洛州。前秦苻坚占据洛阳，置豫州。北魏神麚三年(430)攻克洛阳，复置洛州。太和十七年(493)改洛州为司州，次年正式迁都洛阳；同十九年(495)改河南郡为河南尹，洛阳兼为州治和尹治，此仍为河南县。东魏、北齐时期在洛阳地区置洛州，原汉魏都城成为洛州州治和洛阳郡治所在地，此仍为河南县。北周大象元年(579)定洛阳为东京。

隋开皇元年(581)定都长安，废郡，在洛阳地区置洛州。大业元年(605)在汉魏故城西建起一座新都，"其宫北据邙山，南直伊阙之口，洛水贯都，有河汉之象，东去故城一十八里"。形势十分险要。其间改州为郡，以洛阳一带为河南郡，洛阳城兼为郡治及河南、洛阳两县县治所在地。至唐代，洛阳和国都长安地位相等，有时超过长安。唐初以长安为国都，以洛阳为行宫。武德四年(621)置洛州，后改置陕东道大行台；同九年(626)罢行台，置洛州都督府。自唐太宗以后，洛阳先后称为洛阳宫、东都、神都、东宫等。武则天改唐为周，洛阳正式定为国都。开元(713~741)初年改洛州为河南府，洛阳兼为尹治所在地。五代时期，洛阳先后为后梁西都、后唐东都和晋、汉、周三朝西京，五代均在此置河南府。

北宋因袭五代旧制，以洛阳为西京河南府，属京西北路。金占据黄河流域后废西京，以洛阳为河南府治，兼置德昌军，属南京路。兴定(1217~1222)初年以洛阳为中京，改河南府为金昌府。元时设河南府路，以洛阳为路治，属河南行省。明时为河南府，府治洛阳，属河南承宣布政使司。清因袭明制，

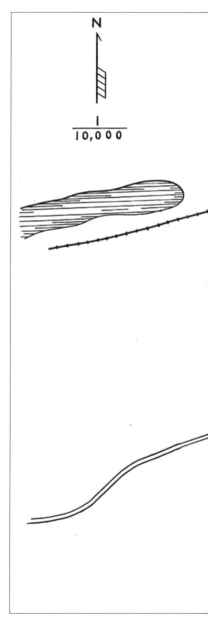

仍以洛阳为河南府治，属河陕汝道。

民国二年 (1913) 废府，以洛阳为县，属河洛道，道治驻此地；同三年 (1914) 在洛阳置县佐；同十九年 (1930) 废县佐；同二十一年 (1932)，国民政府由南京迁至洛阳，定洛阳为行都，同年撤销；洛阳划归河南省第十行政督察区管辖；同二十七年 (1938) 河南省政府由开封县迁至洛阳。

洛阳附近地形概要

洛阳在洛水河谷，北临黄河，南依自河南省伏牛山脉延伸而来的支脉，山峦叠嶂，东西为上述支脉直逼黄河，乱岑林立。此东方关门称虎牢关，往昔称成皋。汜水县西方约 1 公里为潼关、函谷关，此外，渑池附近有三崤之险，古来有名，险关重重，虎牢关、三崤均距洛阳约 90 公里，略似日本江户至箱根的距离。

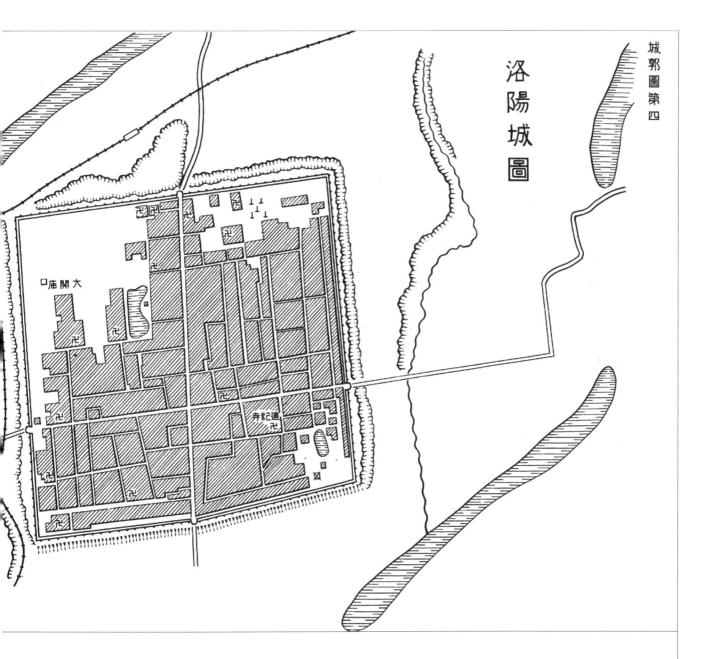

中牟建置沿革

春秋属郑国，在此设邑。战国属魏，置中牟邑。秦时划入三川郡境。西汉始置中牟县，属司隶部河南郡。此后历经东汉、曹魏等王朝，政区建制及隶属关系不变。西晋时仍置县，泰始二年(266)改属荥阳郡。东晋十六国时期，先后为后赵、前燕、前秦、后燕、后秦等政权据有。北魏太平真君八年(447)中牟县并入广武县，景明元年(500)复置，属司州。东魏天平(534~537)初年增设广武郡，中牟县属之，并为郡治。北周移县治至圃田。隋初改为内牟县，属郑州。开皇十六年(596)改名郏城。大业(605~617)初年复改为甫田县，县治迁回原址。唐武德三年(620)恢复中牟县名称，并在此置牟州，次年州废。贞观元年(627)改属汴州。龙朔二年(662)改隶郑州。五代时期中牟县地临国都，后梁时属开封府，后唐时改属郑州，后晋、后汉、后周三朝复属东京开封府。北宋时中牟县属京畿路开封府。金时属南京路开封府。元时属汴梁路。明清两朝均以县属开封府。民国三年(1914)属开封道；同二十一年(1932)中牟划归河南省第一行政督察区管辖。

中牟位于开封府西方约35公里处。

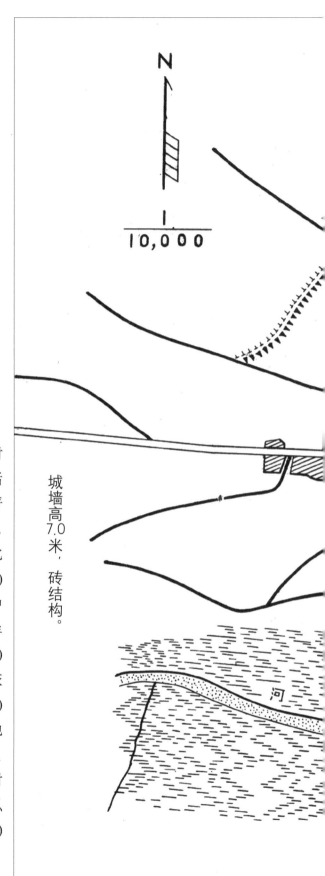

城墙高7.0米，砖结构。

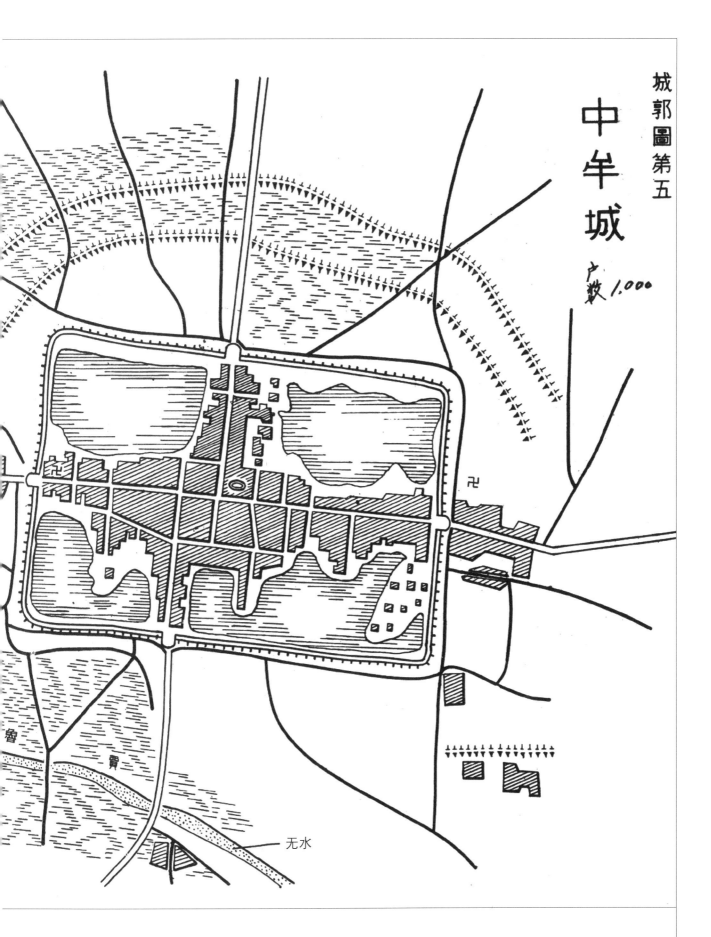

城郭圖第五

中牟城

广数 1,000

无水

开封建置沿革

商汤灭夏后，这一地区归属商朝。西周将其划入周的中心区域之内。春秋时为郑国地，相传公元前734~前701年，郑庄公建开封城作为储藏粮食之地，取名开封，意为开拓封疆。战国时，魏惠王于前340年自安邑迁都于此，称大梁，开始了作为国都的历史。

秦在此置大梁县，属三川郡所辖。西汉改置浚仪县，属陈留郡。至文帝时，封皇子武为梁王，以此为王都所在地，后因其地卑湿，迁王朝至睢阳。东汉仍为浚仪县，属陈留郡。三国曹魏占据中原，置浚仪县，归兖州所属之陈留国辖治。西晋因袭魏制，复置浚仪县。十六国时期，后赵一度改为建昌郡，前燕、前秦、后燕、后秦均为陈留郡。北魏仍之，至太和十八年 (494) 废陈留郡。孝昌二年 (526) 复置，以开封为浚仪县。东魏天平 (534~537) 初年置梁州，下辖陈留、开封、阳夏三郡，开封为梁州和陈留郡治。北齐并开封入陈留郡。北周因城临汴水，遂改梁州为汴州。

隋开皇 (581~600) 初年废陈留郡，仍为梁州。大业 (605~617) 年间废梁州，其地并入荥阳、颍州、济阳、东莱四郡，以开封为浚仪县，属荥阳郡。唐武德四年 (621) 置汴州，以浚仪县为州治。天宝元年 (742) 改汴州为陈留郡。乾元元年 (758) 为汴州。建中年间 (780~783)，在此建罗城。兴元年 (784) 宣武军节度使驻地自宋州迁至开封。这一时期，开封城市发展较快，在政治、经济上的地位日益重要，加之汴河流经此地，陆路交通又四通八达，使之成为水陆交通的重要枢纽，开始逐步取代长安、洛阳全国统治中心的地位。五代时期，后梁开平元年 (907) 以开封为国都称东京，置开封府，以浚仪、开封两县为府治。后唐同光元年 (923) 迁都洛阳，改开封为汴州宣武军节度使。此后，历经晋、汉、周三朝，均因袭梁制，以开封为都，称东京，置开封府。

960年北宋建立，定都开封，仍称东京，开封城市发展进入了历史上最为繁盛的阶段，政区建置居于全国最为重要的位置。开封除作为北宋都城外，宋还在此置开封府和开封、祥符两县，兼为府、县治，属京畿路所辖。金占据中原，初称汴京，贞元元年 (1153) 改称南京，置开封府，兼为府治，以开封、祥符为东、西附郭，属南京路。金宣宗于贞祐二年 (1214) 将国都由燕京迁至此地。元初置南京路，以祥符为治所。至元二十五年 (1288) 改为汴梁路；同二十八年 (1291) 置河南江北行省，开封为省、汴梁路和祥符、开封两县治所。

明洪武元年 (1368) 置开封府，同年建北京；同十一年 (1378) 在此建周王府，同年废北京。此为河南布政使司治，又并开封入祥符，兼为祥符县治。1644 年清朝入主中原，以河南为省，开封为河南省治和开封府治，兼为祥符县治。

民国二年 (1913) 废开封府设豫东道，改祥符县为开封县，为道治所在地；次年改豫东道为开封道，省督军公署及省长公署驻开封县，并为道治所在地；同三年 (1914) 在开封设置县佐；同十六年 (1927) 废道，次年析开封县城区置开封市；同十九年 (1930) 废开封县佐；同二十年 (1931) 撤市，仍为县；同二十一年 (1932) 开封划归河南省第一行政督察区管辖，省会设在开封；同二十七年 (1938) 省政府由开封迁至洛阳 (后又返回)。

开封筑城沿革

(1) 唐代的筑城

相传唐建中 (780~783) 初年，节度使李勉筑内城，城周 20 里，城门 10。子城自兴元二年 (785) 属宣武军治所，传其周围约 3 公里，城墙皆以砖石筑之。

(2) 五代的筑城

后周世宗显德二年 (955) 新筑城，称周长 48 里 233 步，传其砖以虎牢土烧制，坚实如铁。

(3) 宋代的筑城

传太宗在此定都后，为扩大五代城址，命令大臣赵普设计。当赵普献上方形城郭图时，太宗否定了此图，自己画了张形状扭曲的图，并命令照此筑城，从而建成了形状不规整的城郭。真宗大中祥符七年 (1014)、神宗元丰元年 (1078)，曾两次筑罗城，用以容纳居住在都城外侧的居民。徽宗政和年间 (1111~1118)，蔡京专断国政，为体现外观壮美改为方形城郭，建埔堞楼橹用以装饰，从而失去了坚实的功能。

(4) 开封城的毁灭与重建

1127 年，金侵宋；1234 年，元亡金。元统一中国后，一扫割据之风；至元 (1264~1294) 中期，命令拆除天下城隍，开封逐化为废墟。明洪武九年 (1376)，再度筑城，然当时大运河位居远离开封城的东方，开封已失去交通要冲的价值，市况今非昔比，只不过是座城周仅 20 余里的城郭。

城郭圖第六

開封(迂)城圖

戶數 60,000
人口 300,000

安遏門

仁和門曹門

曹門関

城壁斷面
$\frac{1}{200}$

3.0

1.5

6.0

15.0

8.0

-.30

睢縣城

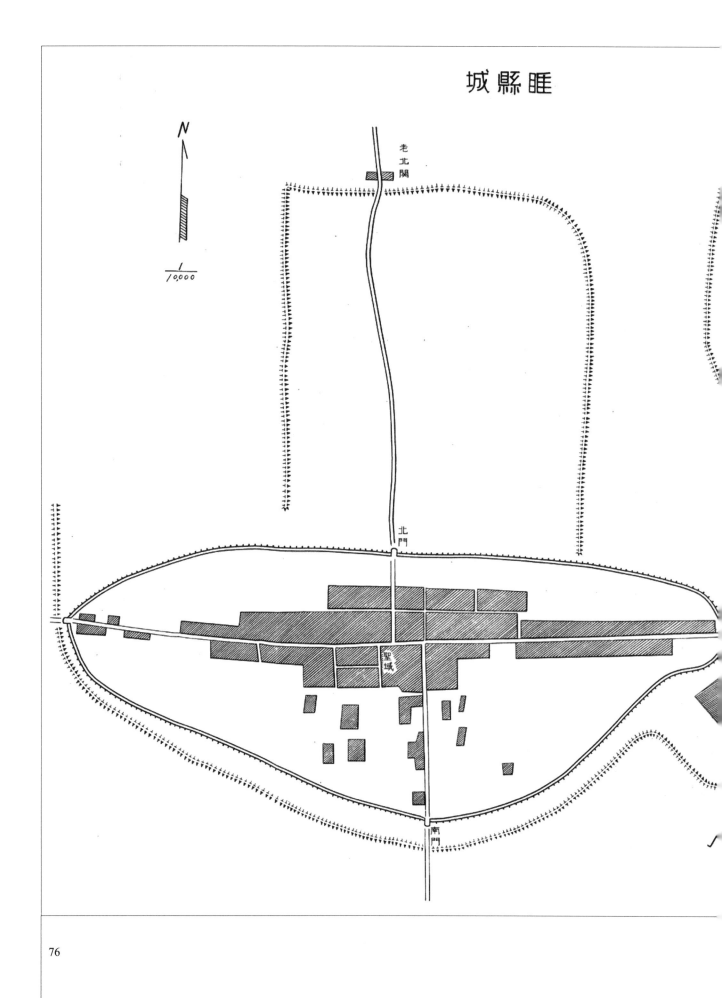

N

$\frac{1}{10,000}$

老北関

北門

聖域

南門

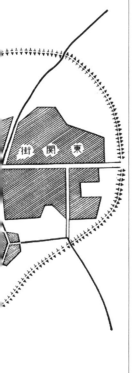

城
郭
圖
第
七

现今户数
2,500

睢县建置沿革

春秋时属宋、陈两国地。战国时置襄邑县，属砀郡。西汉时襄邑改属兖州刺史部陈留郡。东汉因袭前制。曹魏至西晋，襄邑县属兖州陈留国。十六国时期，先后为后赵、前燕、前秦、后燕、后秦等政权据有。南北朝时一度为刘宋政权占据，属谯郡。北魏仍置襄邑县，属徐州梁郡。北齐时改属阳夏郡，后废。隋开皇十六年 (596) 复置襄邑。唐初属杞州，贞观元年 (627) 属梁郡。天宝元年 (742) 改梁郡为宋州睢阳郡，仍以县属之。五代时期，先后为梁、唐、晋、汉、周五个王朝据有。北宋建立后，属京畿路开封府。崇宁四年 (1105) 升襄邑县为拱州，称东辅。大观四年 (1110) 置四辅，废拱州，复以襄邑县属开封府。政和四年 (1114) 襄邑县复为拱州，仍称东辅。宣和二年 (1120) 再罢四辅，拱州改属京东西路。金天德三年 (1151) 改置睢州，襄邑县为州治所在地，属南京路。元因袭金制，属河南行省汴梁路。明初襄邑县省入睢州，嘉靖二十四年 (1545) 改属归德府。清仍以睢州属归德府。民国二年 (1913) 废睢州改称睢县；同三年 (1914) 属开封道；同二十一年 (1932) 睢县划归河南省第二行政督察区管辖。

睢县位于开封府东南方约 75 公里处。

归德（商丘）建置沿革

夏朝时为商方国地。商朝在此置商邑。西周至春秋，为宋国国都。战国时改称睢阳，仍为宋国都城。秦置睢阳县，属砀郡，为郡治所在地。汉高祖五年（前202）建立梁国，以睢阳为国都所在地，属豫州刺史部。此后历经东汉、曹魏、西晋等王朝，政区建制及隶属不变。十六国时期，后赵、前燕、前秦、后燕、后秦等政权均在此置梁郡。北魏仍置睢阳县，为梁郡郡治，属徐州。东魏、北齐时期，均为梁郡治所。隋初废梁郡，开皇十八年（598）改睢阳县为宋城。大业（605~617）初年复置梁郡，以宋城为郡治所在地。唐朝前期因袭隋制，天宝元年（742）改梁郡为宋州睢阳郡，郡治宋城，属河南邑。五代均以此为宋州，此外，后梁在此置宣武军，后唐、后晋、后汉、后周四朝均置归德军。北宋景德三年（1006）升梁州为应天府，以宋城为府治，至大中祥符七年（1014）升为南京，属京东西路。金改应天府为归德府，承安五年（1200）改宋城县为睢阳县，为府治所在地，属南京路。元因袭金制。明洪武元年（1368）降归德府为州，属开封府，省睢阳县。嘉靖二十四年（1545）复置归德府并设商丘县为府治所在地。清因袭明制。民国二年（1913）废归德府，仍置商丘县，属豫东道；同三年（1914）改豫东道为开封道，以商丘等县属之；同二十一年（1932）商丘划归河南省第二行政督察区管辖。

归德位于徐州西方约130公里处。

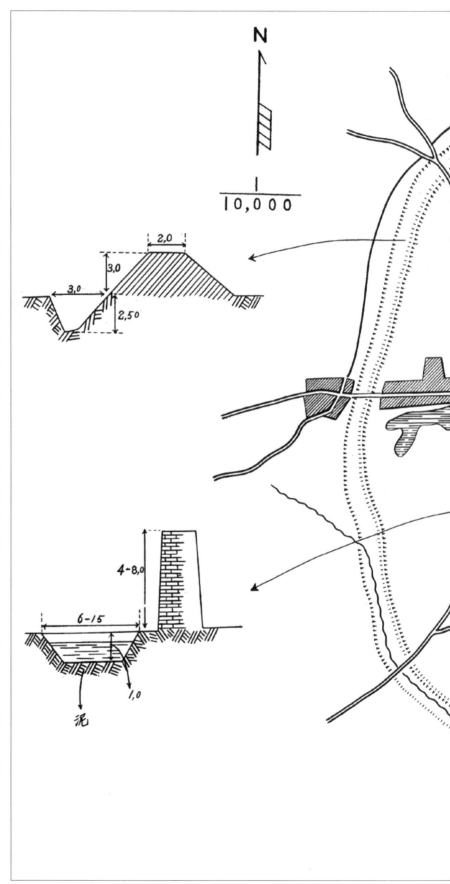

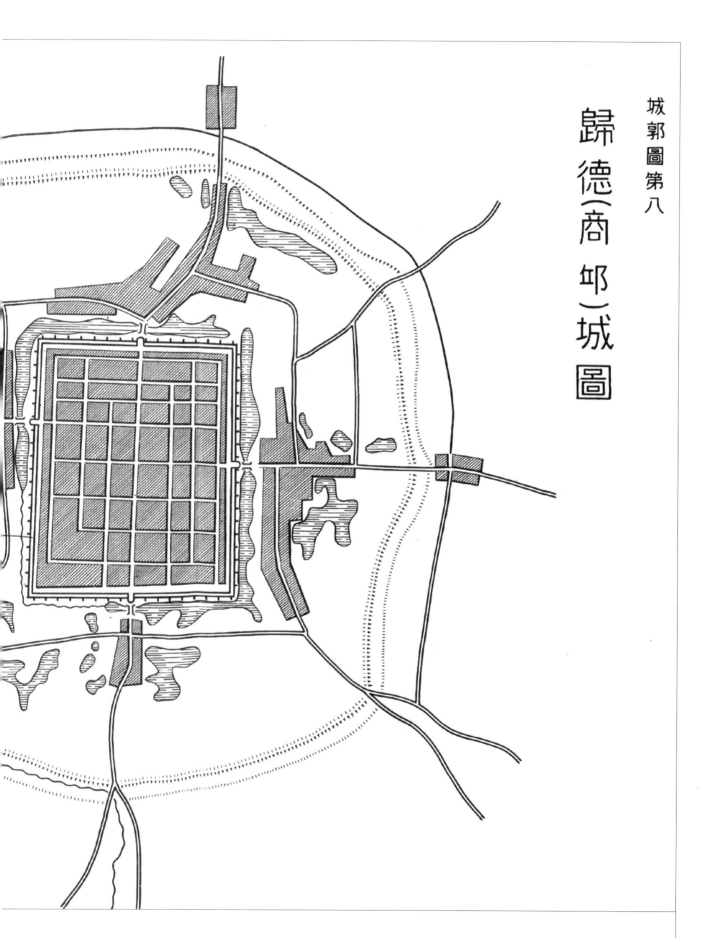

歸德（商邱）城圖

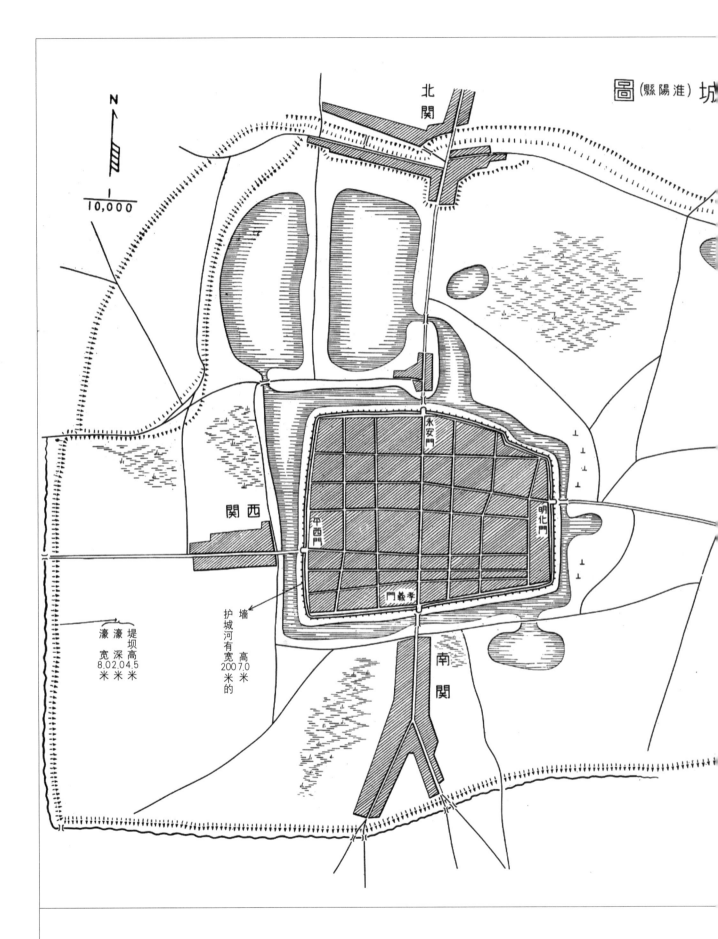

N
10,000

北
関

西 関

南
関

永安門
平西門
明化門
孝義門

墙
护城河有宽
200
米
的

濠濠堤坝
宽深高
8.02.04.5
米米米

高
7.0
米

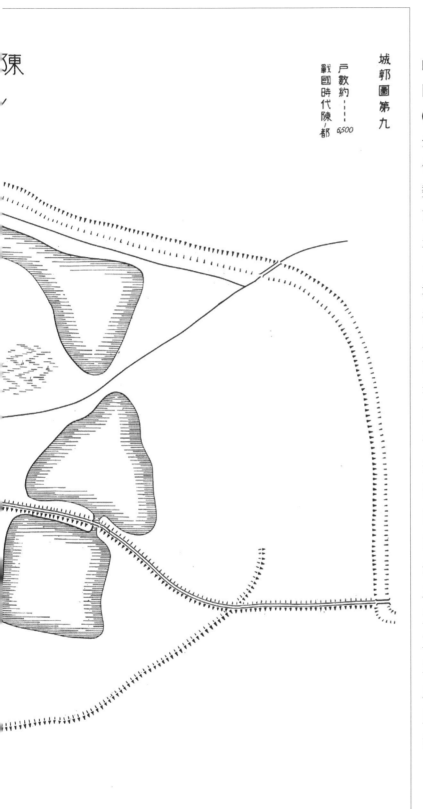

陳

戶數約┄┄
戰國時代陳都
6500

陈州(淮阳)建置沿革

西周时在此置陈国,历经春秋,战国时楚灭陈,楚国国都一度迁至此地。秦置陈县,为陈郡郡治所在地。汉高祖十一年(前196)置淮阳国,以陈县为治所,属兖州刺史部。东汉章和二年(88)改置陈国,仍以此为治所,属豫州刺史部。三国时曹魏在此置陈郡,以陈县为郡治。西晋陈县改属梁国,为豫州州治。东晋十六国时期,先后为后赵、前燕、前秦、东晋等政权所占据。南朝刘宋政权一度据有此地,置陈郡。北魏时属司、豫两州境。东魏时属北扬州。北齐在此置陈郡,为信州州治。北周改信州为陈州。隋开皇(581~600)初年改名宛丘,未久废陈郡。大业(605~617)初年置淮阳郡,以宛丘县为郡治。唐复置陈州,宛丘县为州治。五代时期,梁、唐、晋、汉、周五个王朝均在此置陈州,后晋开运二年(945)兼置镇安军,后周因袭晋制。北宋仍置宛丘县,为陈州州治,属京西北路。宣和元年(1119)升陈州为淮宁府,宛丘遂成府治。金复为陈州,以宛丘县为州治,属南京路。元因袭金制。明初省宛丘县入陈州,属开封府。清初因袭明制,为开封属州。雍正二年(1724)升陈州为直隶州;同十二年(1734)又升为府,并置淮宁县为府治所在地。民国二年(1913)废府,改淮宁县为淮阳县;同三年(1914)属开封道;同二十一年(1932)淮阳划归河南省第七行政督察区管辖。

陈州位于开封东南约120公里处。

周家口现状

该地为平原地带，地处颍河、沙河、贾鲁河的汇流处，水陆交通便利。明朝初期，这里是沙河南北岸的一个渡口，称周家口。明成化年间(1465~1487)，贾鲁河通周家口、与沙、颍两河汇流，形成三岸对峙局面。万历年间(1573~1620)发展成繁盛的商业贸易场所。清初成为当地农副产品的集散地。清康熙九年(1670)，陈州管粮州判移设周家口，自此，周家口遂成市镇。至清朝中期，与朱仙镇、道口镇、赊旗镇并称为河南四大镇。现今市街依河流分成三块，每个部分均以城墙围绕，分别称为南寨（河南）、北寨（河北）、西寨（河西）。

周家口位于开封东南约 130 公里、陈州西南方约 30 公里处。

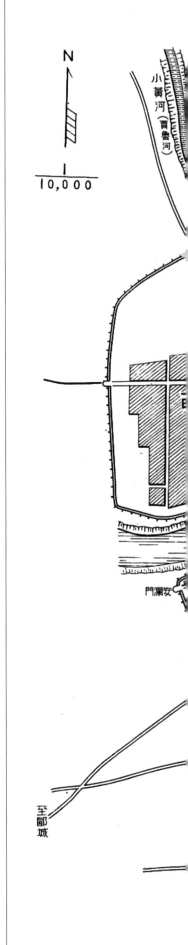

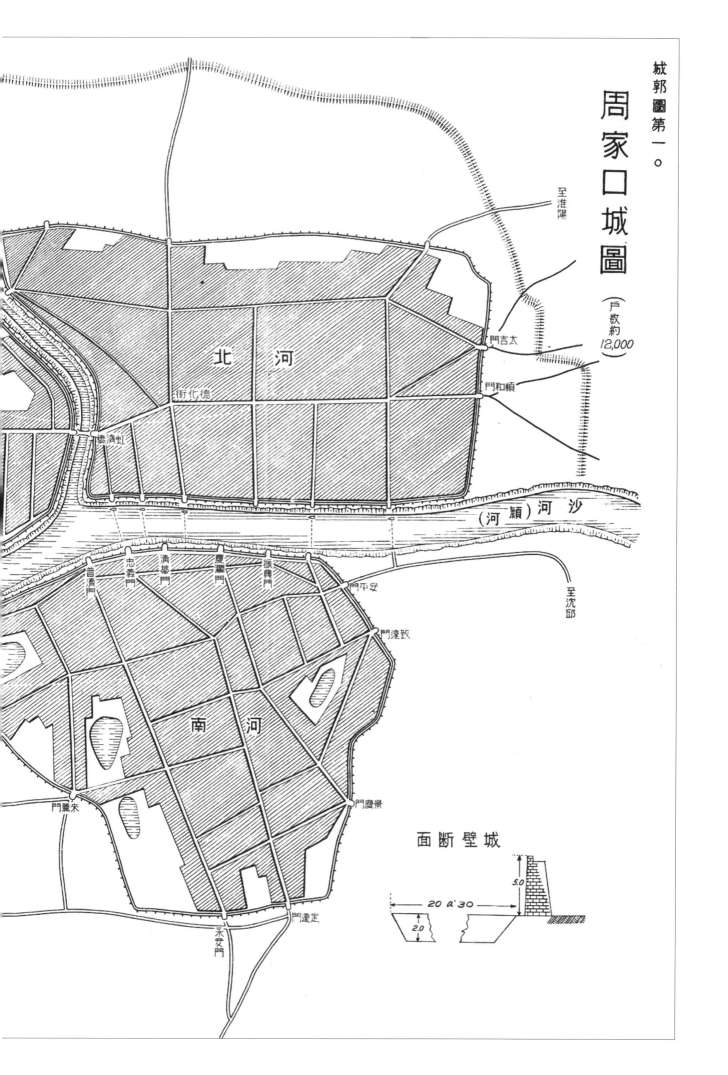

周家口城圖 (戶数約 12,000)

北 河

街化德

至淮陽

門吉太

門和順

橋濟虹

沙河 (潁河)

普濟門 忠義門 清華門 慶覽門 振興門

門平安

至沈邱

門達致

南 河

門薰來

門慶景

門達定

永安門

城壁斷面

20 a 30

2.0

5.0

郾城建置沿革

西周时为胡国地。春秋时属郑国。战国时为魏国据有，置郾邑。秦时属颍川郡。西汉正式设置郾县，属豫州刺史部，即郾城设县之始。此后历经东汉、曹魏、西晋等王朝，政区建制不变。东晋十六国时期，先后为东晋、后赵、前燕、前秦、后秦等政权所占据。北魏太和六年(482)置颍川郡。北齐改置临颍郡。隋初置郾城县，废临颍郡。开皇十六年(596)置道州。大业(605~617)初年废州，以郾城县属颍川郡。唐武德四年(621)复置道州。贞观元年(627)废州，以县属蔡州。

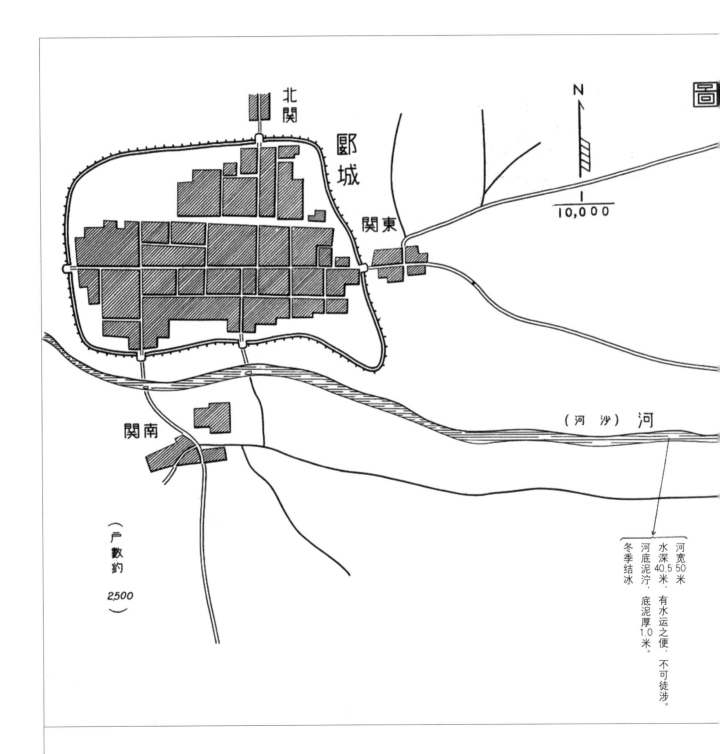

建中二年 (781) 以郾城等县置溵州。贞元二年 (786) 废州。元和十二年 (817) 复以郾城等县置溵州。长庆元年 (821) 废州，郾城县属许州。五代时期，先后为梁、唐、晋、汉、周五个王朝所据有。北宋郾城县属京西北路颍昌府。金时属南京路许州。元时属汴梁路许州。明则属开封府许州。清初因袭明制，雍正二年 (1724) 升许州为直隶州，仍以郾城县属之。民国三年 (1914) 属开封道；同二十一年 (1932) 郾城划归河南省第五行政督察区管辖。

郾城位于京汉铁路沿线、郑州南方约 150 公里处。

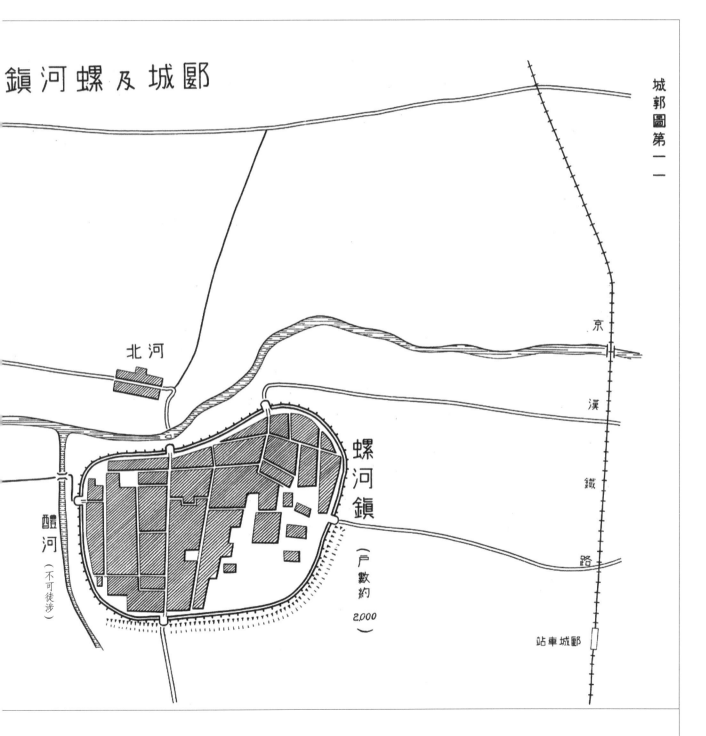

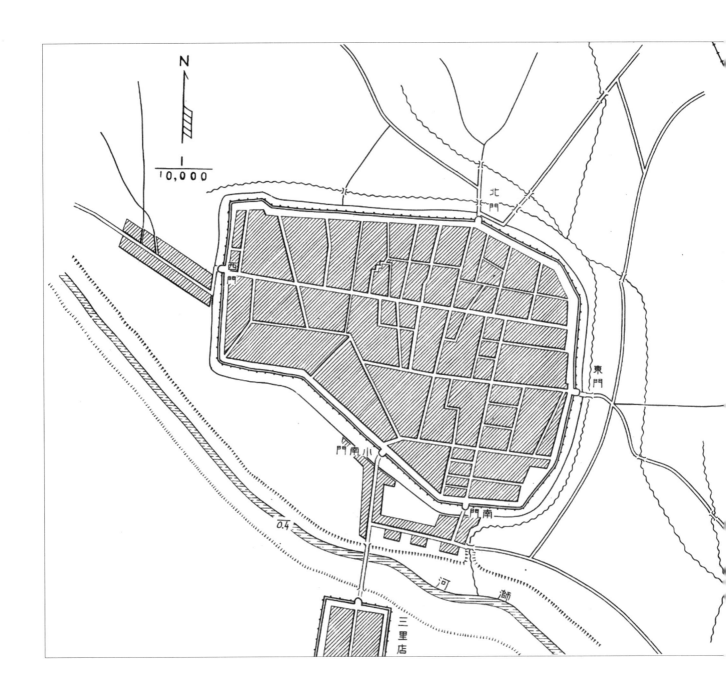

信阳建置沿革

　　春秋战国时属楚国地。秦时属衡山郡。西汉在此置钟武县，属荆州刺史部江夏郡。东汉析置平春县，所属不变。三国时曹魏政权据有此地，平春县仍属江夏郡。西晋改属义阳国。东晋置平阳县，为义阳郡治。南朝刘宋仍置义阳郡，元嘉二十八年(451)移司州于此。萧齐置钟武、平阳两县，以平阳为司州和北义阳郡治。梁因承齐制。后北朝北魏、北齐占据此地，置郢州义阳郡。北周改县名为平阳，改郡名为宋安。隋废宋安郡，置义阳、钟山两县，并以义阳为义阳郡治。唐义阳、钟山两县属淮南道中州义阳郡。五代时期，先后为梁、唐、晋、汉、周五个王朝所据有，均在此

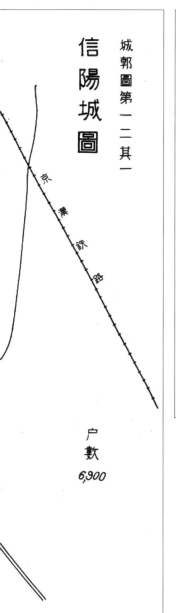

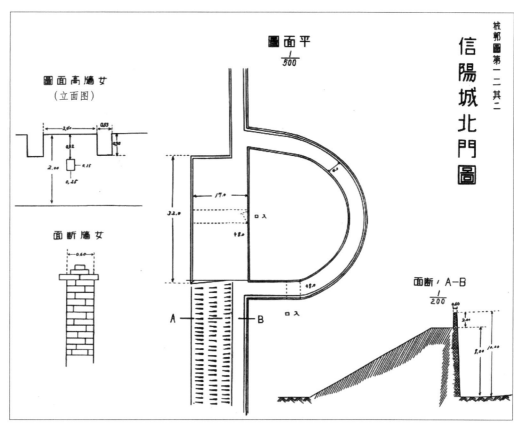

置申州。北宋开宝九年 (976) 废钟山县，改县名为信阳，为信阳军治。南宋时属荆湖北路信阳军。元时信阳县属汝宁府信阳州。明洪武元年 (1368) 复置信阳州；同四年 (1371) 改属中都临濠府；同七年 (1374) 仍属信阳州；同十年 (1377) 降为县。成化十一年 (1475) 复升为州，属汝宁府。清因袭明制。民国二年 (1913) 改信阳州为信阳县；同三年 (1914) 属汝阳道，为道治所在地；同二十一年 (1932) 信阳划归河南省第九行政督察区管辖。

信阳位于郑州南方 330 公里处。

光州（潢川）建置沿革

西周时此地有黄国。春秋时黄国成为楚的属国。战国时仍为楚国属地。秦时属衡山郡辖境。西汉置弋阳县，属豫州刺史部汝南郡。东汉因袭前制。三国时曹魏政权置弋阳郡，以弋阳县为郡治所在地，属豫州。西晋弋阳仍为郡治，所属不变。东晋置弋阳郡，属豫州。南朝刘宋政权置弋阳郡，属南豫州。萧齐时属豫州，萧梁时属光州。北朝东魏据有此地后，政区建制不变。北齐在此置定城县，属定城郡；又于此置南郢州，为州治，末久省入南、北两弋阳县，以后南、北弋阳合并，复改称定元县（这一时期，南北各政权多在此置州郡，政区建置错综复杂）。隋开皇 (581~600) 初年废各州郡，仍置定城县，属弋阳郡。唐武德三年 (620) 置弦州，贞观元年 (627) 废弦州，县属光州。太极元年 (712) 光州州治自光山迁至此地，定城遂兼州治所。五代十国时期，十国中的吴、南唐和五代中的后周均在此置光州。北宋定城县属淮南西路光州，兼为州治。南宋因袭北宋之制。元定城县属汝宁府光州，兼为州治。明初省定城县入光州，洪武四年 (1371) 光州改属中都临濠府；同十三年 (1380) 复属汝宁府。清初因袭明制，光州为汝宁府属州，雍正二年 (1724) 升为直隶州，仍以此为州治。民国二年 (1913) 改光州直隶州为潢川县，次年属汝阳道；同二十一年 (1932) 潢川划归河南省第九行政督察区管辖。

光州位于河南省东南角汉口之东北约 190 公里、信阳东方约 90 公里处。

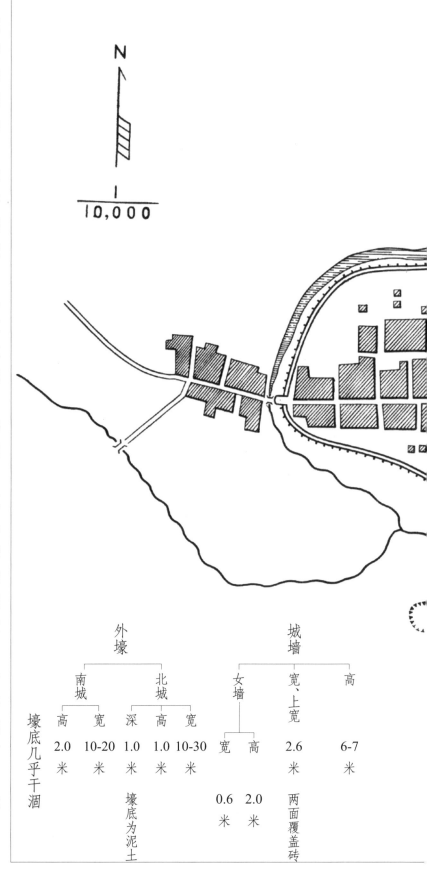

	外壕					城墙		
	南城		北城			女墙		
	高	宽	深	高	宽	宽	高	宽、上宽	高
壕底几乎干涸	2.0 米	10-20 米	1.0 米	1.0 米	10-30 米			2.6 米	6-7 米
			壕底为泥土			0.6 米	2.0 米	两面覆盖砖	

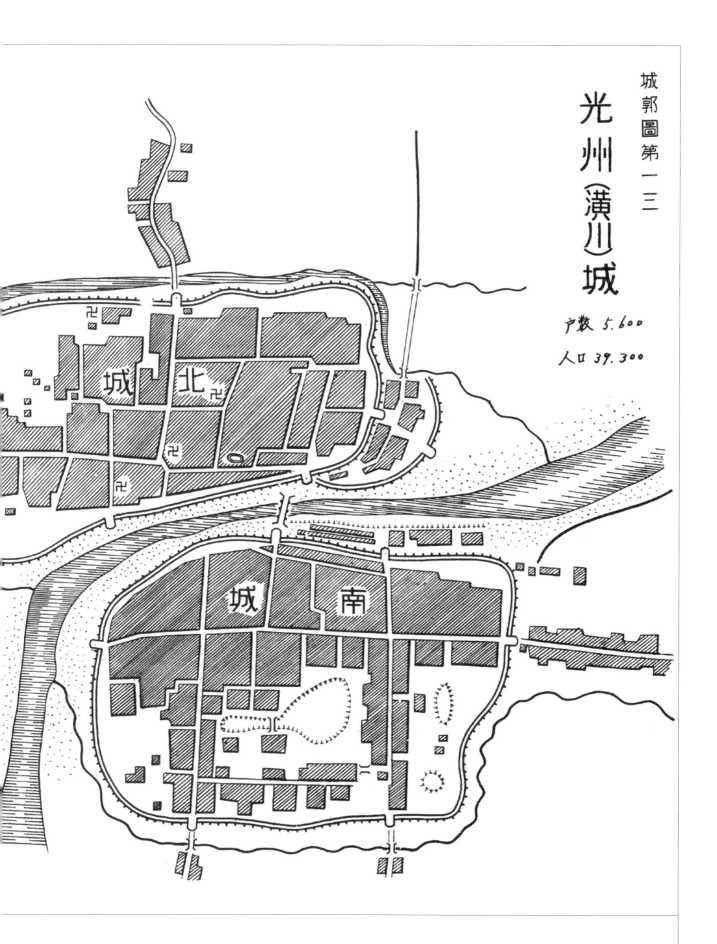

光州（潢川）城

戸数 5,600

人口 39,300

城北

城南

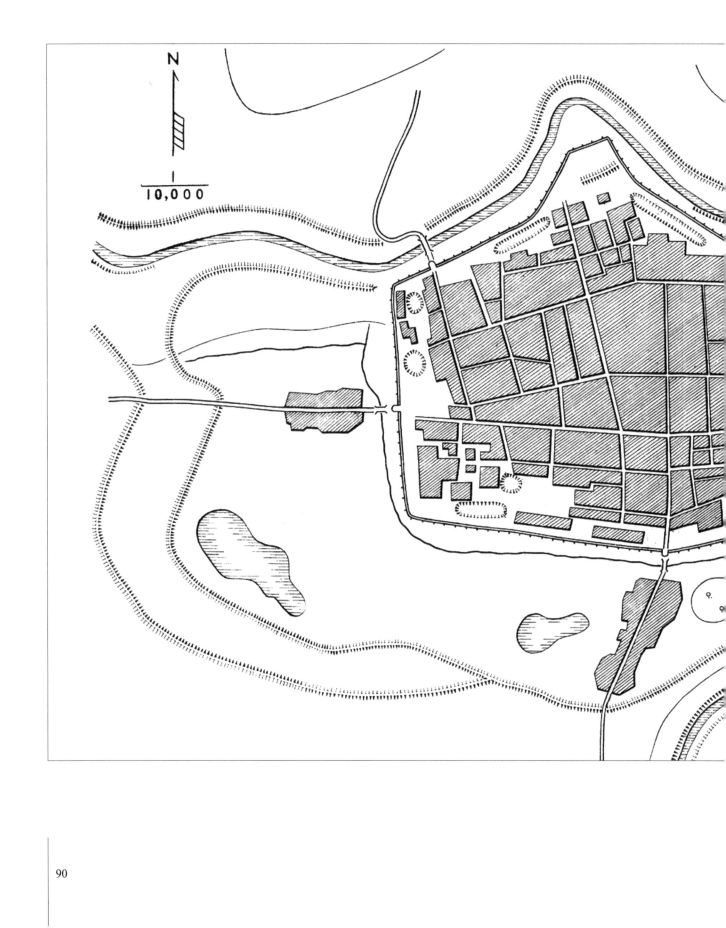

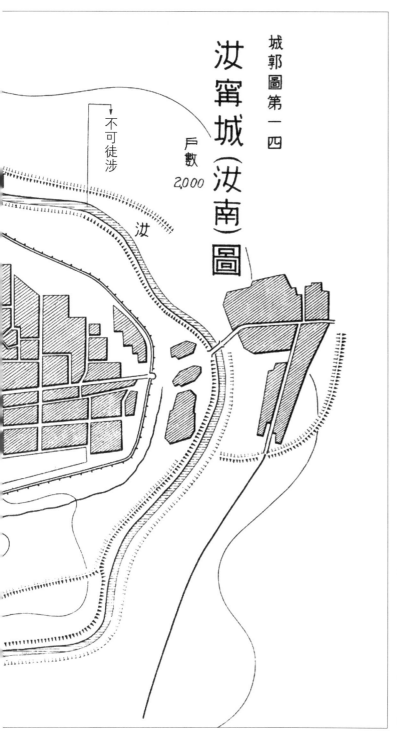

城郭圖第一四

汝甯城（汝南）圖

戶數 2,000

不可徒涉

汝

汝宁（汝南）建置沿革

春秋战国时属楚国地。秦时为陈州上蔡县辖境。两汉时期属豫州汝南郡地。此后历经曹魏至西晋属汝南国。东晋十六国时期，该地先后为后赵、前燕、前秦、东晋、后秦等政权所占据。南北朝时期，南朝刘宋政权在此置汝南、新蔡两郡，治所称悬瓠城。北魏改置上蔡县，县治仍称悬瓠城，兼为豫州州治和汝南郡治。东魏、北齐因袭魏制。隋开皇（581~600）初年废除汝南郡，大业（605~617）初年复置郡，改县名为汝阳，为汝南郡治。唐初属豫州，宝应元年（762）改豫州为蔡州，汝阳县属之。贞元七年（791）析汝阳等县之地置汝南县，元和十三年（818）省之。五代时期，梁、唐、晋、汉、周五个王朝均在此置蔡州，为州治。北宋仍以汝阳为蔡州州治，属京西北路。金因袭宋制，属南京路。元初一度废除汝阳县，为蔡州治所，后复置县。至元七年（1270）蔡州隶属汴梁路；同三十年（1293）升为汝宁府，直隶河南行省，汝阳为府治所在地。明初废汝阳县，洪武四年（1371）复置，仍为汝宁府治；天顺元年（1457）在此建秀王府，成化八年（1472）废之；同十年（1474）改建崇王府。清因袭明制。民国二年（1913）改汝阳县为汝南县，次年属汝阳道；同二十一年（1932）汝南划归河南省第八行政督察区管辖。

汝宁位于开封南方约190公里处，在京汉铁路驻马店站东方25公里处。

卫辉（汲县）建置沿革

殷商时为牧野之地。西周时属卫国境域。春秋时仍属卫地。战国魏国据有此地，置汲邑。秦时属河内郡。西汉时正式设汲县，属河内郡，汲县之名自此始。东汉因袭前制。三国曹魏政权据有此地，汲县一度属朝歌郡。西晋泰始二年(266)置汲郡，以汲县为郡治。十六国时期，该地先后为后赵、前燕、前秦、后燕等政权据有，均置汲郡。此间汲县建制曾被废除。北魏太和十二年(488)复置汲县。东魏兴和二年(540)置义州，为州治。北齐时置伍城郡及伍城县，并废义州。北周又废伍城郡，以伍城县改属卫州。隋开皇六年(586)仍改称汲县，属卫州；大业(605~617)初年改属汲郡。唐武德元年(618)复置义州；同四年(621)废义州，以县属卫州；贞观元年(627)卫州州治自卫县迁于此地，属河北道。五代时期，梁、唐、晋、汉、周五个王朝据有此地，政区建制因袭唐制。北宋仍置汲县，为卫州治所，属河北西路。金仍置卫州汲县，因避河患，大定二十六年(1186)州治迁至共城；同二十八年(1188)复迁回汲县。元以汲县为卫辉路治，隶中书省管辖。明洪武元年(1368)改置卫辉府，后属河南行省，以汲县为府治。弘治四年(1491)建汝王府，至嘉靖二十年(1541)废之。隆庆五年(1571)又建潞王府。清因袭明制。民国三年(1914)废卫辉府，汲县属河北道；同十六年(1927)废道，汲县直隶河南省，俗称卫辉；同二十一年(1932)汲县划归河南省第三行政督察区管辖。

卫辉位于开封西北约70公里处，彰德南方80公里处。

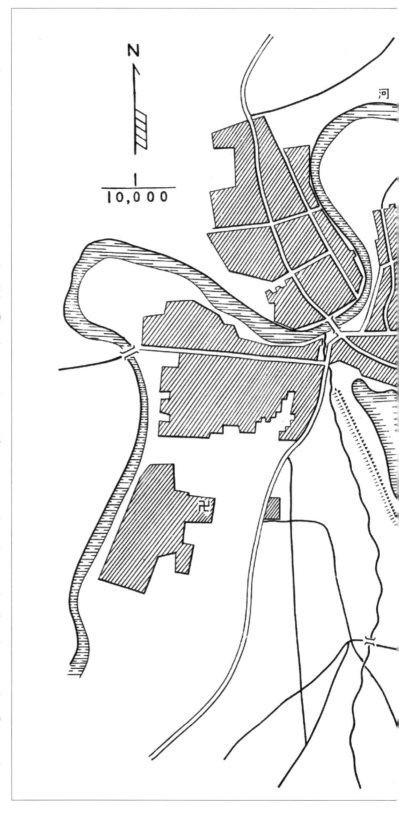

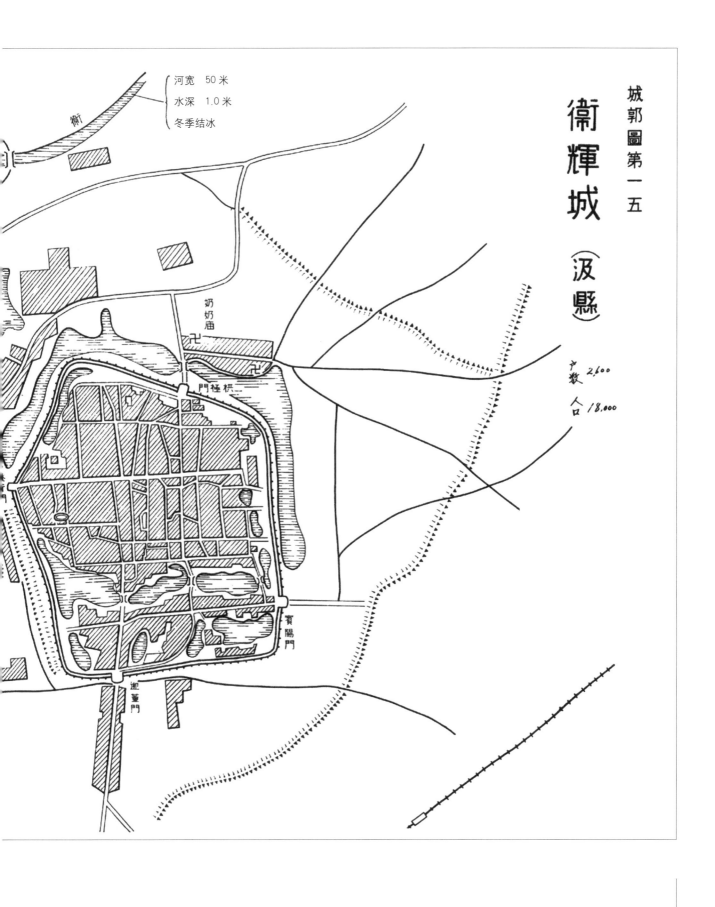

河宽 50米
水深 1.0米
冬季结冰

衛

奶奶庙

枳極門

賓陽門

迎薰門

衛輝城 (汲縣)

户數 2,600
人口 18,000

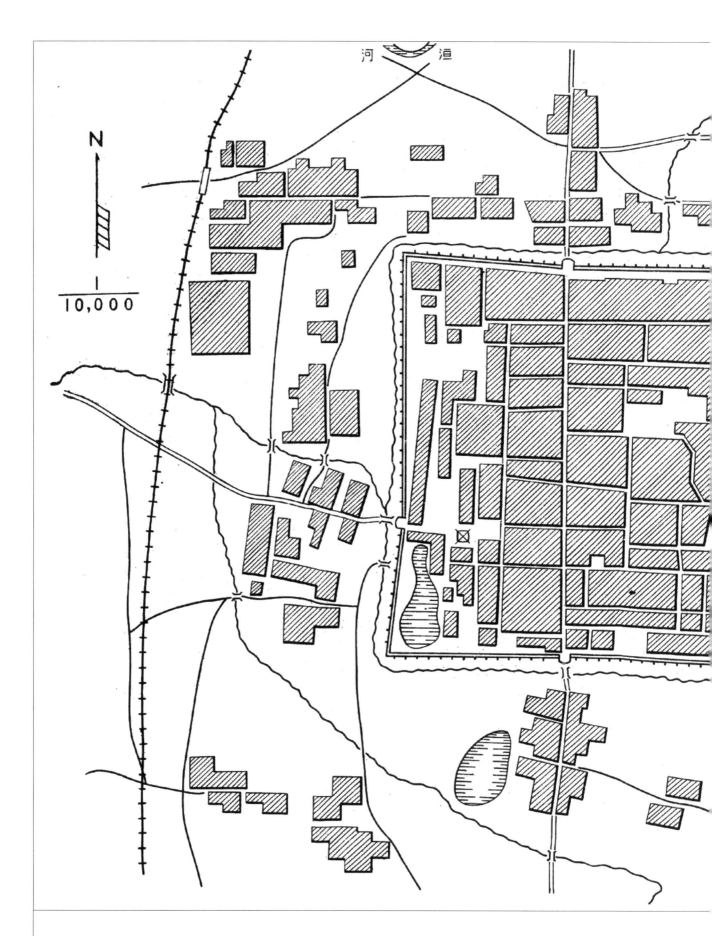

河 渥

10,000

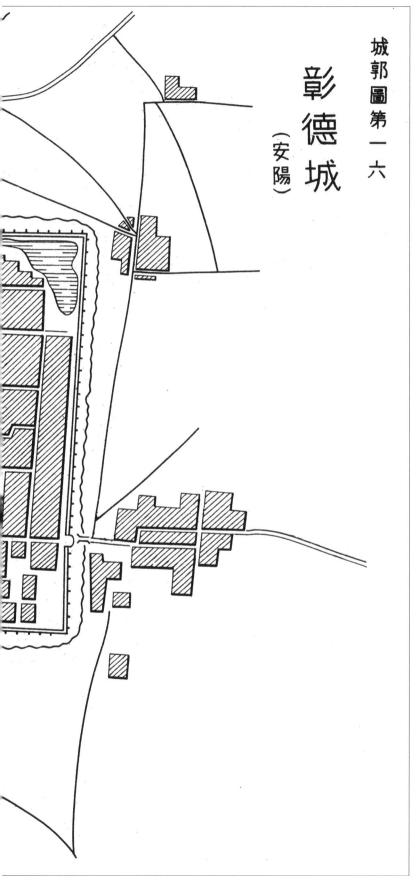

城郭圖第一六

彰德城

（安陽）

彰德（安阳）建置沿革

商朝后期，此地作为商都所在地达270多年。周武王灭商后，该地为周王朝所有。春秋时属卫国地。战国时为魏国据有，置宁新中邑。秦昭襄王五十年（前257）派兵攻占该地，改称安阳，此后置县，秦王政二十六年（前221）属邯郸郡，后归河内郡。西汉时并入荡阴县，属司隶部河内郡，汉昭帝以此作为上官桀的侯邑。东汉因袭前制。三国时曹魏政权据有此地，置安阳县，属冀州魏郡。西晋以县改属司州魏郡。十六国时期，先后归后赵、前燕、前秦、后燕等政权所占据。南北朝时期，北魏据有此地，置安阳县，属相州魏郡。北魏分裂后，划归东魏，天平（534~537）初年该县并入邺县。北周大象二年（580）移相州州治及魏郡郡治于此，遂置邺县。隋开皇十年（590）改称安阳，大业（605~617）初年置魏郡，为郡治。唐置安阳县，为相州州治。五代时期，先后为梁、唐、晋、汉、周五个王朝所据有，均在此置相州，并为彰德节度使驻地。北宋因袭前制，属河北西路。金明昌三年（1192）升相州为彰德府，府治安阳。元改彰德府为彰德路，以安阳为路治，归属中书省管辖。明初改路为府，安阳仍为彰德府治，属河南行省。永乐二年（1404）在此建赵王府。清因袭明制。民国三年（1914）属河北道；同二十一年（1932）安阳划归河南省第三行政督察区管辖。

县城历经四次迁移，秦时城池位于今县城东南25公里处，晋朝县城在今县城西南，隋朝县城移恒水南，现今彰德位于石门（石家庄）南方约225公里处。

二、山西省的城郭

山西省西面、南面以黄河为界，四周悉皆高山峻岭，仅南方极少部分为平地，河川除汾水之外，乏舟楫之便；黄河诸所急潭激流不利于长距离航运。

自古以来，山西之地与陕西省渭水流域同为文明开化地区，相传太原东北为尧、禹都城，此地是古冀州地方，尧舜时开设十二州之一并州之地，夏代为冀州，周代为并州，之后改为晋。战国时期属赵国，一部分为韩魏领地。秦置太原、上党、河东、云中、雁门、代诸郡。西汉武帝置并州刺史部，东汉末省并州入冀州。三国时期魏国复置并州。西晋末年五胡入侵，为胡族蹂躏之所。刘渊据离石号汉（前赵），继石勒后赵以后，前燕、前秦、后秦、后燕等诸国据之。未久，归北魏所有设置并州，元兴元年 (402) 于平城（今大同）建都，置司州，分置秦、东雍、朔、肆、汾五州。孝文帝迁都洛阳，改司州为泜州，又分置朔、晋、显、蔚、建、云等诸州。东魏增置东雍、南汾、廓、武等四州。北周置并州总管府。隋罢总管府设河北道行台，又罢行台复置并州总管府，次废府改诸州为郡属冀州刺史。唐复改郡为州置并州总管府，更设蒲州、潞州两总管府，玄宗时继河东道分置河东、河中、泽潞三节度使。五代后晋时割蔚、朔、应等诸州与辽国，后周时刘崇据晋阳建北汉国。宋讨平设河东路，然雁门以北属辽，辽置西京道，徽宗时复归宋。宋称云中府路，暂为金之领地。金设河东、西京两路，又分河东为南北路。元分置冀宁、晋宁、大同等诸路。明于太原置山西行中省，次改山西等处承宣布政史司。清代设山西省九府十州、六厅。民国限山西省于长城以南，首府太原，领一百零五个县。如上所述，变迁万端又饱受胡族侵扰，故山西省较他处城池建筑坚固，始见营造方形城池，虽小城镇散见各处，但均有筑城。

太原（阳曲）建置沿革

春秋时为晋地，战国时属赵，都晋阳。秦置太原郡，郡治晋阳。汉高祖二年（前205）置太原郡，郡治晋阳；同六年（前201）废太原郡，以郡二十一县置韩国；同年废韩国，分其地置太原、雁门两郡，定晋阳为太原郡治所；同十一年（前196）又废太原、雁门两郡，合其地复置代国。文帝二年（前178）分代国南部原太原郡之地新置太原国，都城仍为晋阳；同三年（前177）并代、太原两国为代国，都晋阳。元鼎三年（前114）废代国，复置太原郡，郡治晋阳。元封五年（前106）武帝首创"州刺史部"建置，此地为并州刺史部，其下监辖九郡，太原郡为九郡之首，刺史部设晋阳。太原称并州自此始。新莽始建国元年（9）分并州刺史部北地，新置朔方刺史，太原郡仍属并州刺史部。东汉建武元年（25）恢复西汉旧称。

三国魏黄初元年（220）复置并州，改太原郡为太原国，旋又废太原国置太原郡。咸熙二年（265）西晋改太原郡为太原国，属并州刺史部。十六国时期，太原郡先后被前赵（汉）、后赵、前燕、前秦、后燕等五国交替割据，续开之州郡。太延五年（439）北魏复置太原郡，治晋阳。永熙元年（532）高欢以晋阳四塞乃建大丞相府。次年高欢另立元善为帝，迁都邺，史称东魏。武定八年（550）高欢子高洋建立北齐，新置并州尚书省，省下辖太原郡，改太原郡治晋阳为龙山，另置晋阳县于汾水之东。建德六年（577）北周武帝灭北齐，废并州尚书省置并州总管府，下仍置太原郡，郡治龙山。晋阳又是东魏和北齐的别都。

隋开皇九年（589）改为总管府，定治晋阳；同十年（590）改北齐龙山复称晋阳，改北齐晋阳称太原，太原称县自此始。大业三年（607）废并州总管府，复置太原郡，郡治晋阳。治所传在现今太原西北或东北。隋末，李渊李世民驻守太原，传因晋阳古有唐国之称，李渊父子定都长安后，遂以"唐"为国号。唐武德元年（618）废太原郡复为并州总管府，治晋阳；同三年（620）废并州总管府，改置并州，州治晋阳。唐朝数代帝王曾数次扩建晋阳城，并相继封其为"北都""北京"，为河东节度使治所，与京都长安、东都洛阳并称"三都""三京"。五代十国时期，后唐、后晋、后汉、北汉，或发迹于晋阳，或以此为国都，故传为"龙城"。

北宋太平兴国四年（979）宋太宗赵光义诏废并州太原府，废太原、晋阳两县；遂下令火烧晋阳城，又引汾、晋之水夷晋阳城为废墟。三年之后，新太原城在古晋阳城之北重新崛起，移并州军事治所于此。嘉祐四年（1059）设太原府，次升为大都督府。金废北宋太原大都督府，新置太原河东军总管府，府治阳曲，属河东北路。元置太原路直隶中书省，大德八年（1304）复改冀宁路。

明初废元冀宁路，复置太原府，属山西行中书省，府治阳曲。洪武九年（1376）扩建太原府城池，改山西行中书省为承宣布政使司，太原府隶属其下。清因袭明制，仅改承宣布政使司为行省，太原府属山西行省，府治阳曲县。民国元年（1912）废府留阳曲县名，为山西省府治所；同三年（1914）新置冀宁道，道治驻阳曲县；同十年（1921）新置太原市政公所，为市级地方建置之雏形；同十二年（1923）太原市新设区级建置；同十六年（1927）废道，太原市正式建市，隶属山西省管辖。

太原西南约20公里处亦有太原，为春秋战国时代晋阳之地，至隋称之为太原，至唐移汾水之东，宋置平晋县，至明移汾水右岸，晋阳五代后周刘崇据之建北汉国，979年为宋所灭，宋将城邑宫阙悉数烧毁，移居民至榆次县，此地衰微破落直至今日。

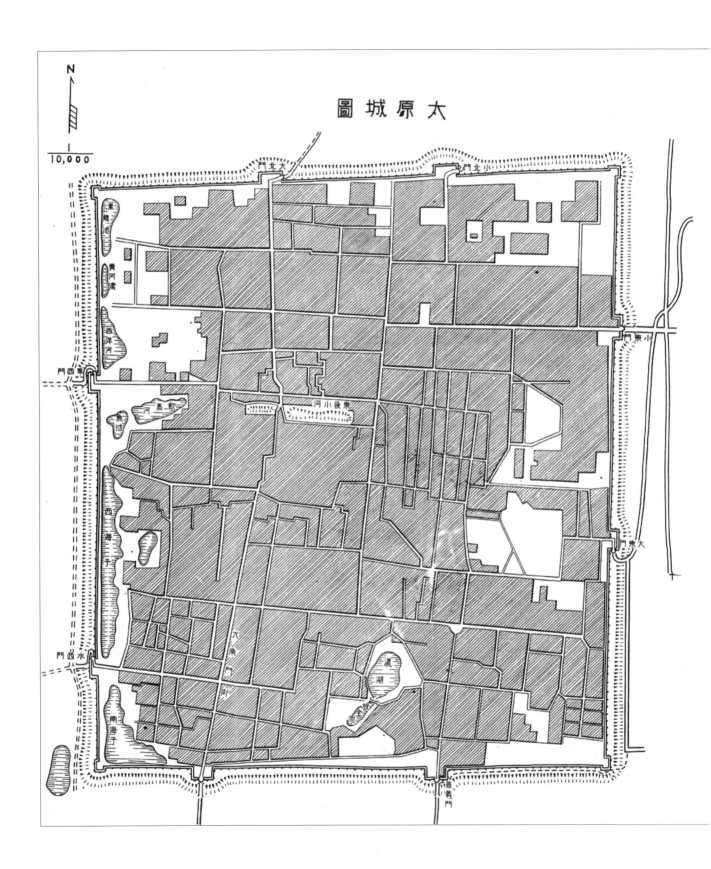

太原城圖

N

1:10,000

門北大
門北小
門東小
門東大
門西
門水西
門義

黑龍池
黃河套
西洋河
飲馬河
焦池
西海子
東後小河
鳳湖
水金池
南海子
八南門街

太原城壁斷面圖

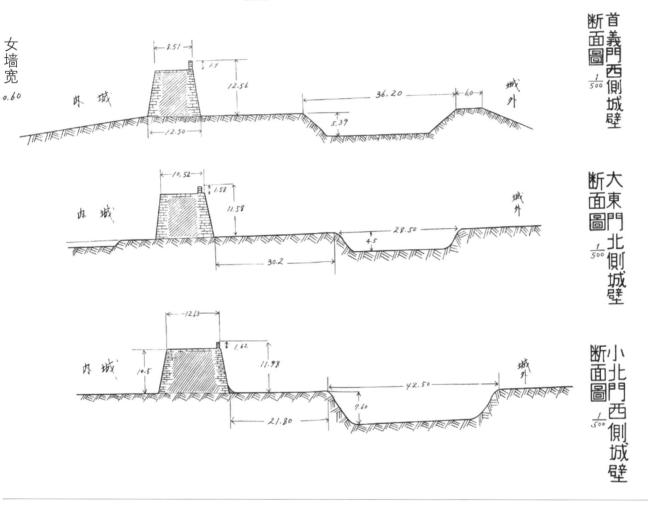

女墙宽
0.60

首義門西側城壁
斷面圖 1/500

大東門北側城壁
斷面圖 1/500

小北門西側城壁
斷面圖 1/500

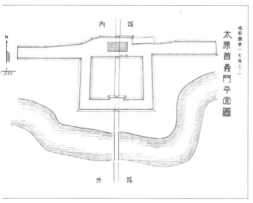

城郭圖第一七其三/二

太原首義門平面圖

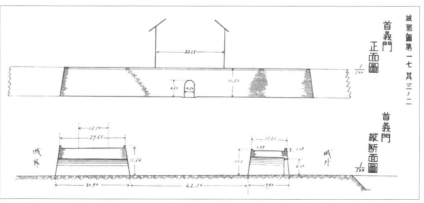

城郭圖第一七其三/二

首義門
正面圖 1/500

首義門
縱斷面圖 1/500

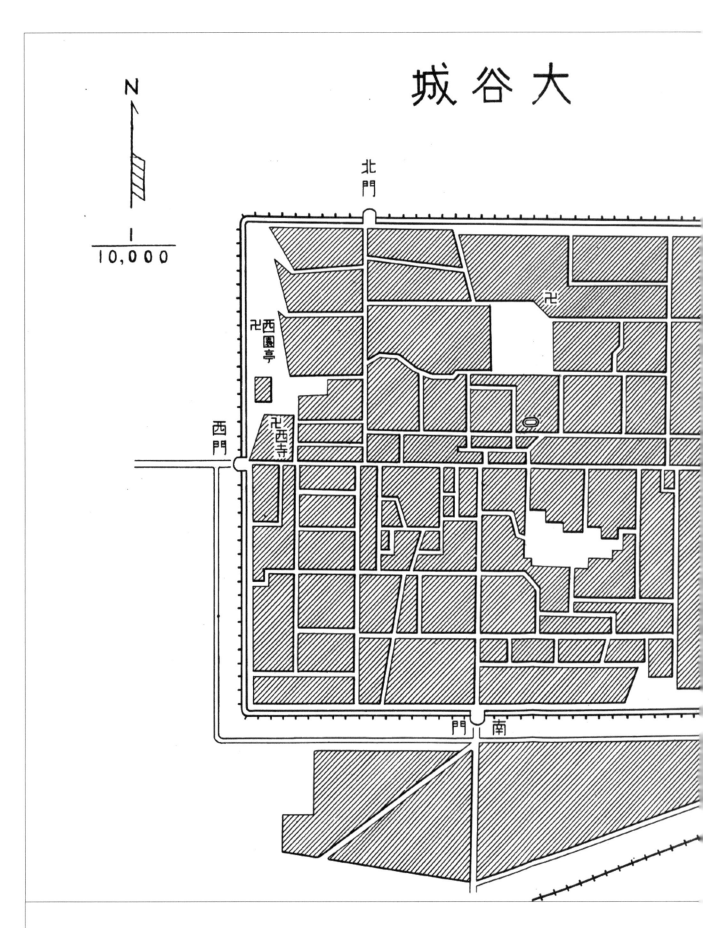

大谷城

北門

西園亭

西門

西寺

南門

N

1
10,000

城郭圖第一八

太谷建置沿革

西汉始称阳邑县。新莽天凤元年 (14) 改称繁攘县。晋时复称阳邑，属太原国。北朝北魏时属太原郡。太平真君九年 (448) 废县。景明二年 (501) 复置，属太原郡。北齐时属并州。北周建德六年 (577) 占并州，县城由阳邑西迁。隋大业三年 (607) 废并州置太原郡，改名太谷属太原郡，太谷之名自此始。唐武德元年 (618) 复并州，太谷属并州；同三年 (620) 于太谷置太州，辖太谷、祁两县；同六年 (623) 废太州，复属并州。开元十一年 (723) 改并州为太原府，府辖县。五代时期先后属后唐、后晋、后汉、北汉。宋太平兴国四年 (979) 属宋。至和元年 (1054) 以并州为太原府，县仍隶府。金兴定四年 (1220) 隶晋州。元废晋州，置太原路，路辖县。大德九年 (1305) 太原路改冀宁路，县属之。明、清两代均隶太原府。民国初年废府，置冀宁道，县属之。

太谷位于太原南方约 50 公里处。

汾阳建置沿革

春秋初期，为瓜衍县，属并州。战国属赵，为兹氏县。汉时仍名兹氏县，属并州刺史部太原郡。新莽改兹同，东汉复旧。三国魏黄初二年 (221) 仍为兹氏县且为西河郡治。西晋改为隰城县，改郡为西河国。永嘉 (307~313) 末年陷废。北魏太延年间 (435~439) 置什星军，后废。太和八年 (484) 复置隰城县及西河郡。孝昌二年 (526) 置汾州，领西河郡。东魏天平二年 (535) 侨置灵州和真君郡。武定四年 (546) 置武昌郡。北齐时改汾阳为南朔州。北周时废灵州，改南朔州为介州。隋大业年间 (605~617) 改介州为西河郡。唐武德元年 (618) 改西河郡为浩州，三年复为汾州。天宝元年 (742) 改汾州为西河郡。乾元元年 (758) 复为汾州。上元元年 (760) 改隰城县为西河县，汾州治所仍在县城。宋为汾州西河郡，属河东路。置汾阳军于县。金置汾阳军节度，属河东北路。元初建汾州元帅府，次称汾州，属冀宁路。明洪武元年 (1368) 省西河县置汾州 (直隶州)。万历二十三年 (1595) 升汾州为汾州府，依廓设汾阳县，府属冀南道，府道治所皆驻县城内。清康熙六年 (1667) 废冀南道，入冀宁道，府治驻汾阳县。民国废府道，县直隶于省。

汾阳位于太原西南约 100 公里、离同蒲铁路约 30 公里处。

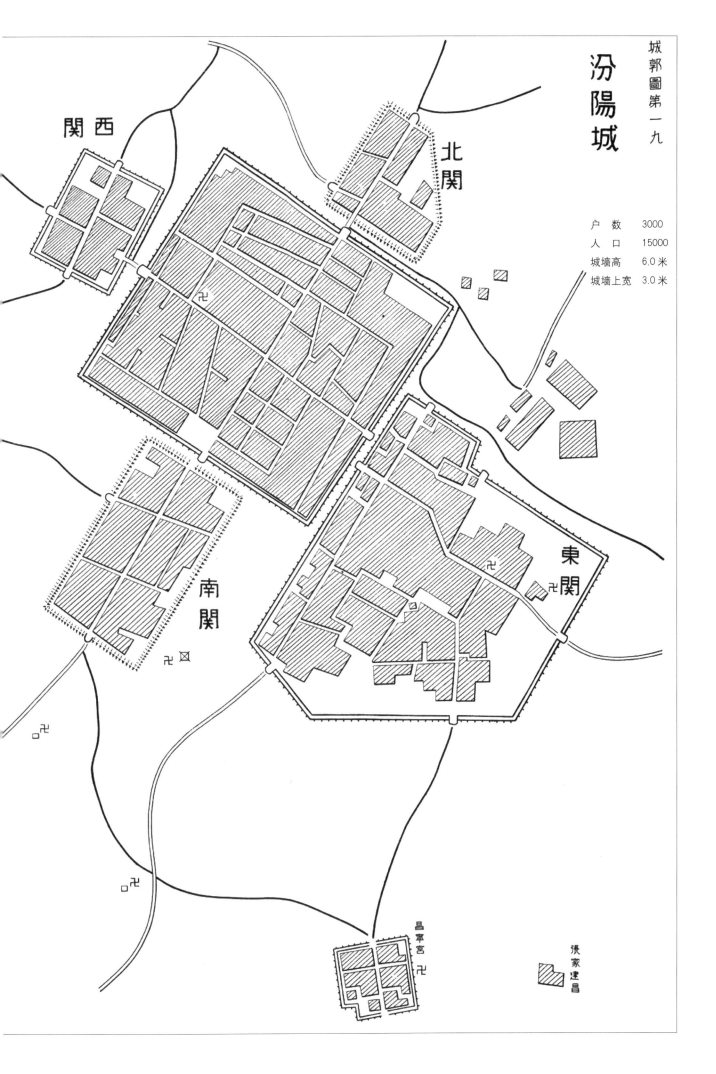

汾陽城

關西

北關

戸　数　　3000
人　口　　15000
城墙高　　6.0 米
城墙上宽　3.0 米

東關

南關

昌寧宮

張家建昌

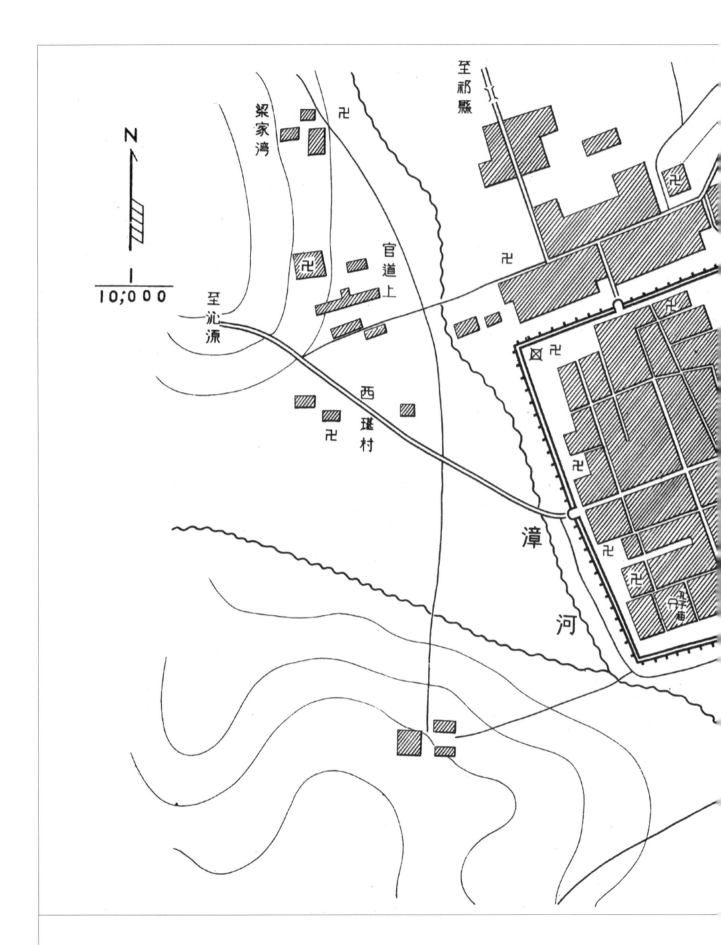

至祁縣

梁家灣

官道上

卍

卍

至沁源

西瑾村

漳

河

孔子庙

N

10,000

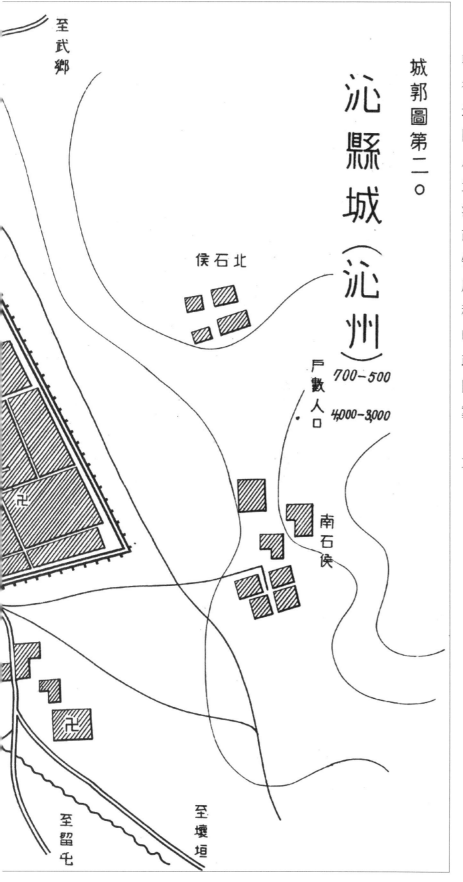

城郭圖第二〇

沁縣城（沁州）

戶數　700~500
人口　4,000~3,000

至武鄉

侯石北

南石侯

至留屯

至壞垣

沁县（沁州）建置沿革

春秋晋之铜鞮邑。战国此地属韩、赵国。秦析为铜鞮、涅氏、襄垣、谷远四县。汉代上党郡含铜鞮、谷远两县。南北朝时为北魏乡郡属地。隋开皇十六年（596）废郡置沁州，后改沁源县次废州，义宁元年（617）置义宁郡。唐武德元年（618）复置沁州，铜鞮县属潞州。天宝元年（742）改名阳城郡。五代仍称沁州。宋于铜鞮县设威胜军，次治于沁源县，废沁州编入军下。金改军为沁州后称义胜军。元复称沁州，属晋宁路。明初铜鞮县省入沁州，直隶山西布政司。清因袭明制，仍称沁州。民国初年废州改县，故地置沁县，属冀宁道。

沁县位于太原南方约130公里、太谷南方约85公里处。

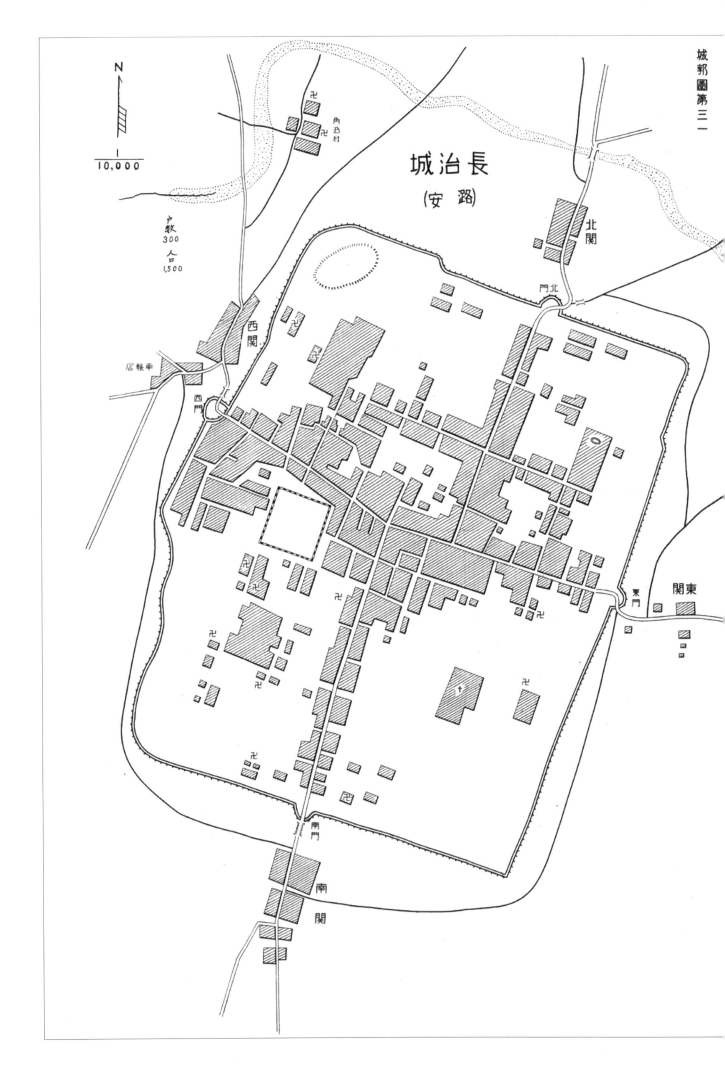

長治城

（路安）

戶數 300
口 1,500

长治（潞安）建置沿革

春秋时为潞子婴儿国，后并于晋国。战国时属韩国，置上党郡，后归赵国。秦时为上党郡。汉高祖元年（前206）始置壶关县，属上党郡。东汉上党郡属并州。建安十八年（213）上党郡入冀州。三国魏黄初元年（220）上党郡复归并州。西晋永兴元年（304）上党郡属前赵，建兴年间（313~316）归后赵。东晋太和五年（370）上党郡入后秦。太元十一年（386）上党郡归西燕。北周建德七年（578）分上党郡置潞州，此为潞州建置之始。隋开皇三年（583）废上党郡，移潞州于壶关。大业元年（605）改潞州为上党郡，隶冀州。唐武德年间（618~626）改上党郡为潞州，并置都督府。开元十七年（729）置大都督府，并置上党郡；同二十一年（733）潞州、上党郡属河东道。大历元年（766）置昭义军。五代后梁末帝（913~923）改为匡义军，岁余后唐庄宗（923~926）唐灭梁，改为安义军。后晋（936~946）复为昭义军。后汉（947~950）、后周（951~960）因之。宋太平兴国（976~984）初年，改昭义军为昭德军，后为潞州。元丰年间（1078~1085）为隆德府、大都督府、上党郡、昭义军，属河东路。建中靖国元年（1101）改昭义军为威胜军。崇宁三年（1104）复为隆德府，后为昭德军。金潞州属河东南路，天会六年（1128）置潞南辽沁观察处。元潞州属晋宁路。初为隆德府（行都元帅府事）。太宗三年（1231）复为潞州，属平阳路。明洪武元年（1368）潞州隶行中书省布政使司；同二年（1369）属山西中书省；同九年（1376）属布政司。嘉靖八年（1529）升潞州为潞安府，设潞安兵备，分巡冀南道，治潞安。清因袭明制，潞安府治今长治城。民国元年（1912）废潞安府，属冀宁道，同年置潞泽辽沁镇守使署；同五年（1916）改为潞泽辽沁营务处；同十三年（1924）撤营务处；同十九年（1930）撤冀宁道，直隶山西省。

长治位于山西省东南部，在沁县东南约80公里、彰德西方约1000公里处。此地产绸，以潞绸闻名于世。

泽州（晋城）建置沿革

春秋时为晋国高都邑。战国初属魏国，后属韩、赵国。秦时置高都县。属上党郡。汉代分属并州上党郡、司隶河内郡，兼置阳阿侯国。三国曹魏时分属冀州上党郡、冀州河内郡。东晋太元中年 (386) 西燕慕容永置建兴郡，郡治高都阳阿城，属建兴郡。北朝北魏永安二年 (529) 改建兴郡为建州，属建州高都郡，高都城为州治及郡治。北齐时属建州高都郡，高都县为建州治及高都郡治。北周时属建州高平郡，为建州治及高平郡治。隋开皇三年 (583) 省郡入州，改建州为泽州，改高都县为丹川县，仍为州治。大业三年 (607) 复州制为郡制，改泽州为长平郡，为长平郡丹川县，仍为郡治。义宁二年 (618) 复郡制为州制，改长平郡为泽州，丹川为州治。唐武德元年 (618) 分置盖州、建州、泽州三州，此地分属建州、盖州，均为州治。贞观元年 (627) 盖、建、泽三州复并为泽州，此地为泽州晋城。天宝二年 (743) 改泽州为高平郡，属高平郡，乾元初年 (758) 复称泽州，属泽州，均为郡治州治。天祐二年 (905) 属泽州，州治丹川县，属河东道，后改隶昭仪节度使。五代时期属泽州，仍为州治，先后属后梁、后晋、后唐、后周各朝。后唐同光元年 (923) 复称泽州晋城，宋、金、元、明历代因之。宋属泽州（或称高平郡），隶河东路。金天会六年 (1128) 泽州改南泽州，属南泽州，隶河东南路。天德元年 (1149) 复属泽州，仍隶河东南路。元光二年 (1223) 泽州升忠昌军节度，属忠昌军节度使。元至元年间 (1264~1294) 属泽州司侯司，隶中书省晋宁路。明洪武二年 (1369) 升泽州为直隶州，州治晋城省入泽州，即为州治，直隶山西布政使司。清雍正六年 (1728) 升泽州为泽州府，凤台县为府治。民国元年 (1912) 撤泽州府；三年后凤台复称晋城，属冀宁道；同十七年 (1928) 撤冀宁道，直隶山西省。

泽州位于山西省东南隅，长治南方约 70 公里处。

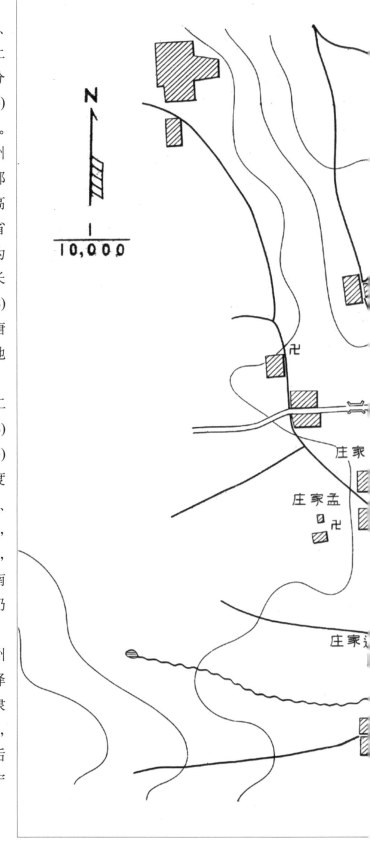

晉城城（澤州）

戸数 2,000
人口 10,000

東後河

趙峪

白水河

丹水河

南河西

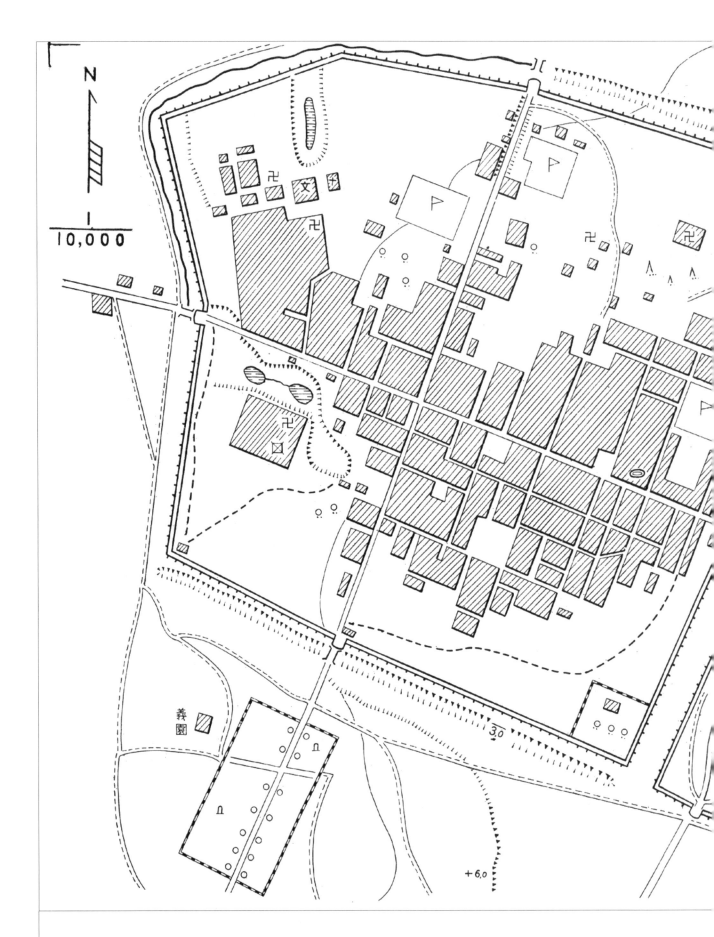

N

10,000

義園

+6,0

3,0

城郭圖第一二三

臨汾城（平陽）

城墙高 12—14米 上宽 10米

戶数 3,000
人口 15,000

至臨汾車站

临汾（平阳）建置沿革

春秋时属晋国。战国初期，韩、赵、魏三家分晋，韩建都平阳。秦属河东郡。西汉时置平阳县，属河东郡司隶部。东汉时称平阳侯国。三国魏正始八年(247)置平阳郡，郡治平阳县。西晋永嘉三年(309)刘渊建汉，定都平阳。北魏太平真君六年(445)析平阳郡置禽昌郡，太和十一年(487)复置。孝昌年间(525~527)置唐州。隋开皇三年(583)改平阳郡为临汾郡，治所临汾县。唐贞观六年(632)废府，天宝(742~756)初年复置平阳郡，次为晋州。五代后梁置定昌军，次改建宁军。后唐称建雄军。北宋称晋州、平阳郡建雄节度，后升平阳府，属河东路，治临汾县。元称伊阳路，次改晋宁路，属中书省山西宣慰司，治临汾。明清复县重置平阳府，属山西布政使司，治临汾。民国三年(1914)废府，临汾属河东道；同十六年(1927)废道，直隶山西省。

平阳位于同蒲铁路沿线、太平西南方 210 公里处。

太平（汾城）建置沿革

此地最初为西周贾伯国，相传周康王封唐叔虞的小儿子公明于贾，为贾伯。"汾城"又名临汾城，是战国时期魏国的城邑。西汉时在此置临汾县。北魏太平真君七年 (446) 分临汾县北境设泰平县，在现今汾城东北约 14 公里处。北周为避周文帝宇文泰名讳，改为太平县。自此历朝县名均不改。隋时移现今县城东北 18 公里处。唐时移今县城东北 14 公里、即魏故治，贞观七年 (633) 又移敬德堡、即现今汾城县治。宋、元属绛州，明、清属平阳府，民国三年 (1914)，鉴于当时全国已有三个太平县，决定启用其境内的古地名"汾城"，改名汾城县，属河东道。

太平位于平阳西南约 40 公里处。

汾城城

戸數 250
人口 1,250

城汾

里庄東

西村

庄家單

N

$\dfrac{1}{10,000}$

城墙

宽		高
下	上	
7 米	1,2 米	5—8 米

河

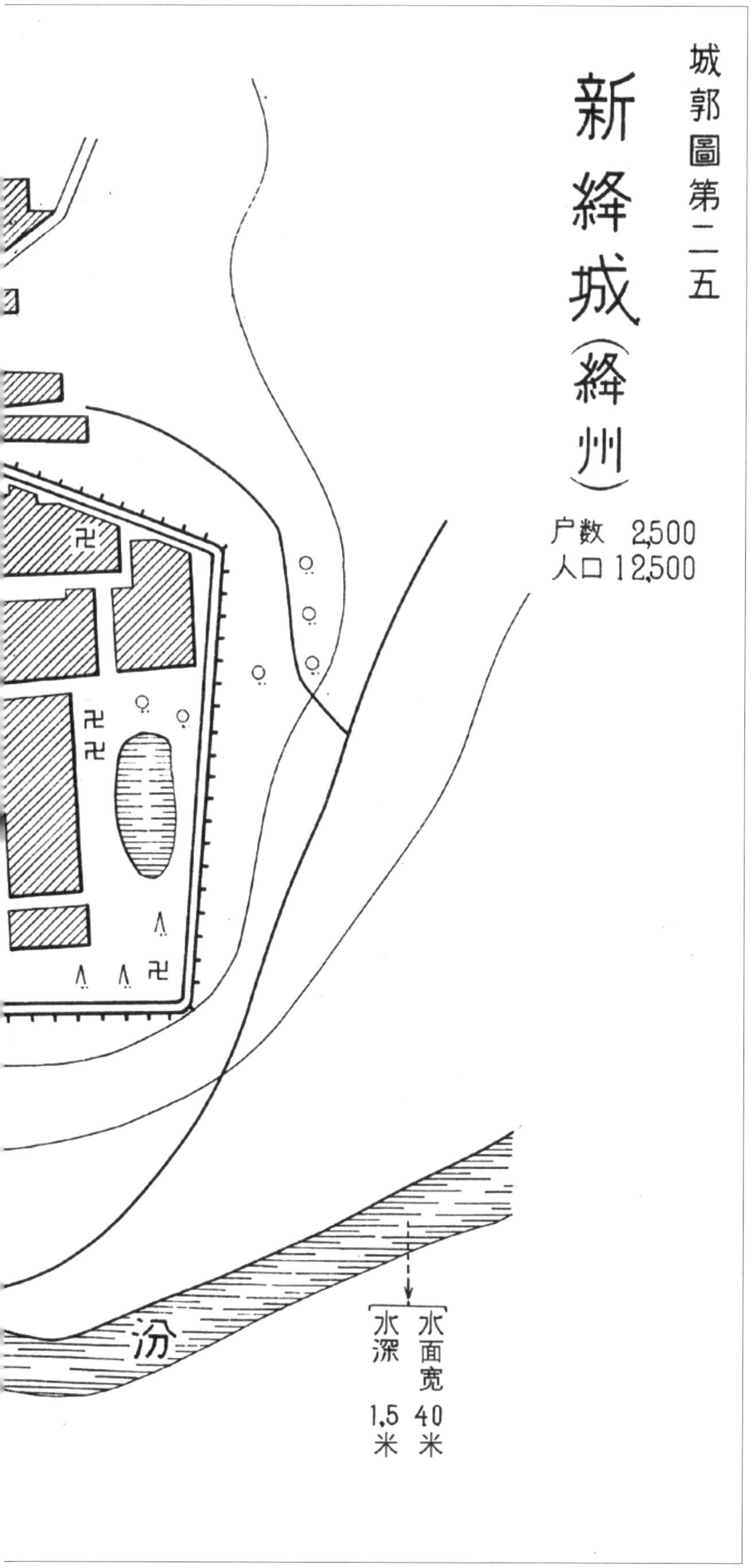

城郭圖第二五

新絳城（絳州）

户数 2,500
人口 12,500

水深 水面宽
1.5 40
米 米

汾

绛州（新绛）建置沿革

　　春秋此地属晋。战国地属魏，称汾城，属河东郡。秦仍属河东郡。北部为临汾县，西部为长修县。汉高祖时长修为侯国，东汉改为长修镇。三国曹魏时临汾县属平阳郡。西晋时临汾县仍属平阳郡。北朝北魏始光四年(427)于柏壁城(今新绛西南10公里处)置东雍州。太和十一年(487)置郡征平后更改为正平。北周武成二年(560)改东雍州为绛州，徙闻喜县龙头城(今礼元镇龙兴堡)。武帝时复移于柏壁。建德六年(577)再徙稷山县玉壁城(今稷山西南10公里)。隋开皇三年(583)州治从玉壁迁至此地，废正平郡，改为绛郡。唐武德元年(618)置绛州总管府；同三年(620)罢总管府称雄郡。贞观年间(627~649)，绛州属河东道，领治仍旧。五代因袭唐制。宋为雄州，置绛郡防御。金置绛阳军节度使，兴定二年(1218)升为晋安府；同三年(1219)又置河东南路转运司。元初为中州，置绛州行元帅府。后罢元帅府，仍为绛州，属平阳路。明为绛州，属山西布政司，隶平阳府。清初属领仍旧，雍正二年(1724)改为直隶绛州。民国元年(1912)废州改县，取咸与维新之义，又兼与邻近的绛县相区别，始称新绛县，属河东道；同十六年(1927)废道，直隶山西省。

　　绛州位于山西省西南部，在运城东北约50公里处。

侯马镇建置沿革

　　春秋此地称为新田。秦置绛县，县治新绛，属河东郡。东汉为绛邑县，属平阳郡。三国时魏地，属平阳郡。北魏太和十一年 (487) 改曲沃县，此后历代俱为曲沃县辖地。唐贞观十年 (636) 曾于此置新田府，后废。明洪武八年 (1375) 绛州金台驿迁此，设侯马驿，为北方最大的驿站之一。因配备马匹多，过往的朝政要员多在此食宿等候、换乘马匹，故称侯马。清嘉庆二十四年 (1819) 设巡检司，属平阳府。民国元年 (1912) 废府，属河东道。

　　此地人烟稠密、商贾辐辏，为自山西省至陕西省的交通要冲，故清代设巡检司，驻今县城左。侯马镇位于平阳南方约 55 公里处。

116

同蒲線

埠上

程村

馬下

張少村

卍

卍

卍

卍

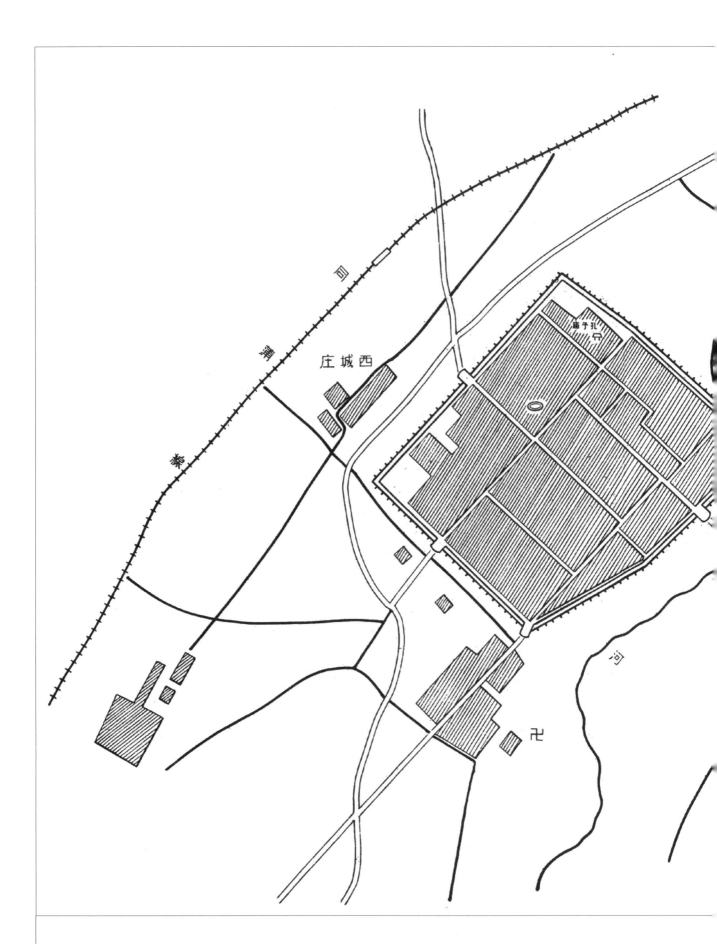

庄城西

孔子庙

卍

河

涑河

司

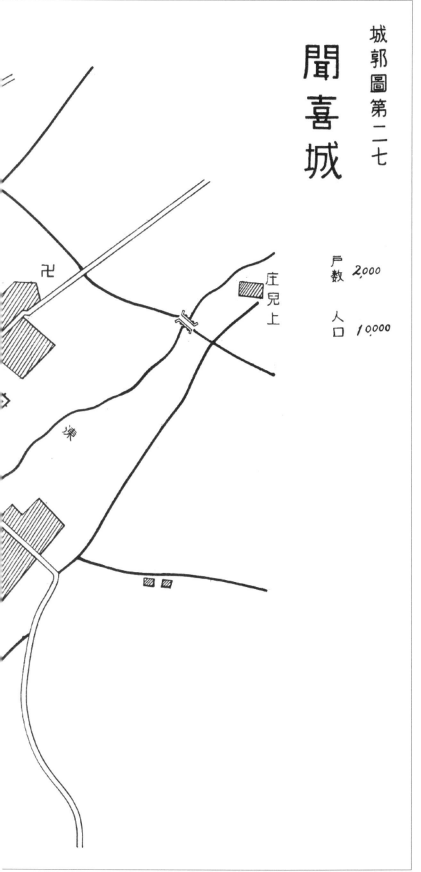

城郭圖第二七

聞喜城

戶數 2,000
人口 10,000

庄兒上

闻喜建置沿革

春秋时为晋地，战国时属魏。秦此地分东西二部，东为桐乡，西为左邑，属河东郡。汉元鼎六年（前111），武帝北征匈奴至此，欣闻平南越大捷，始改县名为闻喜。故城传在今闻喜西南。东汉时省左邑入闻喜，即现今治所。三国曹魏时河东郡。西晋时属司州河东郡。十六国时期先后属前赵、后赵、前秦、后秦。北魏时属东雍州正平郡。在新绛县西南约12公里处。后属西魏、北周正平郡，武成二年(560)改属绛州。北周武帝时正平郡及闻喜县徙治新绛县境。隋开皇十年(590)闻喜县治移甘谷、即现今县东12公里处，属绛郡。大业(605~617)末年改为桐乡县。唐武德元年(618)复名闻喜，属绛州。元和十年(815)属河中府。五代复移左邑故城。后汉乾祐元年(948)属解州。北宋初属陕西路永兴军解州，后属庆成军解州。金时属河东南路解梁郡军，后改宝昌军。元时属晋宁军解州。明时属山西布政使司平阳军解州。清初因袭明制，雍正七年(1729)属绛州。民国元年(1912)直隶山西省府；同三年(1914)属河东道；同十六年(1927)废道，复属省府。

闻喜位于同蒲铁路沿线，在平阳西南90公里处。

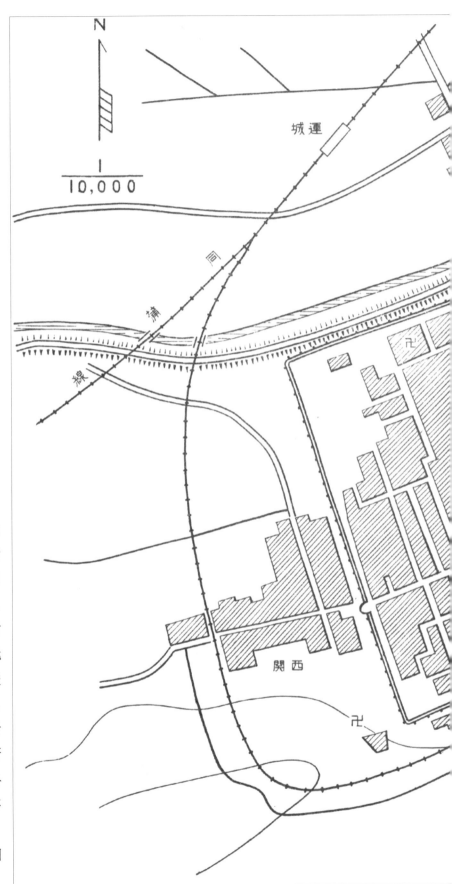

运城建置沿革

春秋时为盐邑，战国时此地称盐氏，别名盐城。秦时属河东郡，治所安邑。汉代此地叫司盐城。北魏孝昌年间 (525~527) 置唐州，治所白马城。唐时为河东道，治所河中府。北宋时为陕西路永兴军路，治所京兆府。元至元二十九年 (1292) 盐运使海德俊筑运城，名曰凤凰城，城墙长 1700 丈，高两丈，厚一丈，设四个城门。之后元、明、清与临汾同为平阳府，治所平阳。清时河东道治所，并移安邑县治于此，次移县还旧治。河东之盐多聚此，盐市繁荣。

运城位于山西省西南部，在平阳西南约 140 公里处。

運城城

人口 7,000－8,000

北

園家高 卍

東關

塩地大線

土塁高
2.0－3.0米

中禁門

南關

卍 帝舜彈所

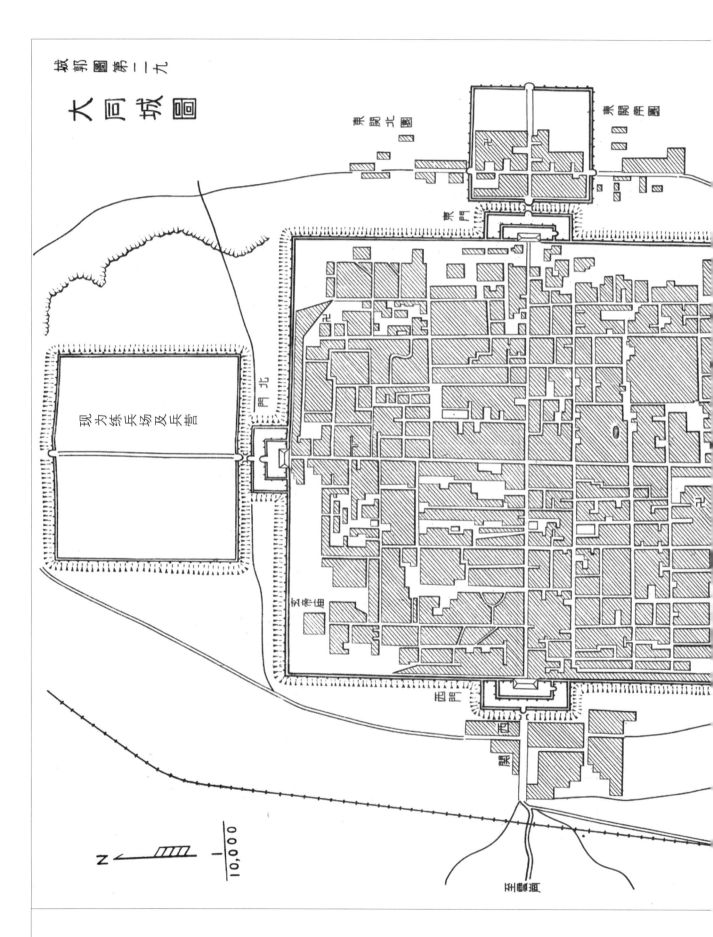

大同城圖

現為練兵場及兵營

東關北圈

東關南圈

東門

北門

西門

西關

玉帝廟

卍

N

10,000

至雲岡

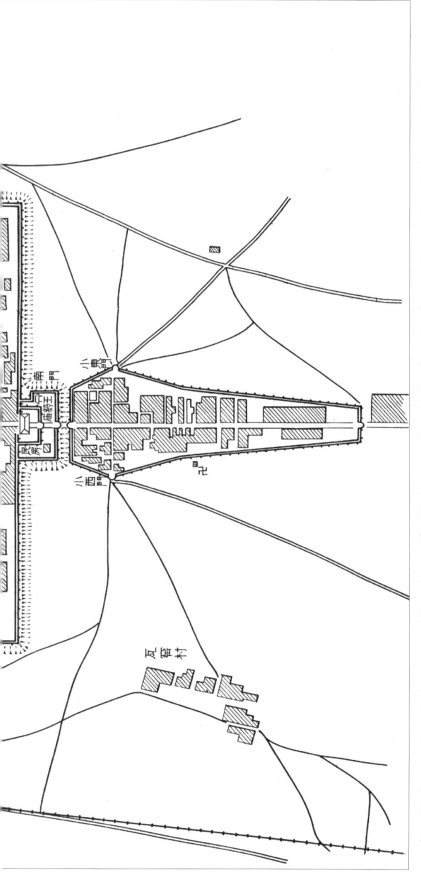

大同建置沿革

战国初为代国，后并入赵地，设云中、雁门、代郡，东北属代郡，西南属雁门郡。秦时属雁门郡。西汉初称平城县，属雁门郡。东汉献帝建安 (196~220) 末年，废平城县。三国曹魏时复置，属冀州新兴郡。北魏天兴元年 (398) 道武帝拓跋（珪）迁都平城。平城以京都兼司州、代尹治。延和元年 (432) 改代尹为万年尹。太和十八年 (494) 孝文帝迁都洛阳，复名平城县，兼为恒州治。北齐天保七年 (556) 置太平县。北周改名为云中县。此时称恒安镇兼恒州治。隋唐以来，数易其名。隋开皇元年 (581) 改云中县为云内县，仍称恒安镇，属马邑郡。唐武德六年 (623) 在此置北恒州。贞观十四年 (640) 改名为定襄县，兼为云州治，至永淳 (682~683) 初年被废。开元十八年 (730) 称云中县或云州。五代十国时期仍称云中县，兼云州治。宋、辽、金、元时代，先称云州，后成为辽金陪都，又作为元朝路治。辽重熙十三年 (1044) 改云州为西京，设西京道大同府；同十七年 (1048) 析云中置大同县。北宋宣和五年 (1123) 置云中府治，并为云中路治。元至元二年 (1265) 省云中入大同；同二十五年 (1288) 改西京道大同府为大同路，此为路治。明洪武七年 (1374) 改大同路为大同府，属山西行中书省；同九年 (1376) 改为承宣布政使司。大同府治大同县。清初因袭明制，属山西布政司，后改为山西省。民国元年 (1912) 废府留县，属北路观察使；同二年 (1913) 置雁门道，治大同；同十六年 (1927) 废道，大同为县，直隶山西省。

三、河北省的城郭

河北省南北以黄河北岸和长城为界，西依太行山脉与山西省接壤，省内大部为河北平原，北部昔为北狄、东胡等外来民族所占据。至春秋战国，燕得势此地，始接受汉族文化。汉代为幽州之地，东晋南迁后，此地多为北方民族所占据，即石勒建后赵国、定都襄国（今顺德），后燕慕容垂定都中山（今定县）。北魏统一华北建立北朝。隋统一天下后此地为冀州，唐时为河北道。宋北方契丹（辽）南进逐定都北平，金获领华北亦定都北平称燕都，元亦在此建都为大蒙古首都，繁盛之极。明初定都金陵（南京）后迁徙北京，清亦居此，故北京有八百年国都之称，殷盛富饶。此地为物资汇集的中转要冲，陆路、水路发达，都市繁荣。因近北境，城墙构筑亦相当坚固，各城郭瓮城的警备非常严格。

北京建置沿革

早在西周初年，周武王即封召公于此地，称燕，都城遗址尚存。又封尧之后人于蓟，后燕国灭蓟国，迁都于蓟，统称为燕都或燕京。秦置蓟县，为广阳郡郡治。汉高祖五年（前202）属燕国辖地。元凤元年（前80）复为广阳郡蓟县，属幽州。本始元年（前73）因有帝亲分封于此，故更为广阳国首府。东汉光武改制时，置幽州刺史部于蓟县。永元八年(96)复为广阳郡治所。西晋时改广阳郡为燕国，而幽州迁至范阳。十六国后赵时幽州治所迁回蓟县，燕国改设为燕郡。历经前燕、前秦、后燕和北魏而不变。

隋开皇三年(583)废除燕郡。大业三年(607)改幽州为涿郡。唐武德年间(618~626)，涿郡复称为幽州。贞观元年(627)幽州属河北道。后成为范阳节度使治所。安史之乱期间，安禄山在此称帝，国号"大燕"。唐朝平乱后，复置幽州，归卢龙节度使节制。五代初期，军阀刘仁恭在此建立地方政权，称燕王，为后唐所灭。

北宋初年宋太宗在高粱河与辽战争，北宋大败，对燕云十六州从此失去收复意欲。辽会同元年(938)起在此建立了陪都，号南京幽都府；开泰元年(1012)改号析津府。金贞元元年(1153)海陵王完颜亮正式建都于此，称为中都。嘉定八年(1215)为成吉思汗麾下大将木华黎所攻占，遂置燕京路大兴府。元至元元年(1264)改称中都路大兴府；同九年(1272)中都大兴府正式定名为大都路，也就是元大都。自此，这里成为中国的首都。

明初以应天府为京师，洪武元年(1368)改大都路为北平府，同年属山东行省；同九年(1376)改为北平承宣布政使司治所。永乐元年(1403)改北平为北京，是为"行在"且常驻于此，北京之名自此始；同十九年(1421)明朝正式迁都北京，以顺天府北京为京师，应天府则作为留都称南京。明仁宗、英宗的部分时期，北京还曾一度降为行在，京师复为南京应天府。明清时设置顺天府管辖首都地区。清兵入关后即进驻北京，亦称之为京师顺天府，属直隶省。咸丰十年(1860)英法联军打进北京，并签订了《北京条约》。光绪二十六年(1900)八国联军再次打进北京，1901年在京与11个国家签署了《辛丑条约》。

民国元年(1912)1月1日，中华民国定都南京，同年3月迁都北京，民国伊始；北京的地方体制仍依清制，称顺天府；同三年(1914)改顺天府为京兆地方，直隶于北洋政府；同十七年(1928)中国国民党北伐军攻占北京，北洋政府下台；首都迁至南京，撤京兆地方，北京改名北平特别市，后改为北平市，直隶于南京国民政府行政院；同十九年(1930)北平降格为河北省省辖市，同年复升为院辖市。

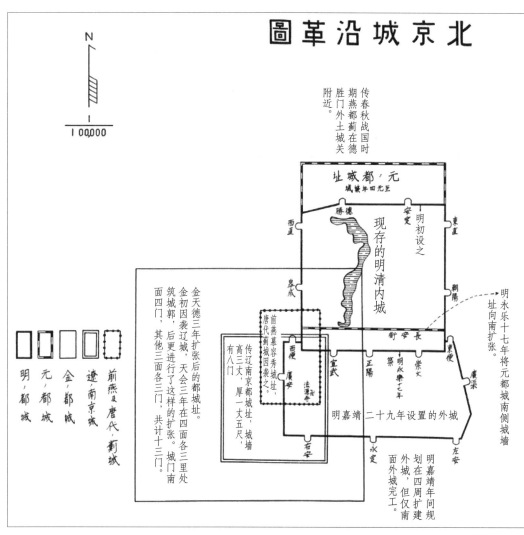

北京城沿革圖

現存北京城數据

内城：東面五·四公里，西面四·七公里，南面七公里，北面六·八公里，共計約二十三·九公里。城墻高十余米，基部厚十九米，上部厚十六米。

外城：東西面各三·五公里，南面七·八公里，共計十四·八公里。城墻高六米，基部厚六米，上部四·五米。

現存的明清内城

元 都城址
至元四年築城

明初設之

明永樂十七年將元都城南側城墻址向南擴張。

明嘉靖二十九年設置的外城

明嘉靖年間規划在四周擴建外城，但僅南面外城完工。

傳春秋戰國時期燕都薊在德勝門外土城關附近。

金天德三年擴張后的都城址。金初因襲遼城，天會三年在四面行了這樣的擴張。城門南面四門，其他三面各三門，共計十三門。

傳遼南京都城址，城墻有八門。

唐代薊城因襲之。

前燕慕容秀城址

傳遼南京都城址，城墻高三丈，厚一丈五尺。

前燕及唐代·薊城
遼·南京城
金·都城
元·都城
明·都城

明永樂十五年築

東直
安定
德勝
西直
阜成
朝陽
建安
崇文
正陽
宣武
廣渠
廣安
左安
右安
永定

N
1 00,000

北京筑城沿革

①春秋戰國燕都城薊的位置相傳在現今北京北方德勝門外土城關地方。

②五胡十六國的前燕慕容秀都城以及其后的唐幽州治所薊城相當于北京外城西部。

③遼南京城較前薊城有若干南移。

④金初因襲遼都城，天會三年 (1125) 在其四面增筑各 3 里的城郭，帝亮天德三年 (1151) 擴建之，筑周長 75 里的城郭。

⑤元至元四年 (1267) 在現今北京内城的位置筑城，其東西城墻與内城墻一致，其南北面較内城墻有若干偏北。

⑥明初，削除了北面元城墻。明成祖定都北京后，永樂十七年 (1419) 削除元都城北面兩公里并向南面擴張，即為現今的内城。

嘉靖年間 (1522~1566) 原計划在四周增筑外城，同二十九年 (1550) 南面外城竣工，其他三面未能動工，直至今日。

城墻，永樂十五年 (1417) 在元代土墻上加蓋磚瓦。

城門，初南面三門，東、西、北面各二門，共計九門。清光緒二十六年 (1900) 北清事變 (八國聯軍侵華戰爭) 后設新開門。民國三年 (1914) 開和平門。

外城，初設七門，至今沒有變化。

關于以上都城的表述，尚存若干不同觀點。遼及元城址的一部分土壘現今尚存，當以此比對確認。

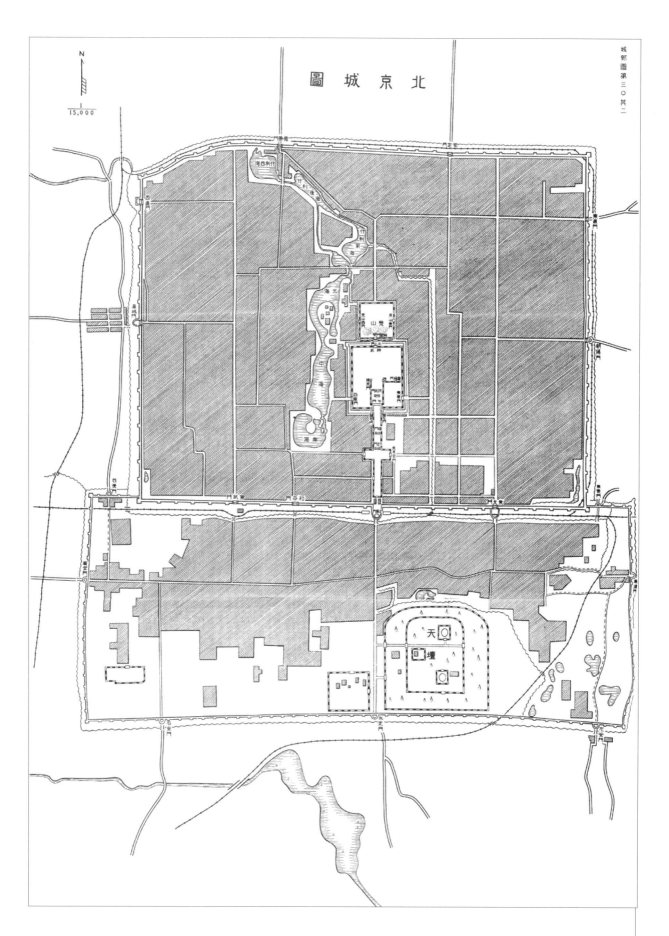

圖 城 京 北

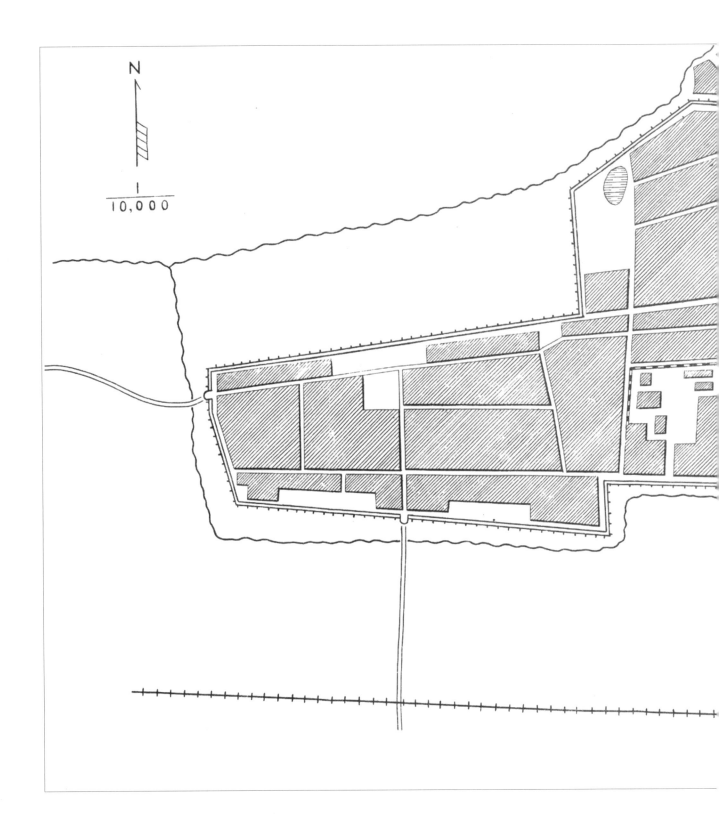

N

$\dfrac{1}{10,000}$

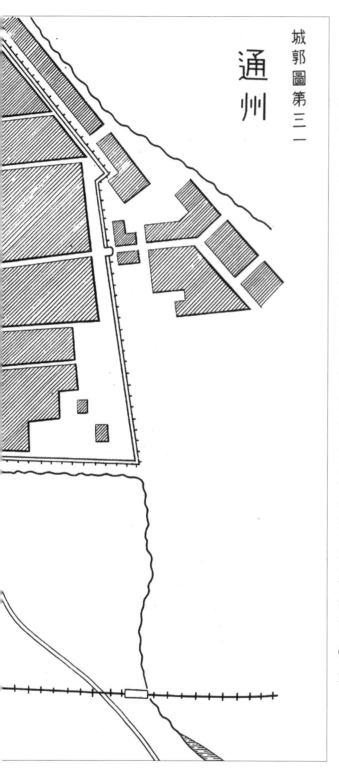

通州建置沿革

春秋战国此地为渔阳郡辖地。秦时仍属渔阳郡地。西汉置路县，属渔阳郡。新莽时改路县为通路亭，属通路郡。东汉恢复西汉旧称，但改"路"为"潞"，始称潞县。三国时潞县归曹魏，后改属燕国。西晋十六国因之。北魏时潞县属渔阳郡。隋开皇三年 (583) 属幽州。大业三年 (607) 属涿郡。唐武德二年 (619) 潞县为玄州治所。贞观元年 (627) 废玄州，潞县属幽州。天宝元年 (742) 改幽州为范阳郡，潞县仍属。乾元元年 (758) 范阳郡复称幽州，潞县所属亦随之而改。辽潞县先后为幽都府和析津府属县。太平年间 (1021~1031) 另筑城置县，因县城在潞河之南，取县名曰潞阴，并析潞县南境为其辖地。金初潞、潞阴两县属析津府。天德三年 (1151) 潞县为通州治所。贞元元年 (1153) 潞阴县直隶中都路大兴府。元至元十三年 (1276) 升潞阴县为潞州，割大兴府之武清、香河两县归州管辖；同二十一年 (1284) 通州及所领潞、三河两县属大都路。明洪武元年 (1368) 明将徐达攻占元大都，改名北平，并改元大都路为北平府；省潞县入通州，从此潞县之名成为历史地名；通、潞两州俱属北平府；同十四年 (1381) 潞州降格为潞县，改属通州。永乐元年 (1403) 以北平为北京，改北平府曰顺天府。此后通州属顺天府。清顺治十六年 (1659) 省潞县入通州。雍正六年 (1728) 通州遂为散州，不再领县，直至清末。民国元年 (1912) 改顺天府为京兆地方，通州改名通县属之；同十七年 (1928) 废京兆，直隶河北省；同二十六年 (1937) 通县划归河北省第三行政督察区管辖。

通州位于北京东方约 20 公里处。

沧县建置沿革

　　春秋时为燕、齐两国之地，战国时为燕、齐、赵三国接壤地。秦时属钜鹿郡、济北郡。汉高祖五年（前202）置浮阳县，还置中邑县，两县均属幽州渤海郡，浮阳县为郡治。东汉废中邑县入浮阳县，属冀州渤海郡，郡治迁南皮县。三国曹魏时浮阳县仍属冀州渤海郡。西晋泰始元年（265）冀州渤海郡封为渤海国。咸宁三年（277）国徙为郡，仍辖浮阳县。北魏时初属冀州沧水郡，太和十一年（487）分沧水、章武两郡置浮阳郡，属瀛洲，辖浮阳县。熙平二年（517）分瀛、冀两州置沧州，浮阳县遂属沧州浮阳郡。北周大象二年（580）于此地置长芦县，属瀛洲章武郡。隋开皇十八年（598）改浮阳县为清池县，治所如故；初属沧州，大业三年（607）改隶渤海郡。唐武德元年（618）清池县属沧州，治所仍为清池；长芦县属瀛洲。贞观元年（627）又同隶河北道沧州。五代时，沧州仍治驻清池县，辖长芦县。北宋乾德二年（964）省长芦县入清池县，仍为沧州治所，属河北东路。元代清池县属中书省河间路沧州，仍为州、郡治所。延祐元年（1314）徙州治于长芦。至正十八年（1358）州治还清池。明初沧州属北平行中书省，后改为北平布政使司。洪武二年（1369）徙州治于长芦，省清池县并入沧州。清初沧州属直隶省河间府。雍正七年（1729）升为直隶州；同九年（1731）降为直隶省天津府辖，一度改称散州。民国二年（1913）改沧州为沧县，仍治驻长芦，先属直隶省渤海道，三年后改属津海道；同十七年（1928）直隶河北省；同二十六年（1937）沧县划归河北省第七行政督察区管辖。

　　沧县位于津浦铁路沿线、天津南方约100公里处。

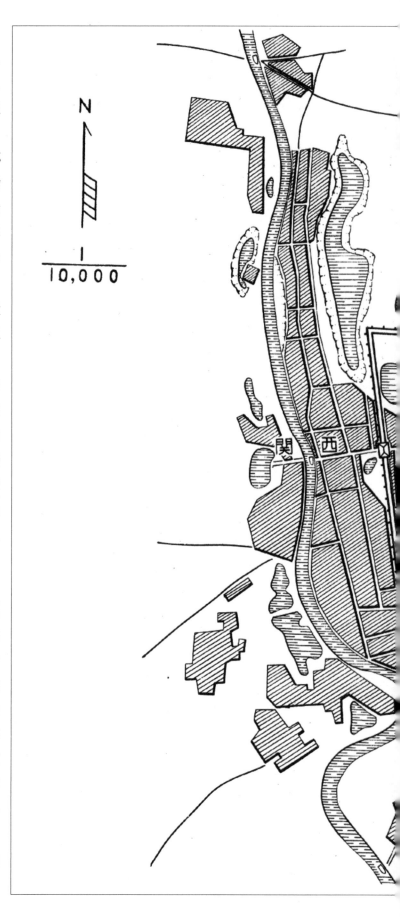

130

滄縣城

| 戶數 | 3,500 |
| 人口 | 22,000 |

N

1 / 10,000

関　西

西門

卍

権池

南門

南関街

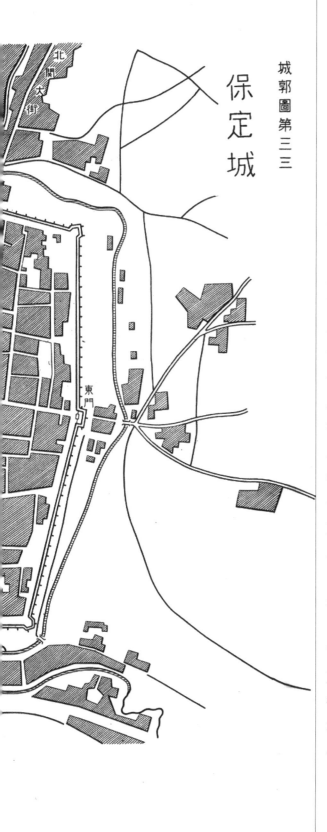

保定城

城郭圖第三三

保定(清苑)建置沿革

秦时属广阳、恒山、钜鹿郡。西汉时为涿郡,治驻今涿州。东汉时分属涿郡、中山国、河间国。三国曹魏时分属范阳郡、中山国、河间国。晋时属范阳国、高阳国、中山国。隋时属涿郡、上容郡、河间郡。唐时北部属幽州、易州,中部属定州、莫州,南部属瀛州。五代分置涿、易、定、祁四州。北宋建隆元年(960)于清苑县置保塞军。太平兴国六年(981)保塞军升为保州,清苑县更名保塞县。金时保塞县复名清苑县,并复置满城县。宋淳化三年(992)李继宣知保州,筑城关,浚外濠,葺营舍,疏一亩泉河,造船运粮,保州始成都市。金末年,保州城在战乱中成为废墟。元太祖二十二年(1227)张柔主持重建保州城池,重新划市井,定民居,建衙署,筑寺庙,造园林,修筑土城墙,疏浚护城河,引一亩泉河水入城,既起到防御作用又改善城中水质,并利用水能在城外建水力石磨,奠定了保定城的基础。新建的保州城为京师门户,为燕南一大都会。太宗十一年(1239)以保州为顺天路治所。至元十二年(1275)改顺天路为保定路,保定之名自此始,寓"保卫大都,安定天下"之意。明洪武元年(1368)改保定路为保定府,西南部属定州。永乐元年(1403)明成祖迁都北平(后改称北京),北平行都司更名大宁都司,迁驻保定,负责京畿附近的护卫与安全。建文四年(1402)都督孟善加固城墙,以砖石砌城,筑女儿墙堞口3710雉。隆庆年间(1567~1572)张烈文等三任知府将土城逐步改建成砖城,加固并增筑城楼。根据当时条件和地利,确定城池形制,城周基本呈方形,唯西城南部向外呈弧形凸出500米,整个城池形似足靴,故有"靴城"之称。清沿旧制,仍设保定府,西北部属易州,西南部属定州。康熙八年(1669)直隶巡抚驻保定,保定为直隶省省会。自雍正八年(1730)至清朝亡(1911),直隶总督驻此。民国三年(1914)废府设保定道,属直隶省,故治在今清苑县;同十七年(1928)属河北省;同二十六年(1937)保定划归河北省第一行政督察区管辖。

保定位于京汉铁路沿线、北京西南约130公里处。

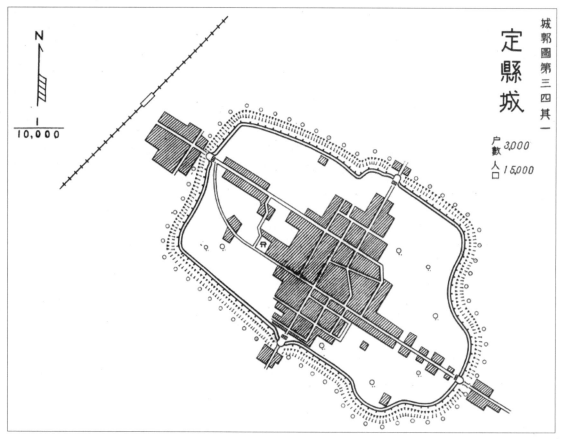

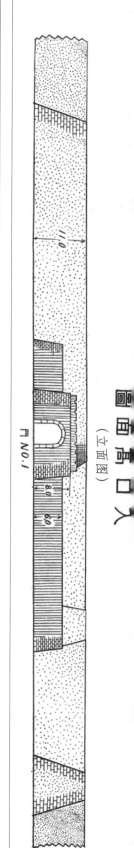

定县建置沿革

春秋时为北狄所建鲜虞国地。战国时先为中山国地，赵惠文王三年 (前 296) 赵灭中山，属赵国。秦时先后属巨鹿郡、恒山郡地。汉高祖时始置卢奴县，东部置有安险县，东南部仍置苦陉县，皆属中山郡。景帝三年 (前 154) 封为中山国，由中山城徙治于卢奴县，三县俱隶中山国。其后又改郡，后仍复封国。东汉章帝年间 (75~88) 安险改安喜。三国至十六国时期，此地仍名中山国。魏太和六年 (232) 曹衮被封中山恭王，驻地卢奴。晋泰始元年 (265) 晋武帝封司马睦为中山王，驻地卢奴。386 年，鲜卑人慕容垂建后燕国，定都中山。北魏平燕后，卢奴、安喜、魏昌三县仍属中山郡。北齐省卢奴县入安喜县，并徙安喜县治于卢奴城，又省唐县入安喜县，安喜县仍属中山郡，并为郡治。隋开皇元年 (581) 因避讳改中山郡为鲜虞郡，仍治并领安喜县；同三年 (583) 改安喜县名鲜虞县，并罢鲜虞郡为定州，县仍属之，且为州治。大业三年 (607) 罢定州改为博陵郡。唐武德四年 (621) 鲜虞县复名安喜县，同年复置定州，仍治安喜县；同六年 (623) 置定州大总管府，驻定州。天宝元年 (742) 罢定州复为博陵郡。至德二年 (757) 复为定州。五代十国时期，后周广顺元年 (951) 置定州义武军节度使，驻定州。北宋庆历八年 (1048) 设置定州路，驻定州。政和三年 (1113) 定州升为中山府，治、辖安喜县。金天会七年 (1129) 复降中山府为定州，仍治、辖安喜县。此后复升为中山府，亦治、辖安喜县。明洪武二年 (1369) 复改中山府为定州，依然治、领安喜县；同三年 (1370) 省安喜县入定州，属真定府。清雍正元年 (1723) 真定府改名正定府，次年定州升为直隶州。民国二年 (1913) 降定州为定县，属范阳道，次属保定道；同十七年 (1928) 废道，直隶河北省；同二十六年 (1937) 定县划归河北省第十一行政督察区管辖，析定县为定南、定北县。

定县位于北京西南 190 公里，在保定西南约 55 公里处。

定縣城西門圖
（经四门迂回进入内城）

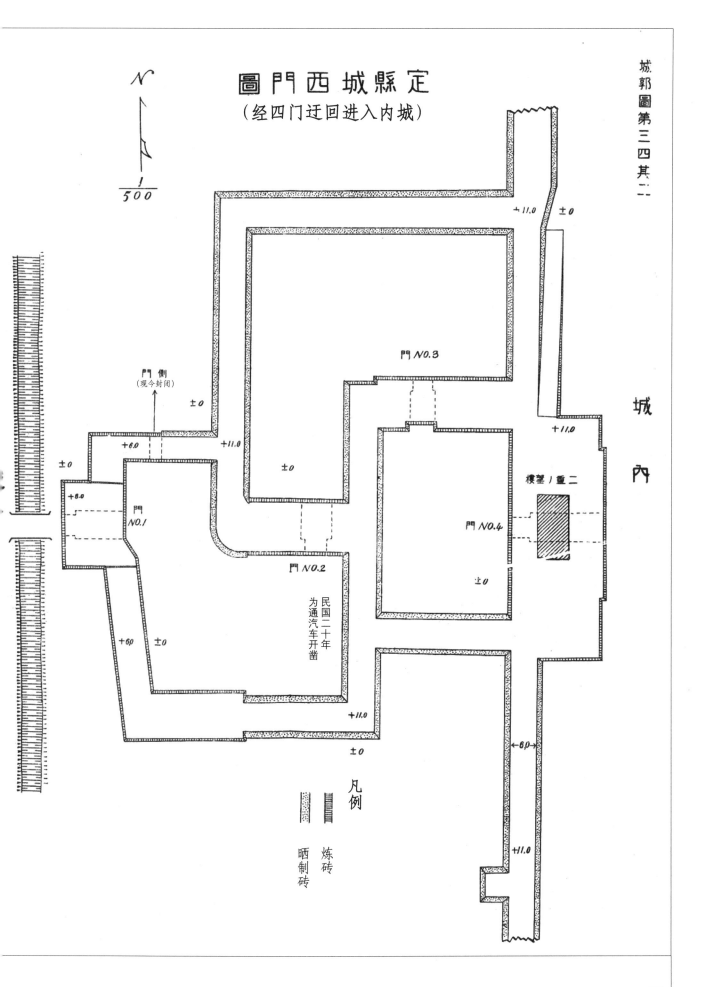

N
$\dfrac{1}{500}$

门侧
（现今封闭）

±0

+6.0

+11.0

±0

门
NO.1

+6.0

+8.0

±0

+6.0

±0

门 NO.2

民国二十年为通汽车开凿

+11.0

±0

门 NO.3

±0

±11.0

±0

+11.0

二重/横堂

门 NO.4

±0

+6.0

+11.0

城 内

凡例

晒制砖

炼砖

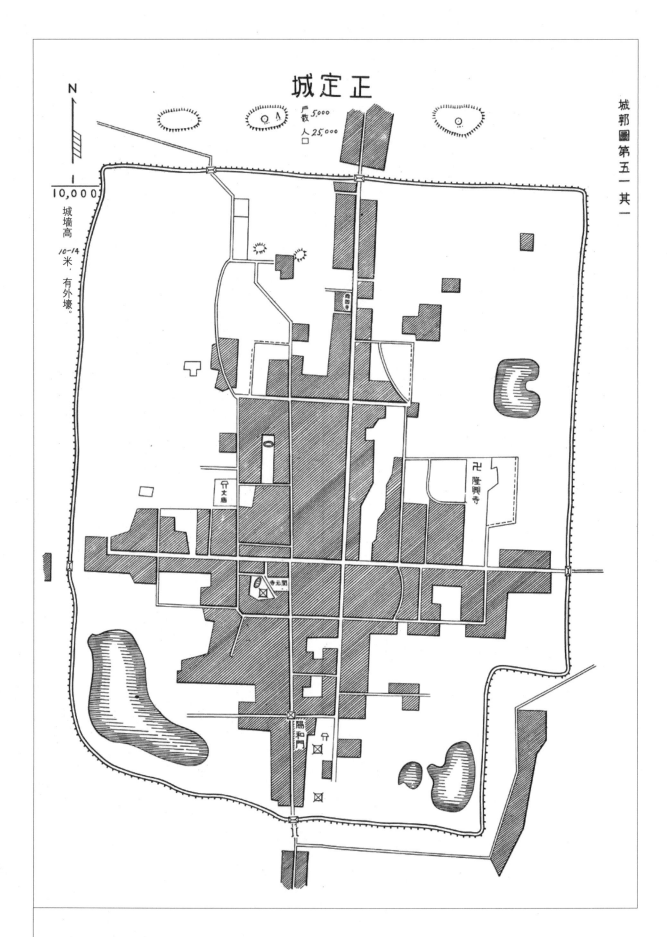

正定城

N

城郭圖第五一其一

户数 5,000
人口 25,000

10,000

城墙高 10-14 米，有外壕。

隆興寺

文庙

開元寺

陽和門

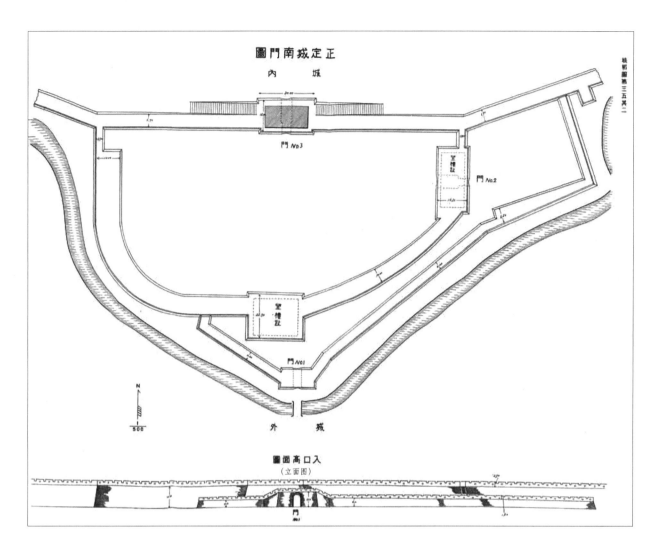

正定建置沿革

春秋时为鲜虞国地。战国时先属中山国后归赵国。秦时置东垣县，治东垣邑，以邑名县，属巨鹿郡。汉初仍为东垣县。高祖十一年（前196）改东垣县为真定县（意为真正安定），属恒山郡。文帝元年（前179）因避讳改恒山郡为常山郡。元鼎四年（前113）分常山郡北部置真定国。东汉建武十三年（37）废真定国，真定县属常山郡。三国时真定县属魏国常山郡。西晋时常山郡治所由元氏移至真定。北魏天兴元年（398）郡治移至安乐垒，真定为县。北齐又把郡、县治所移到滹沱河北。北周宣政元年（578）从定州、常山郡各析出一部分兼置恒州，治真定县。隋开皇（581~600）初年废郡，存恒州、真定县；同十六年（596）真定县分为真定、常山两县，属恒州。大业元年（605）改恒州为恒山郡，治真定县。唐武德元年（618）改恒山郡为恒州，治所石邑；同四年（621）徙恒州治真定。武后载初元年（690）改真定为中山县。神龙元年（705）复真定县。开元十四年（726）在恒州恒阳城置恒阳军。天宝元年（742）废恒州为常山郡，治真定县。乾元元年（758）复置恒州，属河北道常山郡，治真定县。宝应元年（762）置成德军于恒州。安史之乱后，为成德军节度使治所，又称恒冀节度使、镇冀节度使。兴元元年（784）以恒州为大都督府。元和十五年（820）为避讳改恒州为镇州。五代后梁时仍为镇州，治真定县。后唐同光元年（923）改镇州为北都，同年又复为镇州。长兴三年

(932) 升镇州为真定府。后晋天福七年 (942) 复名恒州，改成德军为顺国军；同十二年 (947) 又改恒州为镇州，顺国军复为成德军。契丹号为中京。后汉乾祐元年 (948) 为镇州，又升真定府。后周广顺元年 (951) 又改为镇州。北宋真定府为十大次级府之一，河北西路治所。庆历八年 (1048) 废镇州置真定府路。金袭之，天会七年 (1129) 置河北西路，治真定府。元初改为真定路。明洪武元年 (1368) 改真定路为真定府。明朝中后期，设保定巡抚，驻真定。清顺治元年 (1644) 属直隶省；同十七年 (1660) 直隶巡抚移驻真定。康熙八年 (1669) 直隶巡抚复移驻保定。雍正元年 (1723) 因避讳改真定府为正定府。民国二年 (1913) 废府，正定县属直隶省范阳道观察使署；同三年 (1914) 改范阳道为保定道，仍领正定县；同十七年 (1928) 废道，直隶河北省；同二十六年 (1937) 正定划归河北省第十二行政督察区管辖。

正定位于石门 (石家庄) 东北约 10 公里处。境内古迹林立，有隋开皇年间铸造的高七十三尺的铜佛、隆兴寺等，此寺大殿为中国宋代的木结构建筑，值得重视。

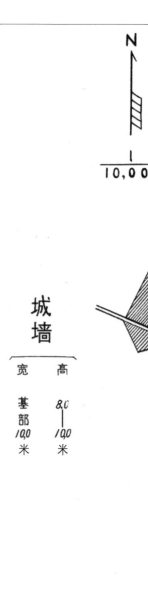

获鹿建置沿革

春秋初属鲜虞国，后属晋地。战国初属中山国，归赵国。秦时属钜鹿郡。西汉置石邑县，属恒山郡。高后元年 (前 187) 封恒山郡为恒山国，八年后国除为郡，此间辖石邑县。文帝元年 (前 179) 改恒山郡为常山郡，辖石邑县。中元五年 (前 145) 封常山郡为常山国，辖石邑县。元鼎三年 (前 114) 又改常山国为常山郡，辖石邑县；同四年 (前 113) 析常山郡，置绵曼县，属真定国。地节二年 (前 68) 封乐阳侯国，属恒山郡，传四世免。建始二年 (前 31) 又封乐阳侯国，至西汉末国除。东汉时省石邑县，后复置，属常山郡。建武二年 (26) 封绵曼侯国，属真定国；同十四年 (38) 国徙；同十七年 (41) 常山郡并入中山国，石邑县改属中山国；同二十年 (44) 复析中山国置常山郡，辖石邑县。自永平五年 (62) 起，常山时为国时为郡，均辖石邑县。北魏时石邑县属常山郡。北齐改石邑县为井陉县，故井陉县省入新改后的井陉县。隋开皇六年 (586) 复改井陉县为石邑县，并于故井陉县地置井陉县；同十六年 (596) 析石邑县置鹿泉县 (县南十里有鹿泉水，因而名之)，属井州。大业二年 (606) 废井州，鹿泉县并入石邑县。义宁 (617~618) 初年，复置鹿泉县、井州，井州辖鹿泉县。唐武德 (618~626) 初年，于石邑县治置恒州，辖石邑县；井州领鹿泉县；同四年 (621) 恒州徙治真定，仍领石邑县。贞观十七年 (643) 废井州，鹿泉县改属恒州。天宝元年 (742) 罢恒州改为常山郡，辖石邑、鹿泉两县；同十五年 (756) 改常山郡为平山郡，改鹿泉县为获鹿县 (寓擒获叛逆安禄山意)，获鹿县、石邑县属平山郡。至德二年 (757) 改平山郡为恒州，辖石邑、获鹿两县。元和十五年 (820) 恒州改名镇州，

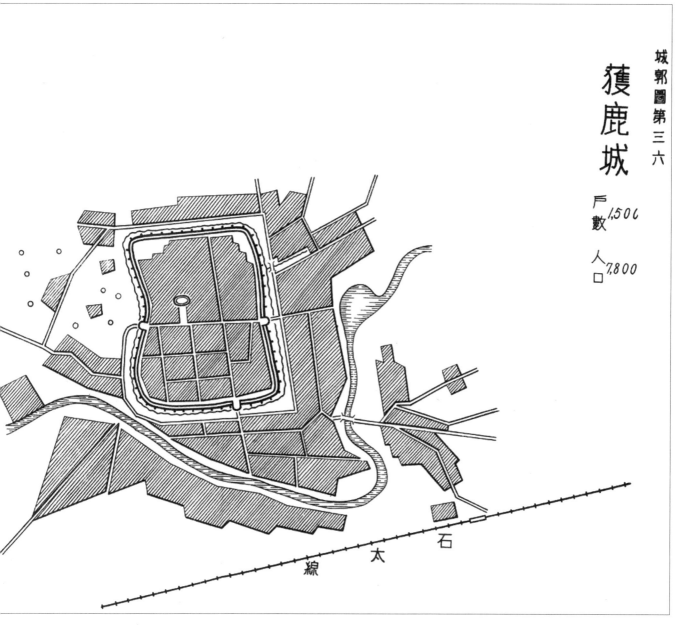

獲鹿城

戸數 1,506

人口 7,800

石 太 線

辖石邑、获鹿两县。五代时，石邑、获鹿两县在后梁属镇州。后唐初改镇州为真定府，辖石邑、获鹿两县；未久又改为镇州，隶属不变。后晋天福七年 (942) 又改镇州为恒州，辖石邑、获鹿两县。后汉又改恒州为镇州，辖石邑、获鹿两县。宋代初年，石邑、获鹿两县仍属镇州。开宝六年 (973) 省石邑县入获鹿县，属镇州。庆历八年 (1048) 改镇州为真定府，辖获鹿县。熙宁六年 (1073) 省井陉县入获鹿、平山两县；同八年复置井陉县。金初，真定府领获鹿县。至兴定三年 (1219) 升为镇宁州。元初，改镇宁州为西宁州，属真定路。太宗七年 (1235) 改西宁州为获鹿县，属真定路。明代获鹿县属真定府。清初获鹿县属真定府。雍正元年 (1723) 真定府改名正定府，辖获鹿县。民国二年 (1913) 置范阳道，辖获鹿县；同三年 (1914) 范阳道改名保定道，辖获鹿县；同十七年 (1928) 废道，直隶河北省；同二十六年 (1937) 获鹿划归河北省第十二行政督察区管辖。

获鹿位于石门（石家庄）西方约 20 公里处。

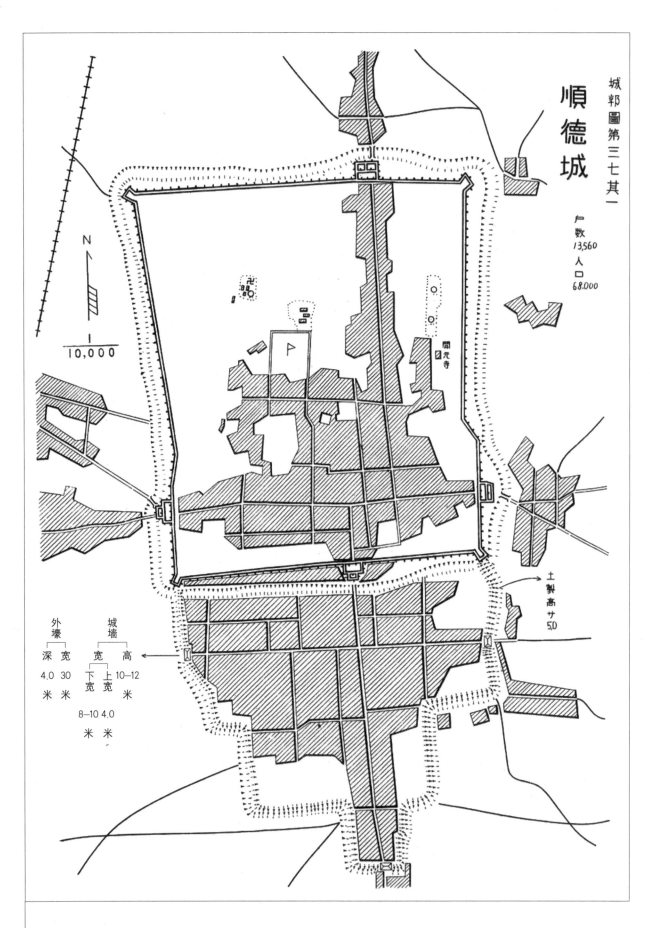

城郭圖第三七其一

順德城

戸數
13,560
人口
68,000

N

10,000

開元寺

卍

土製高サ
5,0

外壕　　城墙

深　寬　寬　　高
4,0　30　下　上　10—12
米　米　寬　寬　米
　　　　8—10 4,0
　　　　米　米

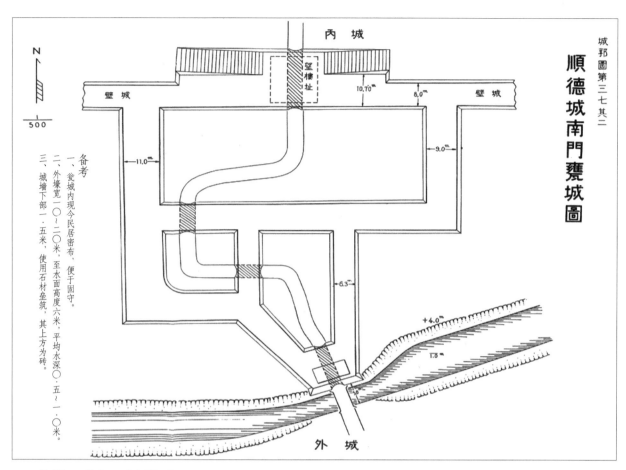

順德城南門甕城圖

備考
一、甕城内現今民居密布，便于固守。
二、外壕寬一〇～二〇米，至水面高度六米，平均水深〇·五～一·〇米。
三、城墙下部一·五米，使用石材垒筑，其上方为砖。

內 城

墁樓址

墁城

墁城

外 城

顺德（邢台）建置沿革

商朝时为京畿地，祖乙曾迁都于邢。周建邢侯国。春秋属晋。战国归赵，西北部为中山国地。秦时东部属钜鹿郡，西部属邯郸郡，西北属恒山郡。钜鹿之战（前207）后，张耳被封为常山国，都襄国，辖钜鹿、邯郸，后废。西汉时大部为钜鹿郡地，属冀州。东汉时为钜鹿、魏、清河三郡地。五胡十六国时期，319年，后赵石勒在此称帝，都襄国，筑"建平大城"。建武元年（335）石虎迁都于邺，襄都置为襄国郡。北魏时北部属冀州和钜鹿、长乐郡地，南部属相州，含魏郡、广平郡地。北周时为襄国郡地。隋初为赵、冀、洺、魏、贝等州地。开皇十六年（596）始置邢州，治龙冈县。大业（605~617）初年改邢州为襄国郡，改贝州为清河郡。唐武德元年（618）置邢州总管府；同四年（721）复为邢州。天宝元年（742）邢州复为钜鹿郡。至德二年（757）复为邢州。五代以邢州为主，兼含赵、洺、冀三州等地。北宋时为邢、赵、洺、冀、恩等州地。宣和元年（1119）邢州升信德府；同二年（1120）龙冈县改名邢台县，邢台之名自此始。金天会六年（1128）复为邢州，州治邢台。元设邢州安抚司。中统三年（1262）改为顺德府，遂为顺德府全部、真定府南部、广平府北部地。至元元年（1264）改为顺德路，直隶中书省。明洪武元年（1368）顺德府属北平行省。永乐元年（1403）顺德府直隶京师（北直隶）。清因袭明制，顺治元年（1644）顺德府仍属直隶省。民国二年（1913）废府，属直隶省冀南道，次年冀南道改为大名道；同十七年（1928）各县直隶河北省；同二十六年（1937）分别划归河北省第十三、十四、十五行政督察区管辖。

顺德位于石门（石家庄）南方约115公里处。

邯郸建置沿革

春秋时先属卫地，后为晋之邯郸邑。战国时为赵氏属地，赵敬侯元年（前386）赵国迁都至邯郸。秦时为邯郸郡辖县。汉高祖二年（前205）属魏郡。三国时属广平郡。东晋后改属魏郡。北魏太平真君六年(445)复置司州广平郡，邯郸仍为其辖县。故城在现今邯郸西南约六公里处，俗称赵王城。隋开皇十六年(596)属武安郡。唐武德元年(618)废郡，邯郸县改属磁州。五代后梁时属惠州。宋时邯郸县属河北路磁州。金初属滏阳郡，后改属磁州。元太祖十年(1215)属真定路磁州。至元二年(1265)武安县并入邯郸县，后复析置；同十四年(1277)邯郸县属中书省，次年属广平路磁州。明先后属广平府、北平行中书省，永乐十九年(1421)直隶京师。清代属直隶省广平府。民国二年(1913)废府，属直隶省冀南道；次年冀南道改为大名道，仍辖邯郸县；同十七年(1928)直隶河北省；同二十六年(1937)邯郸划归河北省第十五行政督察区管辖。

邯郸位于京汉铁路沿线、石门（石家庄）南方约160公里处。

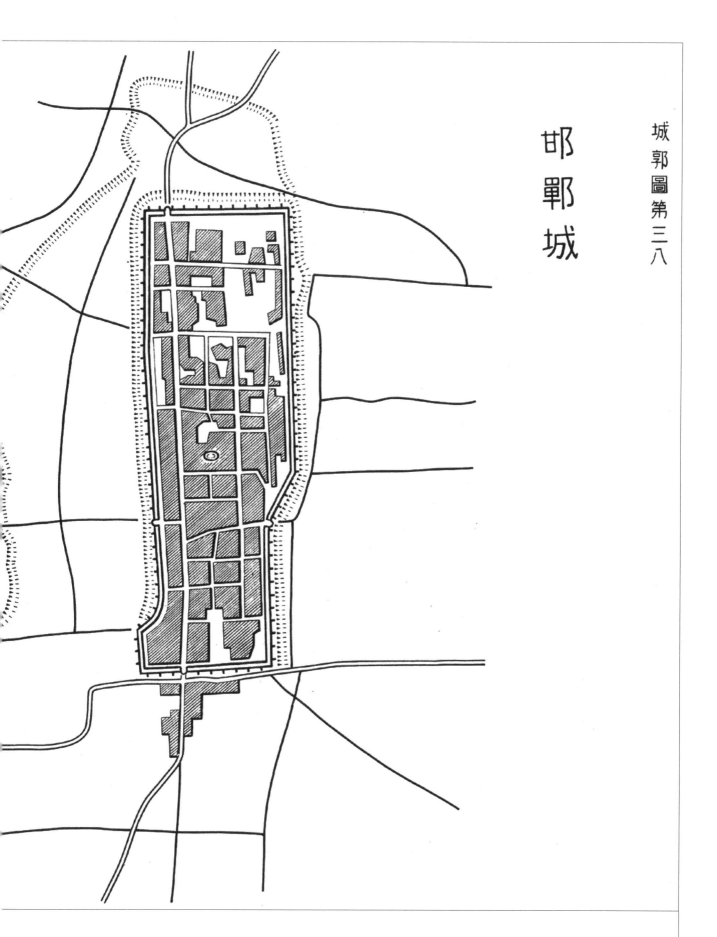

邯鄲城

大名建置沿革

春秋时属卫。战国时属魏，为魏武侯公子元食邑。秦时为东郡。汉高祖十二年（前 195）以曾为魏地置魏郡，属冀州；又因公子元食邑于此，建县时以元成名之。三国魏黄初二年（221）置阳平郡，元城县为郡治。十六国时期，前燕建熙元年（360）析元城县西部建贵乡县，再设贵乡郡，后改魏郡。北魏太和二十一年（497）复置贵乡县，后又省。东魏天平二年（535）析馆陶西界复置贵乡县。北齐天保七年（556）废元城县，入贵乡县，属清都郡。北周贵乡县属魏州。隋开皇六年（586）复置元城县，属武阳郡。唐属魏州，贞观七年（633）将元城并入贵乡县。圣历二年（699）析贵乡县复置元城县。建中三年（782）改魏州为大名府，此为大名用作地名之始。五代后梁因袭唐制。后唐改元城为兴唐县、改贵乡为广晋县，属兴唐府。后晋复改兴唐为元城县，属广晋府。后汉设大名府，元城县依旧，改广晋县为大名县。后周因之。宋熙宁六年（1073）大名县并入元城县。绍圣二年（1095）复置大名县，魏县入大名县，属河北东路大名府。金大名县、元城县属大名路大名府。元大名县、元城县属中书省大名路。至元二年（1265）省元城县入大名县，未久复置元城县。明大名县、元城县属中书省大名府。洪武十年（1377）省大名县入魏县；同十五年（1382）复置。清初因袭明制。顺治十六年（1659）大名县、元城县属直隶省大名府。乾隆二十三年（1758）省魏县，所辖村归大名和元城。民国初废府，大名县与元城县合并称大名县。民国二十六年（1937）大名划归河北省第十六行政督察区管辖。

大名位于河北省南端，在济南西南约 170 公里、彰德东方约 70 公里处。

断　面　圖

$\frac{1}{500}$

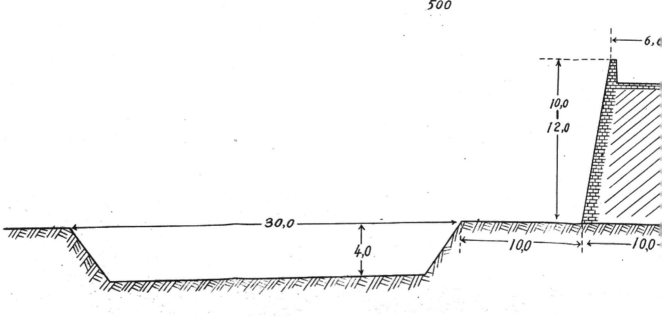

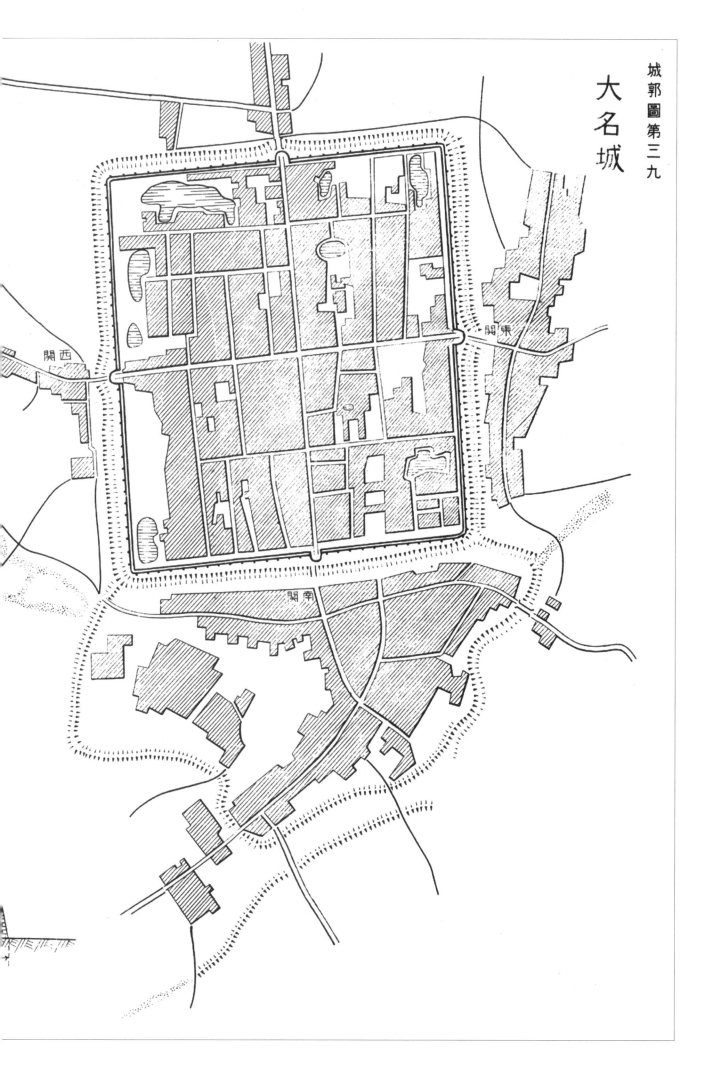

大名城

関西

関東

関南

四、山东省的城郭

山东省东部为半岛，延伸至渤海、黄海间，自半岛颈部往东，泰山、鲁山等诸山纵横；西部平坦，为连接河北、河南的大平原，其间有黄河等大小河川及大运河，水运便捷。该省即《禹贡》中所谓青、徐、兖、豫四州，周朝为青、兖、豫三州之地。春秋战国，除齐、鲁外，卫、宋、曹、滕、薛、邾、莒、杞等诸国据此。秦统一天下后，置齐郡、琅琊郡、薛郡、东郡。汉武帝始置刺史，设青、兖、徐三州。西汉设青、徐、兖、豫四州。西晋初，此地分属兖、豫、冀、青、徐五州；东晋南迁后，逐次为后赵、前燕、前秦、南燕等诸国领地。南北朝时期，宋据兖、徐、青三州，次分青州置冀州，又分徐州设东徐州；北魏设司、兖、青、齐等州，后增至为七州，领四十二郡；北周在青州置总管府。隋废郡置州，废总管府在兖州置都督府，此地又分属豫、兖、青、徐四州。唐初置齐州总管府，次设青、德、郓州三总管府，又改总管府为都督府；贞观元年 (627)，诸州分属河南北道采访使，次废齐州府复置州都督府，又置兖州都督府，改州为郡，次又改郡为州，分置淄青、平卢、天平、泰宁四军节度使。五代后晋在曹州置威信军，后汉初废之，后周复置。宋初属京东及河北路，次分京东路为东西两路。金改京东为山东，设东路西路。元分置燕南河北道、山东西道肃政廉防司及山东东西道宣慰司。明初置山东行中书省治青州，次治移济南，改置山东承宣布政使，领济南、兖州、东昌、青州、登州、莱州六府。清除以上各府外，置武定、沂州、泰安、曹州共十府，加之清宁、临清两州。民国时期，以济南为首府，分置一百零七个县。该省自南北朝时期以来，其西南部匪贼猖獗，恶风不改，直至今日。

昔日齐桓公起用管仲，凭借渔盐之利成为春秋最初霸主；鲁国诞生孔子、子思、孟子，成就儒学中心。而来经年不往，遗风不再，群盗、匪贼劫掠横行，昔日风貌荡然无存。故产业不振，虽人口密集，但少大都市。唯大运河及其他交通要冲上都城稍大。为防止匪贼，各小城镇多筑城，然规模大的通常不多。济南虽为首府，然较其他省份略显贫寒。

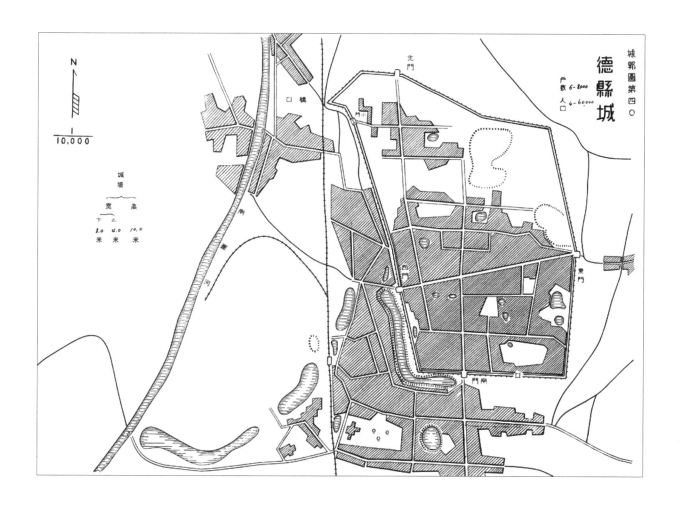

德县建置沿革

夏时为有鬲氏地。秦时置鬲县，属济北郡。西汉为鬲县、广川县地，鬲县属平原郡，广川县属信都国。东汉鬲县仍属平原郡，广川县属清河国。北魏析平原郡、清河郡地置安德郡，鬲县属之，广川县则属长乐郡。北齐鬲县、广川两县俱废。隋开皇六年 (586) 于故鬲县东北复置广川县，属冀州；同九年 (589) 属德州。仁寿元年 (601) 广川县因避炀帝杨广讳改名为长河县。大业三年 (607) 改德州为平原郡。唐武德四年 (621) 复为德州，长河县仍属德州。五代后周长河县废为镇，并入德州将陵县。北宋景祐元年 (1034) 将陵县徙治于长河镇，次年废安陵县入将陵县，仍属德州。金将陵县属景州。元宪宗三年 (1253)，将陵县划属河间府，是年升为陵州，属济南路。至元二年 (1265) 降为陵县，次年复置为州，属河间路。明洪武元年 (1368) 降陵州为陵县，属济南府；同二年 (1369) 改属德州；同七年 (1374) 废陵县，移德州治原陵县城。清改德州为散州，不辖县，属济南府。民国元年 (1912) 改德州为德县；同二年 (1913) 属济西道，次年改称东临道；同十七年 (1928) 废道，直隶于省；同二十六年 (1937) 德县划归山东省第四行政督察区管辖。

德县位于山东省西北隅，在济南西北约110公里处。明永乐九年会通河 (至北京的大运河) 贯通。漕运开通后，俄然殷盛发达，成为山东北部之中心。

青州（益都）建置沿革

周代境内有丰国，属齐。西汉置广县，属齐郡，元朔二年（前127）立益都侯，与益县同属北海郡。元封五年（前106）为青州刺史部治所。东汉广县属齐国，益县属乐安国。三国曹魏改益县为益都县。西晋永嘉五年(311)青州刺史曹嶷于广县城西北筑广固城，作为青州刺史治所，广县遂废。东晋义熙五年(409)青州刺史羊穆之于广固城东、阳水北岸置东阳城，为青州刺史治所。北齐天保七年(556)益都县由寿光县境徒于东阳城，青州、齐郡同治于此。隋开皇三年(583)废郡，益都县为青州治所，大业(605~617)初年改为北海郡，仍为郡治。唐为青州治。北宋初仍为青州治。庆历二年(1042)初置京东东路，与青州同治益都。金改京东东路为山东东路，青州为益都府，同治益都县。元为益都路治。明、清均为青州府治。民国元年(1912)属登莱青胶道青州府，次年废府，益都县属胶东道；同十四年(1925)属淄青道；同十七年(1928)废道，直隶于省；同二十七年(1938)青州划归山东省第八行政督察区管辖。

青州位于济南东方约130公里处。

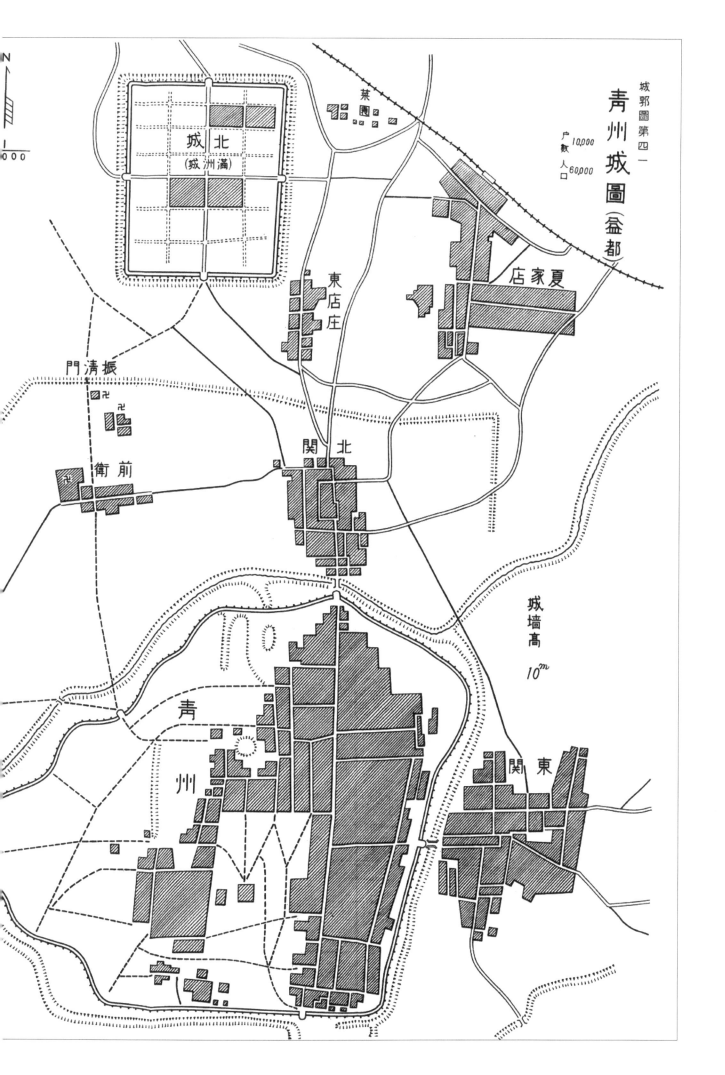

城郭圖第四一

青州城圖（益都）

戸數 10,000
人口 60,000

城北
（城洲滿）

萊園

東店庄

夏家店

振清門

前衛

北関

城墙高
10ᵐ

青州

関東

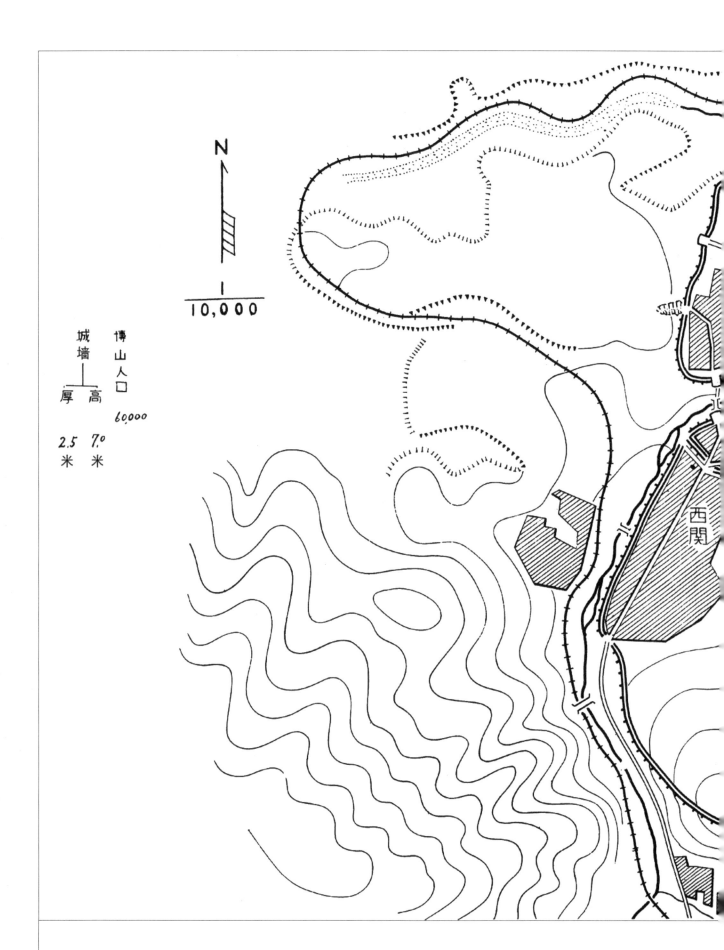

N

城墙 博山人口

厚 高

60,000

2.5 7.0
米 米

西关

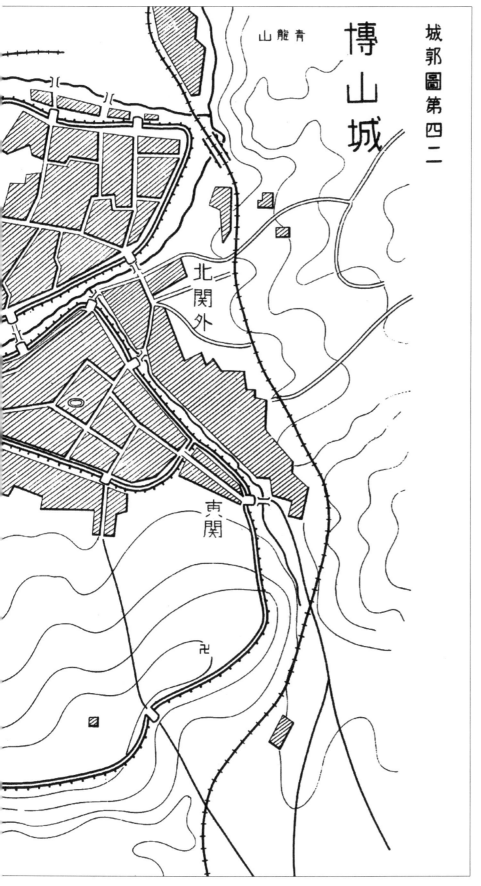

博山城

青龍山

北関外

東関

卍

博山建置沿革

春秋时为齐国马陉邑地。秦时属济北郡嬴县。西汉至晋分属济南郡（国）般阳县和泰山郡莱芜县。南朝宋于此侨置清河郡绎幕县。北魏改绎幕县为绎姑县。北齐并入东平原郡贝丘县。隋开皇十八年(598)改贝丘县为淄川县，属齐郡。唐、宋、金时属淄州淄川县。元时属益都路益都县。明时属青州府益都县。清雍正十二年(1734)始置博山县（以县境南部有博山得名），仍属青州府，县治颜神镇（今博山城），曾名颜神、颜神店。民国二年(1913)属岱北道，次年改属济南道；同十四年(1925)属淄青道；同十七年(1928)废道，直隶于省；同二十七年(1938)博山划归山东省第十二行政督察区管辖。

博山位于济南东南约80公里处，此地产玻璃原料和煤炭。

圖城南濟

濟南駅

濟南北極廟後方斷面圖

$\frac{1}{200}$

城郭圖第四三其二

8.0

6.50

1/5

1.0

2.80

内部地形如鳥取城，下方一部用石头，其他大部用砖垒筑。

部分使用石头，其他大部分用砖垒筑。

外城东门附近高4.60米，上宽约2.00米，呈所谓平扁形状，用散石砌筑。大的长0.60米，高0.18米左右。

济南（历城）建置沿革

春秋战国时属齐国。秦置历城县，属济北郡。汉高祖六年（前201）封其长子刘肥为齐王，领齐国及所属七郡，博阳郡属之，郡治博县。吕后元年（前187）割齐国，济南郡为吕王奉邑，济南之名自此始，盖因郡治迁往位于济水（古河道）之南的东平陵故名。文帝十六年（前164）以济南郡置济南国，立悼惠王子辟光为济南王。景帝三年（前154）济南王谋反被诛，国除为郡。西晋永嘉年间（307~313）移治历城县。南朝宋元嘉九年（432）于济南郡侨治冀州，北魏皇兴元年（467）复名齐郡。隋开皇（581~600）初年废郡，大业（605~617）初年复置齐郡。唐武德元年（618）改齐郡为齐州，次年置总管府。贞观元年（627）撤总管府；同七年（633）又置总督府。天宝年间（742~756）先后改称临淄郡、济南郡，乾元元年（758）复为齐州。北宋初属京东路，元丰元年（1078）属京东西路，政和六年（1116）升为济南府。金仍置济南府，属山东东路。元初改为济南路，属中书省。明初仍为济南府，属山东布政使司，洪武九年（1376）省治由青州移治济南，济南遂成为全省政治中心。时济南府治历城县。清仍置济南府。民国元年（1912）仍因袭清制，属济东泰武临道；同二年（1913）废府改道，分属济西道（次年改为东临道）和岱北道（次年改为济南道）；同十七年（1928）废道，各县直隶于省；同十八年（1929）析历城县城、城外商埠及其四郊置济南市，市与历城县政府同驻济南城；同十九年（1930）全市划分为十个区。

153

长清建置沿革

春秋时为卢邑、清邑地。秦置卢县，属济北郡。汉文帝二年（前178）为济北国治，武帝时国除，卢县属泰山郡。东汉永元二年（90）复为济北国治。三国曹魏时属济北郡卢县等。西晋时属济北国卢县等，东晋时为太原县地。南朝宋元嘉十年（433）析济南郡、泰山郡地侨置太原郡，并于卢县之升城侨置太原县。北齐郡、县皆废。隋开皇五年（585）于卢县故城置长清镇；同十四年（594）废镇改置长清县，以境内清水得名，长清之名自此始。属济北郡（济州）。故城在今县城东南约十八公里处。唐贞观元年（627）废济北县入长清县；同十七年（643）废州，改属齐州。北宋至道二年（996）徙治刺榆店即今治所，属齐州。政和六年（1116）后属济南府。金时属济南府。元至元二年（1265）改属泰安州。明洪武二年（1369）仍属济南府。清因袭明制。民国二年（1913）废府存道，属岱北道，次年改属济南道；同十七年（1928）废道，直隶于省；同二十六年（1937）长清划归山东省第四行政督察区管辖。

长清位于济南西南约25公里处。

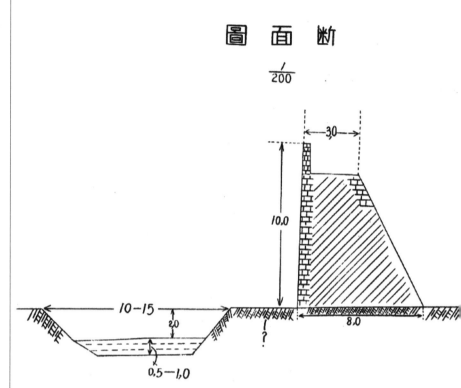

長清城

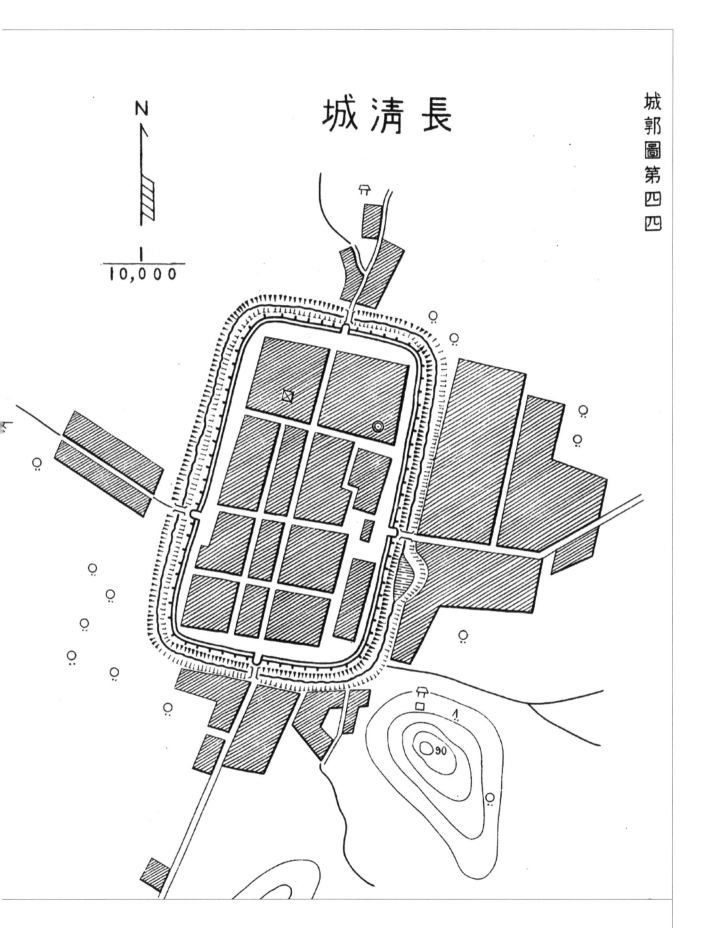

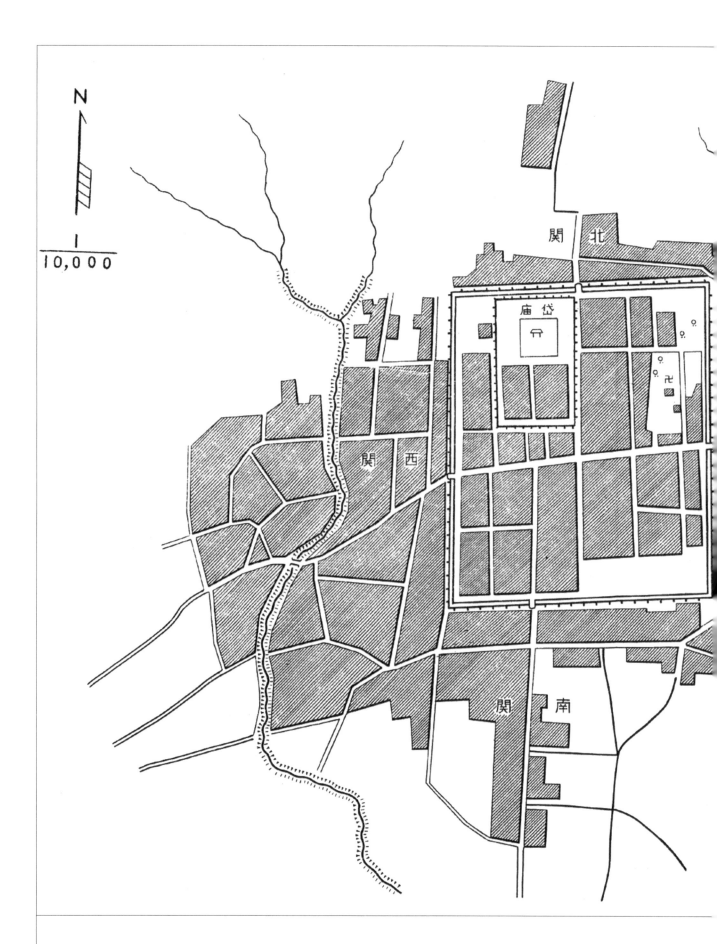

城郭圖第四五

泰安城

人口 17,000人

城墙高 12,00^m 外墙宽 15,00^m 残垣到处可见

関東

泰安建置沿革

西周、春秋时为鲁、齐、宿、郕等国地。战国时大部属鲁、局部属齐国。秦时属济北郡、东郡。西汉置泰山郡，以境内泰山为名。至元封 (前 110~ 前 105) 初年分博县、嬴县地置奉高县，泰山郡移治奉高。北齐改泰山郡为东平郡。隋开皇 (581~600) 初年省东平郡，县属鲁郡。唐初改鲁郡为兖州，武德五年 (622) 由兖州分置东泰州。贞观元年 (627) 省东泰州入兖州。乾封元年 (666) 唐高宗封泰山，改博城县为乾封县。北宋开宝五年 (972) 乾封县移治岱岳镇。大中祥符元年 (1008) 改乾封县为奉符县。金天会十四年 (1136) 以故泰山郡腹地置泰安军，泰安之名自此始，取泰山安四海之意。大定二十二年 (1182) 升泰安军为泰安州，仍治奉符县。明洪武 (1368~1398) 初年降泰安州属济南府，州治奉符县省入州。清雍正二年 (1724) 升泰安州为直隶州；同十二年 (1734) 济南府肥城县来属，长清县还属济南府；次年泰安州升为泰安府，增置泰安县为府治，降东平直隶州为东平州，东平州及其原所属县归属泰安府。民国二年 (1913) 废府，分属于岱北、岱南、济西三道，次年分别更名为济南道、济宁道、东临道；同十七年 (1928) 废道，各县直隶于省；同二十五年 (1936) 泰安划归山东省第一行政督察区管辖。

泰安位于济南南方约 50 公里处。

宁阳建置沿革

春秋鲁之阐邑，战国时入齐。西汉置宁阳县，因在宁山之南而得名，故城在今县南；又置桃山县、刚县等县，同属泰山郡。东汉废桃山县，宁阳县、刚县属东平国。西晋废宁阳县。北齐废刚县，移侨平原县于宁阳县古城北。隋开皇十六年(596)因此县与德州平原县同名，以县东南二十里有龚丘城，遂改为龚丘县，属兖州(后称鲁郡)。唐属兖州。北宋大观四年(1110)改称龚县，属袭庆府。金大定二十九年(1189)以避讳复名宁阳县即今治所，属兖州。元至元二年(1265)省入嵫阳县，大德元年(1297)复置，属济宁路兖州。明时属兖州府。清因袭之。民国二年(1913)属岱南道，次年改属济宁道；同十四年(1925)属兖济道；同十七年(1928)废道，直隶于省；同二十五年(1936)宁阳划归山东省第一行政督察区管辖。

宁阳位于兖州北方约30公里处。

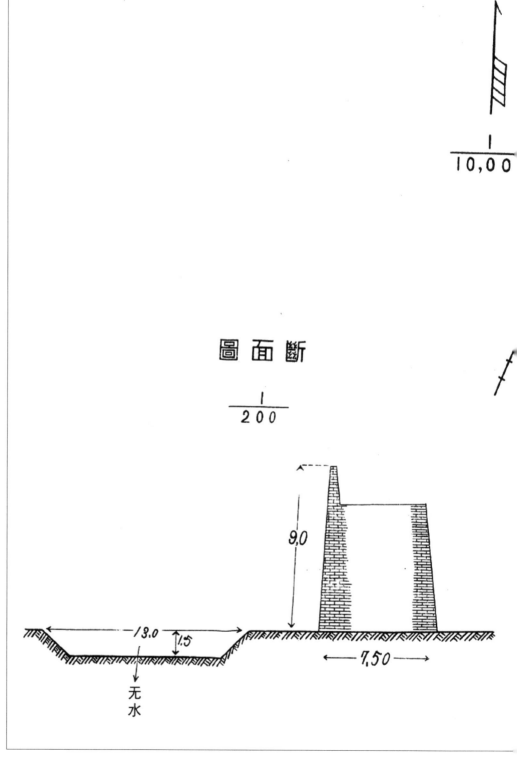

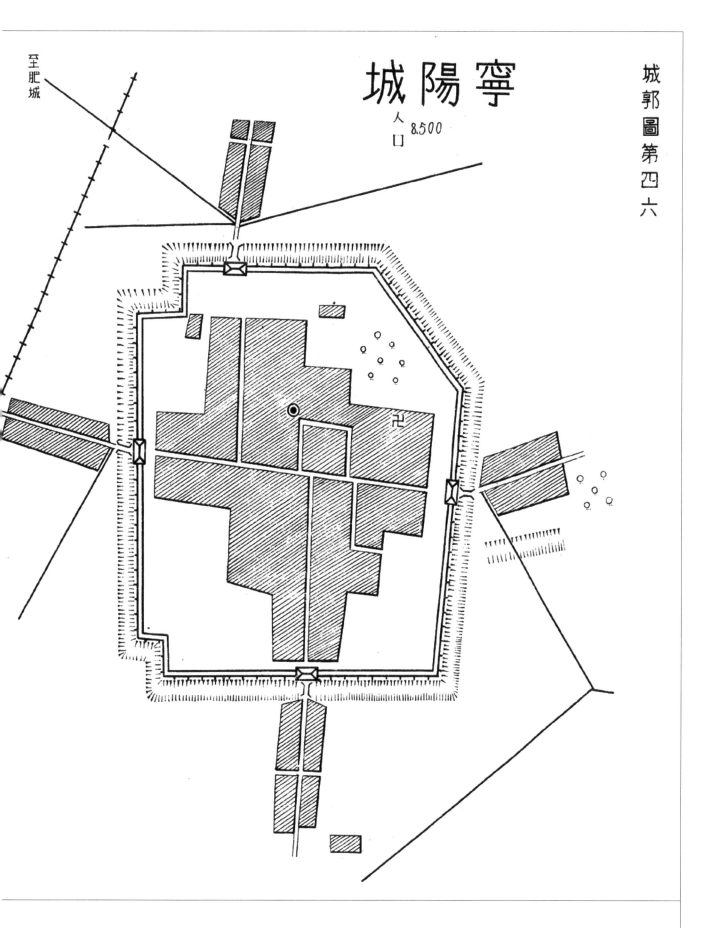

城陽寧

人口 8,500

至肥城

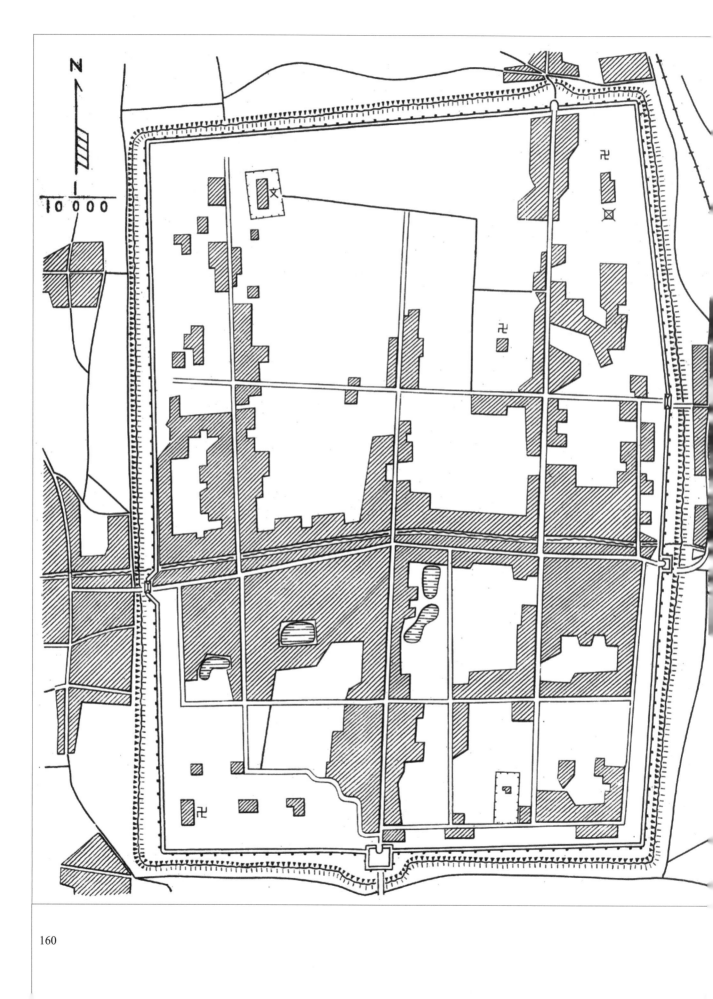

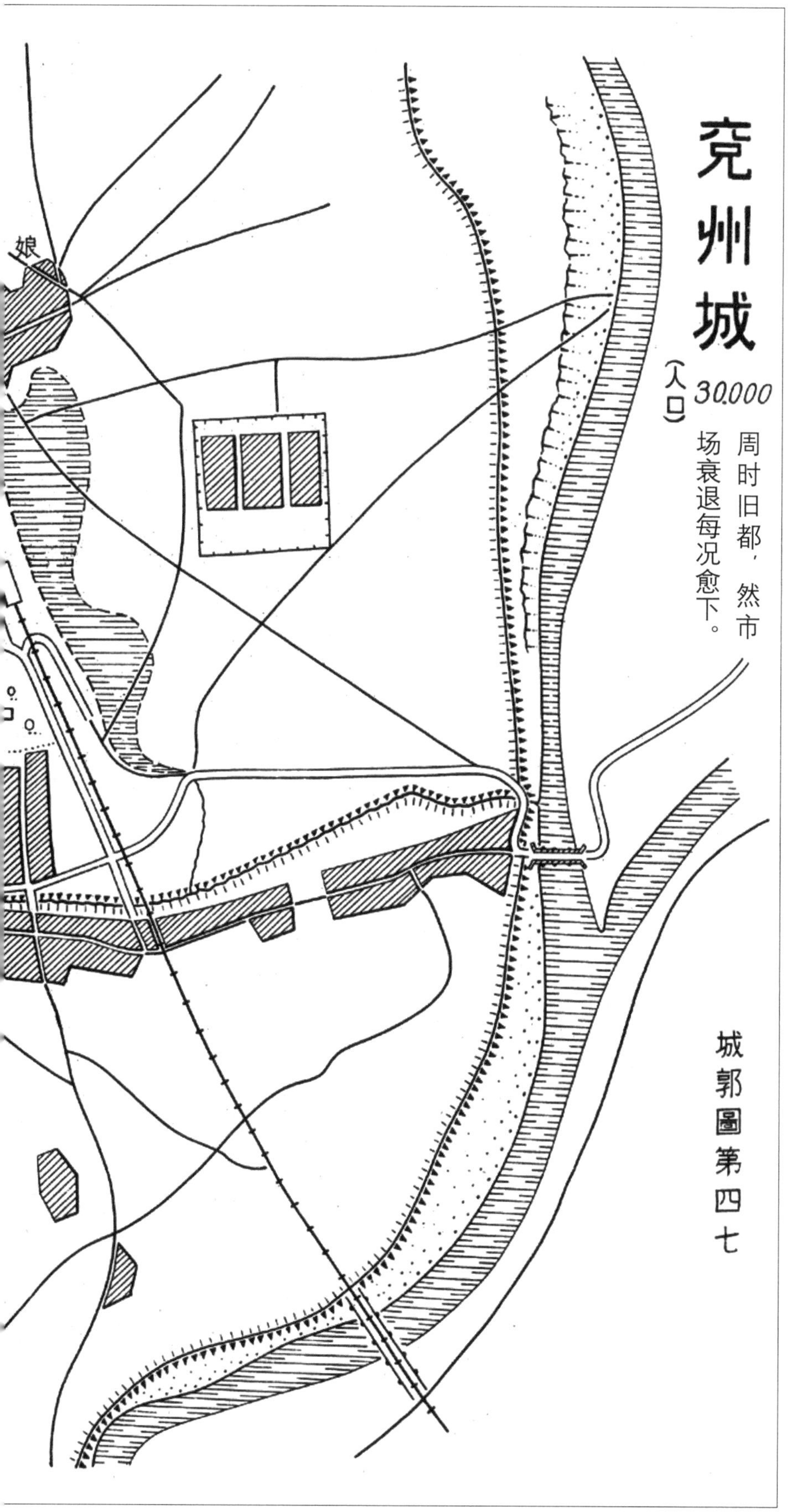

兖州城

（人口）

30,000

周时旧都，然市

场衰退每况愈下。

城郭圖第四七

兖州（滋阳）建置沿革

春秋时为鲁国负瑕邑、乘丘邑地。秦置瑕丘县，属薛郡。西汉时属山阳郡，又置樊县，属东平国。东汉元和元年 (84) 樊县改属任城国。西晋省瑕丘县入高平国南平阳县，晋末废樊县。南朝宋元嘉十三年 (436) 兖州治邹山，又寄治彭城；同二十年 (443) 省兖州，各郡分属徐州、冀州；同三十年 (453) 复置兖州，治瑕丘城，兖州之名始与今地相合。隋开皇十三年 (593) 复置瑕丘县，仍为兖州治所，大业年间 (605~617) 后为鲁郡治。唐复为兖州治。北宋大观四年 (1110) 改瑕丘县为瑕县，属袭庆府。金改瑕县为嵫阳县，因境内嵫山得名，属兖州。明成化七年 (1471) 改为滋阳县，为兖州府治。清因袭之。民国二年 (1913) 废府，滋阳县属岱南道，次年改属济宁道；同十四年 (1925) 属兖济道；同十七年 (1928) 废道，直隶于省；同二十五年 (1936) 兖州划归山东省第一行政督察区管辖。

兖州位于津浦铁路沿线、济南南方约 130 公里处。明初开浚会通河（通往北京的大运河），随着南北水路的开通，因处要冲之地遂成为行政中心；建筑有周长 7 公里有余的宏伟城郭，繁盛之极。但如今已失去昔日之风貌，仅为一座小城而已。

161

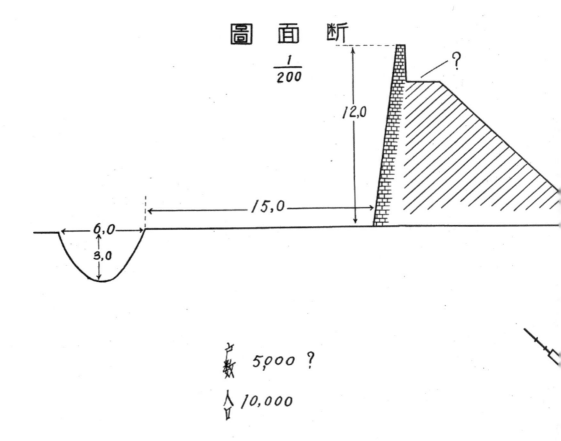

断 面 图

$\dfrac{1}{200}$

12,0

15,0

6,0

3,0

户数 5,000 ?

人口 10,000

邹县建置沿革

　　西周时属邾国。春秋鲁文公十三年 (前 614) 邾都迁至绎。战国 "邾" 音转为邹，战国末为楚国所灭。秦于故邾都置驺县 (一说西汉高后时置驺县)，故地在今邹县东南 12 公里处。又于平阳邑地置平阳县，皆属薛郡。西汉驺县属鲁国，平阳县改名为南平阳，属山阳郡。新莽一度改驺县为驺亭。东汉复名驺县，仍属鲁国。西晋南平阳县属高平郡。南朝宋复名邹县 (一说唐初改 "驺" 为邹，称邹县)，属鲁郡，而南平阳改称为平阳县，属高平郡。北齐废平阳县入邹县，徙邹县入治平阳城，即以汉南平阳为故城，自此邹城之名与今地相合。隋邹县仍属鲁郡。唐因袭之。北宋熙宁五年 (1072) 邹县省为镇，其地并入仙源县。元丰七年 (1084) 复置，属袭庆府。金、元时属滕州。元至正十四年 (1354) 改属济宁府兖州。明时属兖州府，清因袭之。民国二年 (1913) 废府，邹县属岱南道，次年改属济宁道；同十四年 (1925) 属兖济道；同十七年 (1928) 废道，直隶于省；同二十五年 (1936) 邹县划归山东省第一行政督察区管辖。

　　邹县位于兖州东南方约 25 公里处，孟子诞生地。

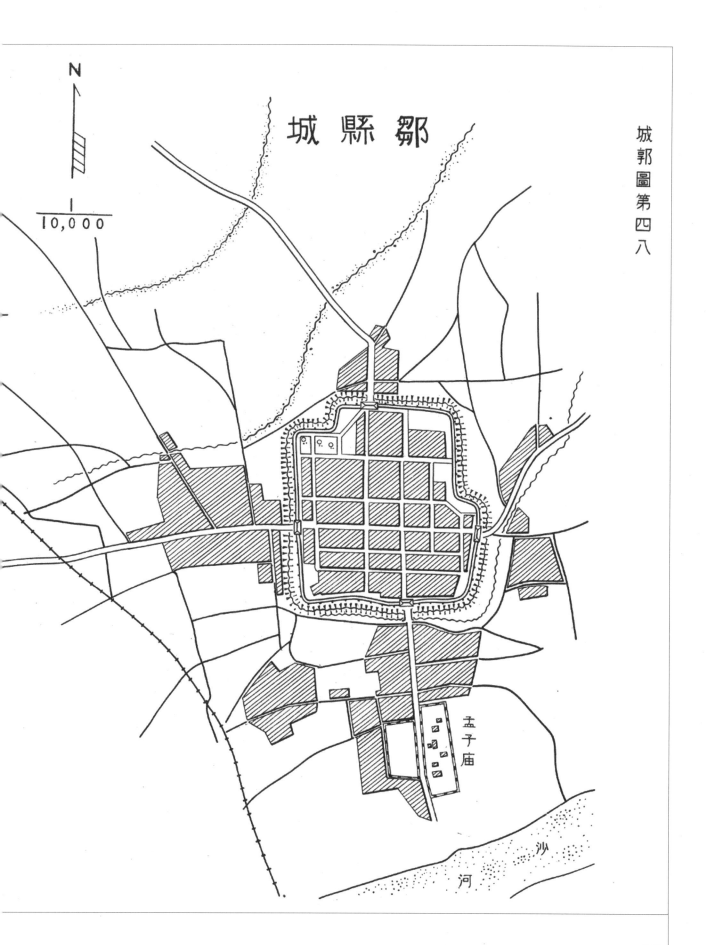

城 縣 鄒

N

10,000

孟子庙

沙 河

城寧濟

N

1
10,000

北関

西関

東関

関 南

西大寺

東大寺

济宁建置沿革

西周、春秋时大部属鲁国，局部属薛。秦置薛郡，治鲁县。西汉吕后元年（前187）改为鲁国，又析原薛郡西部地入东平国与山阳郡。东汉元和元年（84）由东平国析置任城国，治任城。三国魏黄初四年（223）改任城国为任城郡。西晋咸宁三年（277）又复为任城国。北魏神龟元年（518）析高平郡置任城郡，治任城县。北齐鲁郡改为任城郡，并徙郡治于鲁县，徙高平郡治任城县。隋开皇三年（583）两郡俱废，改置兖州，大业（605~617）初年改称鲁郡，治瑕丘县。唐武德五年（622）改郡为兖州，天宝元年（742）改兖州为鲁郡。乾元元年（758）复为兖州。五代后周广顺二年（952）析兖州、郓州置济州，治巨野。北宋仍为兖州，大中祥符元年（1008）升为大都督府。政和八年（1118）改为袭庆府，属京东西路。金天德二年（1150）济州由巨野徙治任城县。大定十九年（1179）袭庆府复改为兖州，两州俱属山东西路。元太宗七年（1235）济州改属东平府。至元六年（1269）济州还治巨野；同十二年（1275）置济宁府，治巨野，济州属之，并移州治于任城，济宁之名自此始；同十六年（1279）济宁府升为济宁路，济州、兖州均属之。明洪武元年（1368）为济宁府；同十八年（1385）降为济宁州，州治任城县省入州，兖州升为府，济宁州属之。清雍正二年（1724）济宁州升为直隶州；同七年（1729）济宁直隶州降为散州，属兖州府。乾隆三十九年（1774）济宁州复升为直隶州。民国二年（1913）济宁州降为济宁县，属岱南道，次年改属济宁道；同十四年（1925）属兖济道；同十七年（1928）废道，直隶于省；同二十五年（1936）济宁划归山东省第一行政督察区管辖。

济宁位于兖州西方约30公里处。

金乡建置沿革

春秋时为宋缗邑。秦置东缗县，治金乡镇，属砀郡。西汉时属山阳郡。东汉于县北境别置金乡县，以治所近金乡山得名，金乡之名自此始，属山阳郡。西晋废东缗县。南朝宋金乡县属高平郡。北魏徙金乡县治于原东缗县城，县名始于今地相合，仍属高平郡。隋属济阴郡，开皇十六年(596)分置昌邑县，大业(605~617)初年并入金乡县。唐武德四年(621)于金乡县置金州，次年改金州为戴州，仍析金乡置昌邑县；同八年(625)省入金乡。贞观十七年(643)废戴州，金乡县属兖州。北宋、金时属济州。元时属济宁路。明时属兖州府。清初属兖州府，乾隆四十五年(1780)改属济宁直隶州。民国二年(1913)金乡县属岱南道，次年改属济宁道；同十四年(1925)属兖济道；同十七年(1928)废道，直隶于省；同二十五年(1936)金乡划归山东省第二行政督察区管辖。

金乡位于徐州西北约115公里处。

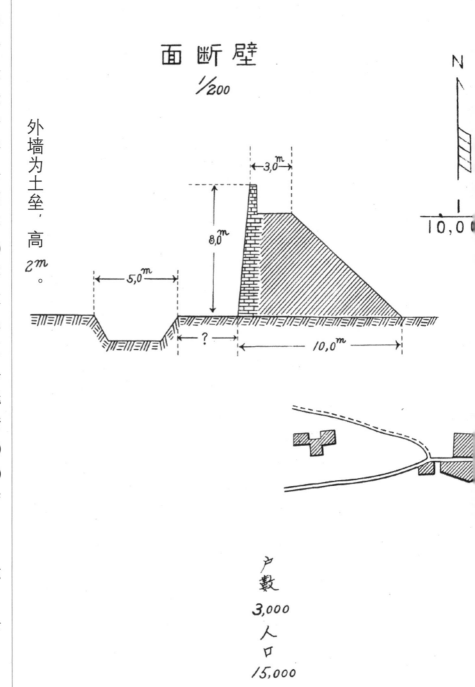

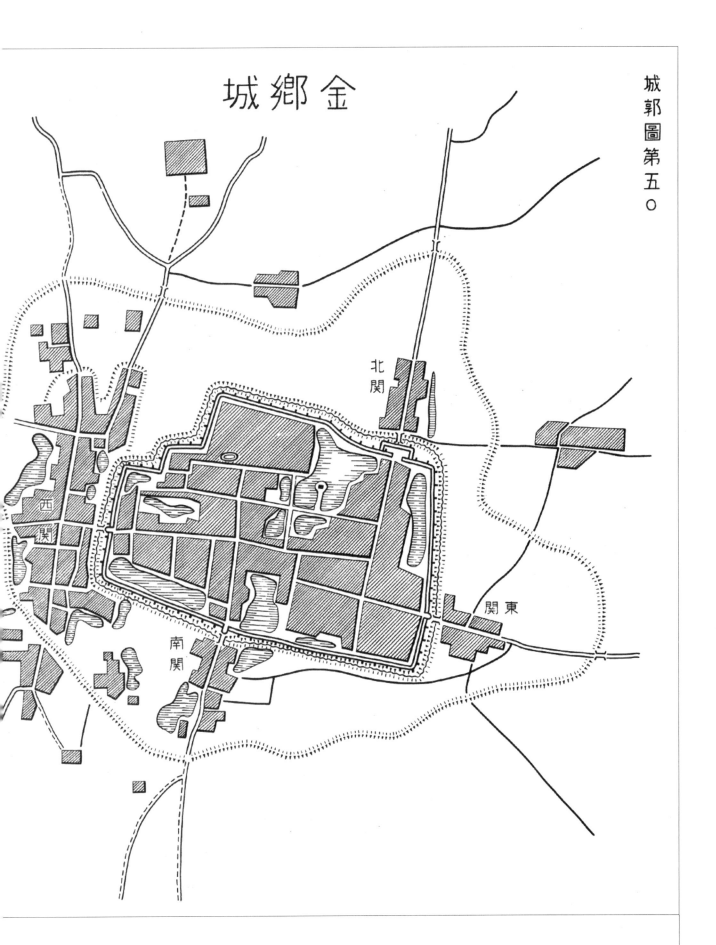

城郷金

北関

東関

南関

西関

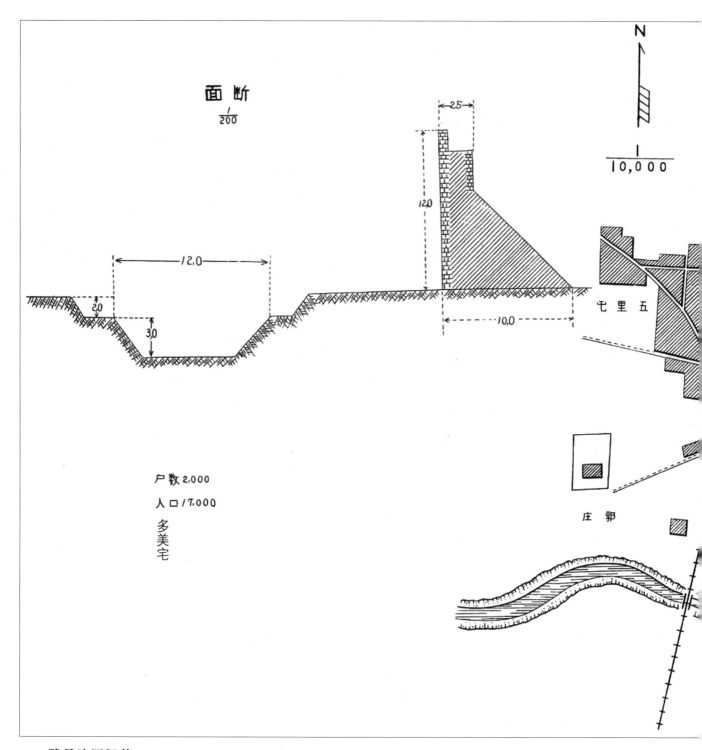

滕县建置沿革

　　周朝滕、薛、小邾三国地。战国时为齐地。秦置滕县、薛县，隶属薛郡。西汉改滕县为公邱县，属沛郡；又置蕃县，属鲁国。东汉因袭前制。三国、晋仍属蕃县、公邱县。晋末废公丘县。南北朝属彭城郡蕃县。隋开皇十六年(596)改蕃县为滕县，属徐州彭城郡。唐滕县属河南道徐州彭城郡，元和十二年(817)县治东移，于老县城东2公里处建新县城即今滕州城。宋为滕阳军治。金大定二十二年(1182)升滕阳军为滕阳州；同二十四年(1184)称滕州，滕县为滕州治。元因袭之，属益

168

滕縣城圖

都路。明洪武二年 (1369) 废滕州，滕县属济宁府；同十八年 (1385) 滕县属兖州府。清因袭之。民
国二年 (1913) 滕县属岱南道，次年改属济宁道；同十四年 (1925) 属兖济道；同十七年 (1928) 废道，
直隶于省；同二十五年 (1936) 滕县划归山东省第二行政督察区管辖。

滕县位于津浦铁路沿线、徐州北方约 90 公里处，春秋战国薛国都城相传在滕县东南约 25 公
里处。

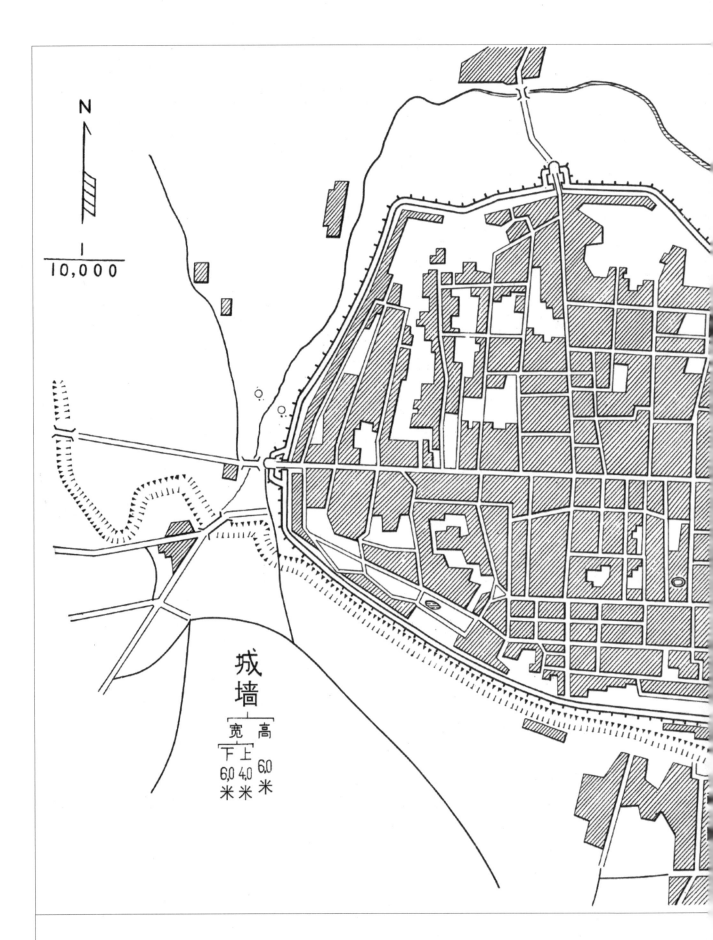

城墙

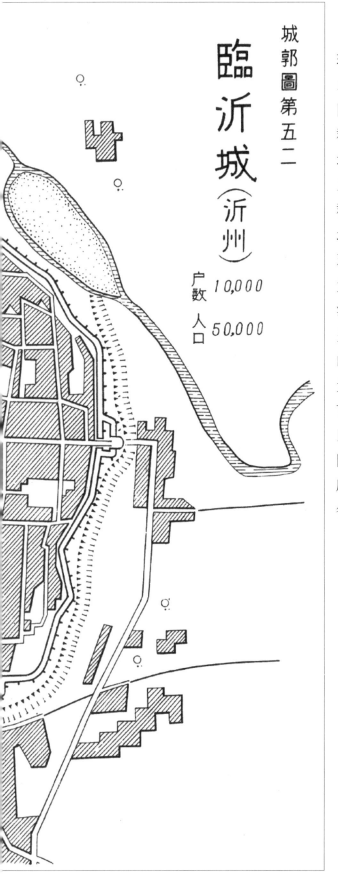

城郭圖第五二

临沂城（沂州）

户数 10,000
人口 50,000

沂州（临沂）建置沿革

　　春秋时分属鲁、莒国。战国时属齐、楚国。秦时属琅邪郡、郯郡和薛郡。西汉时分属琅邪郡、东海郡、泰山郡和城阳国。东汉时建置略有改动，琅邪郡改为琅邪国，徙都于开阳。三国曹魏时为琅邪国、东海国、东莞郡、城阳郡地。西晋时仍分属东海郡、琅邪国、东莞郡、城阳郡。北魏置北徐州、南青州，分设琅邪郡、东海郡、兰陵郡、郯郡、东莞郡、东安郡。北齐改东海郡为北海郡，废东莞郡。北周改北徐州为沂州，改南青州为莒州，北海郡复称东海郡，并于郡名之上冠以州名，如沂州琅邪郡、邳州郯郡、海州东海郡、莒州东安郡。隋时大部为沂州（琅邪郡）地，局部属泗州（下邳郡）、海州（东海郡）。唐时分属河南道沂州（琅邪郡）、密州（高密郡），另有部分地区属海州（东海郡）。北宋时分属京东东路的沂州、密州和淮南东路的海州。金时属沂州和莒州。元时仍分属沂州和莒州。明时分属兖州府沂州和青州府莒州。清初因袭明制，雍正十二年(1734)后皆属沂州府。民国二年(1913)废沂州府，属岱南道，次年改属济宁道；同十四年(1925)属琅琊道，道治临沂县；同十七年(1928)废道，各县直隶于省；同二十五年(1936)沂州划归山东省第三行政督察区管辖。

　　沂州位于山东南部偏东、徐州东北方约130公里处。

171

单县建置沿革

春秋时为鲁国单父邑。秦置单父县，属砀郡。西汉单父县属山阳郡，又别置平乐县，亦属山阳郡。东汉单父县改属济阴郡，平乐县省入单父县；又别置防东县，属山阳郡。西晋废防东县，其地入单父县。南朝宋侨置离狐县于单父县城，为北济阴郡治，废单父县。北魏北济阴郡暨离狐县仍治单父城。北齐郡、县并废。隋开皇六年 (586) 复置单父县，属济阴郡；同十六年 (596) 于单父县置戴州，大业 (605~617) 初年废戴州。唐武德四年 (621) 复置戴州，治单父县。贞观十七年 (643) 戴州再废，单父县改属宋州。五代后唐置单州，以单父县为州治。北宋因袭之。蒙古统治者进入山东初期，单州暨单父县并属济州。宪宗二年 (1252) 改属东平府，至元二年 (1265) 复置单父县；同五年 (1268) 仍属济州；同十六年 (1279) 单州、单父县属济宁路。明洪武元年 (1368) 废单父县入单州；同二年 (1369) 降单州为单县，属济宁府；同十八年 (1385) 改属兖州府。清雍正十三年 (1735) 改属曹州府。民国二年 (1913) 属岱南道，次年改属济宁道；同十四年 (1925) 属曹濮道；同十七年 (1928) 废道，直隶于省；同二十五年 (1936) 单县划归山东省第二行政督察区管辖。

单县位于山东省西南部、徐州西北约 110 公里处。

至金鄉

店南

至虞城

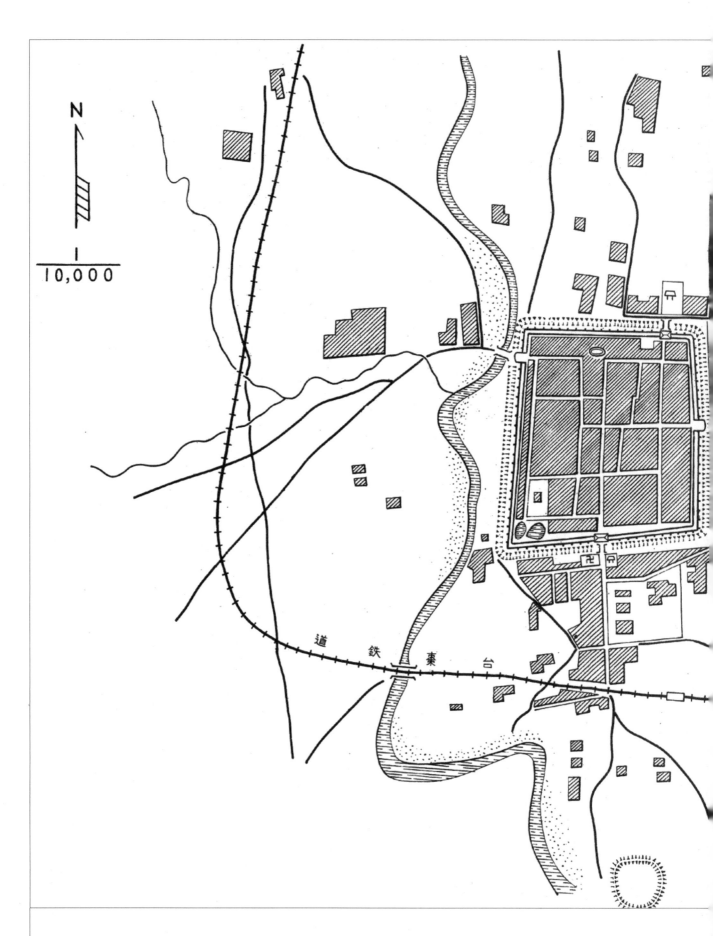

道鉄棗台

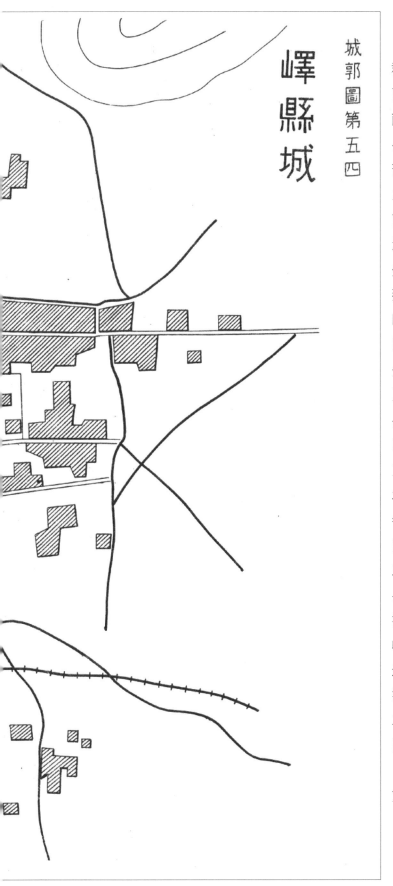

峄縣城

峄县建置沿革

春秋时为郑国、楚之兰陵邑。秦时分属薛郡之薛县、泗水郡之傅阳县、东海郡之缯县。西汉时除南部属楚国之傅阳县、西部属鲁国之薛县外,其余大部属东海郡之承、兰陵、缯等县。三国时期,南部属彭城国之傅阳县,东北部属琅琊国之缯县,其余大部属东海国之承、兰陵等县。西晋时,东北部属琅琊国之缯县,南部属彭城国之傅阳县,其余大部属东海郡之承、兰陵等县。置兰陵郡,治承城,首次成为郡、州之治所。东晋十六国时期,先后属后赵、前燕、前秦、后燕,至东晋末全部属晋。南北朝时期,先后属刘宋、北魏、东魏、北齐、北周。隋开皇(581~600)初年废兰陵郡,同十六年(596)分承县,置缯州,析置兰陵县。大业二年(606)又废缯州,省兰陵县入承县,再改承县为兰陵县,移治缯州故治所。唐初属沂州承县。武德四年(621)复置缯州,治承县。贞观六年(632)又废缯州,省兰陵、缯城两县入承县,属沂州。北宋时属沂州承县。金初属邳州承县。明昌六年(1195)改承县为兰陵县,仍治承城。兴定年间(1217~1222)置峄州,治所在故缯州城。自此峄之名沿用至今。元至元二年(1336)废兰陵县入峄州。明洪武二年(1369)降州为峄县,属济宁府;同十八年(1385)改属兖州府。清仍为峄县,属兖州府。民国二年(1913)峄县属岱南道,次年改属济宁道;同十四年(1925)属兖济道;同十七年(1928)废道,直隶于省;同二十五年(1936)峄县划归山东省第三行政督察区管辖。

峄县位于徐州东方约60公里处、枣庄南方约10公里处。

华中^①为长江沿岸地区，境内河川湖泊无数，运河渠道纵横；群山遍布，成自然屏障。华中自古为化外之地，接受华北文化较晚，蒙受外来民族的侵袭亦不如华北严重。基于以上原因，华中的筑城自然较北方产生若干差异，其主要特点如下：

①城郭的经始多适合地形，虽有方形城郭，但较华北来得少。

②除长江下游地区以外，筑城不如华北宏大。

③外壕为水壕，其宽度大，可用作水路，为便于城内外交通，在城门外置水闸。

④在华北，即便小城镇亦有筑城，但在华中除富裕的都市外，筑城的极少。盖水流、沼泽、山岳如同天然的城郭发挥着作用。

一、江苏及浙江省北部的城郭

江苏省及浙江省北部通常为平原，河川、湖泊及运河、水渠错综复杂，古来以水乡闻名，农作物丰穰，人口稠密，都市发达，大都市随处可见。

昔日，此地区春秋时为吴越及楚之领地，战国时为楚领地。三国时期北部属魏，南部归吴。至东晋移都建康（南京），大量移植北方文化。南北朝时期，南朝亦定都建康，酿成了绚烂的六朝文化。自南朝末期逐失江北之地，及隋朝起南朝灭。隋炀帝为北送江南米谷开凿运河，促进了交通运输。农作物之丰穰持续了这一地区的繁荣。经隋唐至唐末，杨行密据江都（扬州）起吴国，未久李升代之都金陵（南京）建南唐国，同时钱缪据杭州起吴越国。后诸国均为宋太祖所灭，及南宋迁都杭州，江南地复王畿（帝京）。南宋在军事上时常受到北方金之压力，淮河以北为金所占据。元灭南宋后，亦企图北送江南的农作物。

明太祖都南京后，实施了宏伟的大筑城工程，江南再次殷盛繁荣。明成祖迁都北京后曾一度顿挫，其时倭寇侵扰，江苏、浙江沿海及江岸被害甚大。为此，促进了附近地方都市筑城的发展。至清圣祖时，如现今这样采用省制，此后天下泰平久安，人口稠密的都市发达兴旺。但至清朝末期，鸦片战争、太平天国之乱等，各都市均遭受甚大的破坏，已失去往日风貌，不少仅存破墙残壁而已。

南京建置沿革

春秋战国，此地处"吴头楚尾"，吴国置冶城于此。周元王四年（前472)，越王勾践灭吴后，

---

① 民国时期的华中地区为长江流域七省四市,包括江苏省、浙江省、安徽省、江西省、湖北省、湖南省、四川省及上海市、南京市、汉口市、重庆市——译编者注。

令越相范蠡修筑"越城"于秦淮河畔。周赧王九年（前 306），楚威王筑城于石头山，置金陵邑。秦王政三十七年（前 210）改金陵为秣陵。汉初秣陵相继为楚王韩信、吴王刘濞之封地。元朔元年（前 128），汉武帝封其子刘缠为秣陵侯。建安十六年（211），孙权自京口迁秣陵，改名建业。黄龙元年（229），孙权称吴大帝，自武昌还都建业。太康元年（280），西晋灭吴，改建业为建邺。后因避晋愍帝司马邺之讳，改名建康。建武元年（317），司马睿即位，是为晋元帝，东晋正式建立，定都建康。永初元年（420），刘裕代晋称帝，宋立国，都建康。479 年，萧道成代宋称帝，齐立国，都建康。天监元年（502），萧衍代齐称帝，梁立国，都建康。永定元年（557），陈霸先代梁称帝，陈立国，都建康。吴、东晋、宋、齐、梁、陈合称六朝，故南京被称为六朝古都。

开皇九年（589），隋灭陈。隋文帝以石头城为蒋州，隋炀帝时改为丹阳郡。此后隋、唐两朝统治者将扬州治所自金陵迁至广陵，曾一度取消南京的州级建制。唐初，杜伏威、辅公祐义军占据丹阳郡，归顺唐廷，唐改丹阳为归化。后杜伏威辅公祐起兵反抗，建立宋政权。唐平江南，置升州。五代杨吴立国，修缮金陵，以为西都。天福二年（937），徐知诰（李升）代吴，南唐立国，定都金陵，改金陵府为江宁府。

开宝八年（975），北宋灭南唐，以江宁府为升州。天禧二年（1018），宋真宗以赵祯为升王，未久立为皇太子，改升州为江宁府。建炎元年（1127），宋高宗即位，改江宁府为建康府，作为东都。未久金兵南下，高宗南逃，以绍兴为临时首都。绍兴八年（1138），宋高宗再次逃至杭州，建立行在，改杭州为临安府。建康府、绍兴府为陪都。至元十二年（1275），元兵南下，以建康府为建康。天历二年（1329），改建康为集庆。

至正十六年（1356），朱元璋攻克集庆，改集庆路为应天府，自称吴国公。洪武元年（1368），朱元璋在应天称帝，"山河奄有中华地，日月重开大宋天"，故定国号为明，是为明太祖。以应天府为南京，以为首都，以开封为北京，以为留都；同十一年（1378）罢北京，改南京为京师。永乐元年（1403），明成祖升北平为北京，以为留都；同十八年（1420）年底，明成祖迁都北京，以南京为留都。崇祯十七年（1644），福王朱由崧在南京即位。顺治二年（1645），清兵克南京，改南直隶为江南省，应天府为江宁府；同六年（1649）设两江总督于江宁。咸丰三年（1853），太平军攻克江宁，改江宁为天京，以为都城。同治三年（1864），清兵克天京，太平天国亡。

民国元年（1912），孙中山在南京就任中华民国临时大总统，以南京为中国首都；同十六年（1927），北伐军克南京。不久，南京国民政府成立。

南京筑城沿革

南京城筑城分三期，即三国时期吴孙权筑城、五代南唐筑城和明太祖筑城。

(1) 孙权筑城

现存南京城内西部，相传梁武帝时人口约 140 万，可以与现今北京的人口匹敌，故都城规模相当之大，可以想象是除去现存城郭东南部及南部大小的规模。

筑城由内外两城组成。传内城称玄城，方圆 4 公里，城门南北各一、东西各二，共计 6 门。

相传外城为都城，方圆 12 公里 (应该还要大)，有 12 门。

(2) 南唐筑城

五代时，自定都扬州的吴禅让即位的李升兴南唐、都金陵，改筑城垣扩张至秦淮河南北两岸，方圆约 16 公里 (应该还要大)。

(3) 明代筑城

洪武元年 (1368)，明太祖于此定都，自翌年起花五年时间建筑新城，现今尚存。方圆 52 公里 (此过大，但亦有 32 公里)，设 13 城门，自紫金山及雨花台可俯瞰此城郭。在此等前方设外郭，其周长约为 56 公里，至今雨花台留有其遗迹。

南京城门初为 13 门，其后逐次增加，名称亦有变化，具体如下所示：

明筑城当时	截至民国十六年 (1927)	民国十七年 (1928) 以降
正阳门	洪武门	光华门
通济门	通济门	共和门
	武定门	武定门
聚宝门	聚宝门	中华门 两侧增设两门 (民国二十年)(1931)
三山门	三山门	水西门
		汉中门
石城门	石城门	汉西门
清凉门	清凉门	清凉门
	草场门	草场门

定淮门	定淮门	定淮门
	挹江门	挹江门
仪凤门	仪凤门	兴中门
金川门	金川门	金川门
钟阜门	钟阜门	钟阜门
		中央门
神策门	神策门	和平门
	丰润们	玄武门
太平门	太平门	太平门
朝阳门	朝阳门	中山门
		小东门 ⎫ 此两门开设时间未详
		新民门 ⎭
计 13	17	21

以上若干门的结构如后页城郭图 55、56 所示。

关于明故宫

明故宫为明宫廷，位于南京城内东部，今尚残存有其周围的外壕及宫城南侧和东侧门 (参阅宫城附近图及宫城城郭图)。

故宫呈方形，一边 800 米，四周环以外壕，宽约 50 米。故宫遗址北、西、南方外 500~1000 米处，设第二道外壕，此区域恐为皇城，现存西华门为皇城西门。

宫城及皇城壕沟因需要灌水，引前湖及玄武湖水经罗城城墙下流入其中。明太祖时代的宫城状况，现难以正确把握，据文献记载，简述概要如下：

洪武门内，经承天门、端门达宫城的午朝门，端门西为社稷坛，东建大庙。

午朝门内，先有内五龙桥，次奉天门内有正殿奉天殿，更建华盖、谨身、乾清、武英、文华、奉先等诸殿及乾清宫、坤宁宫等。

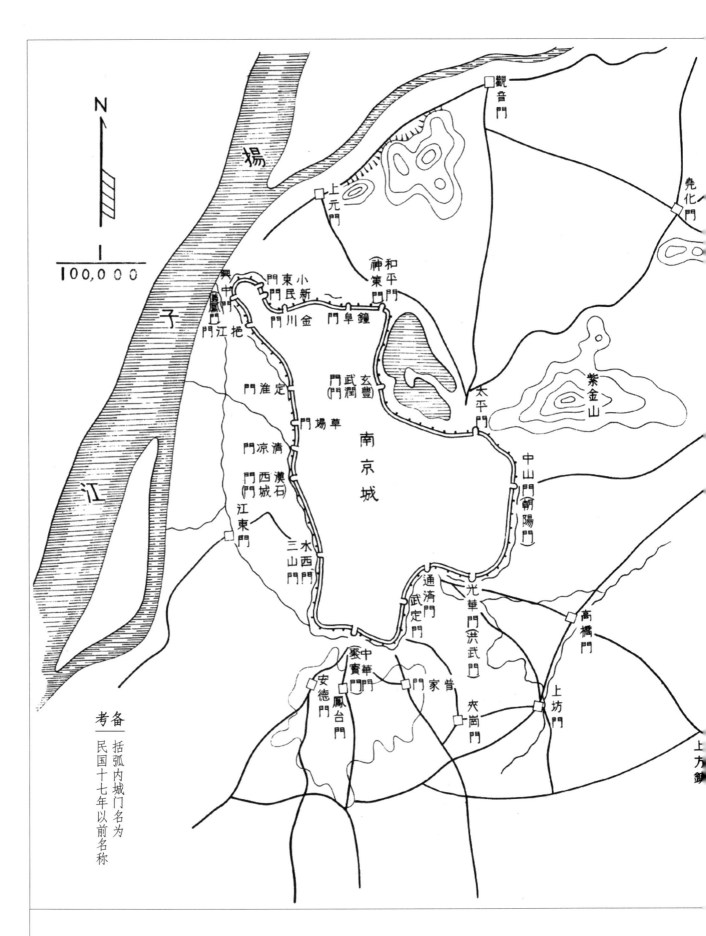

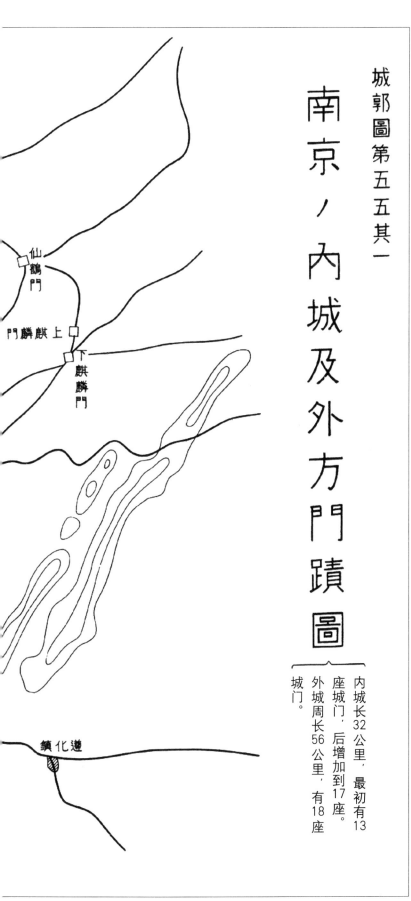

南京ノ内城及外方門蹟圖

内城长32公里，最初有13座城门，后增加到17座。

外城周长56公里，有18座城门。

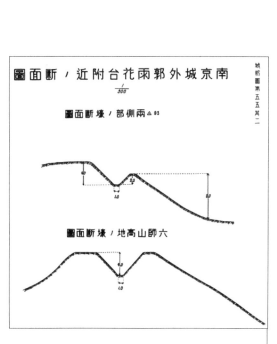

城郭圖第五五其二

南京城外郭雨花台附近，断面図
$\frac{1}{500}$

両側壕部△ 93

六師山高地，壕断面図

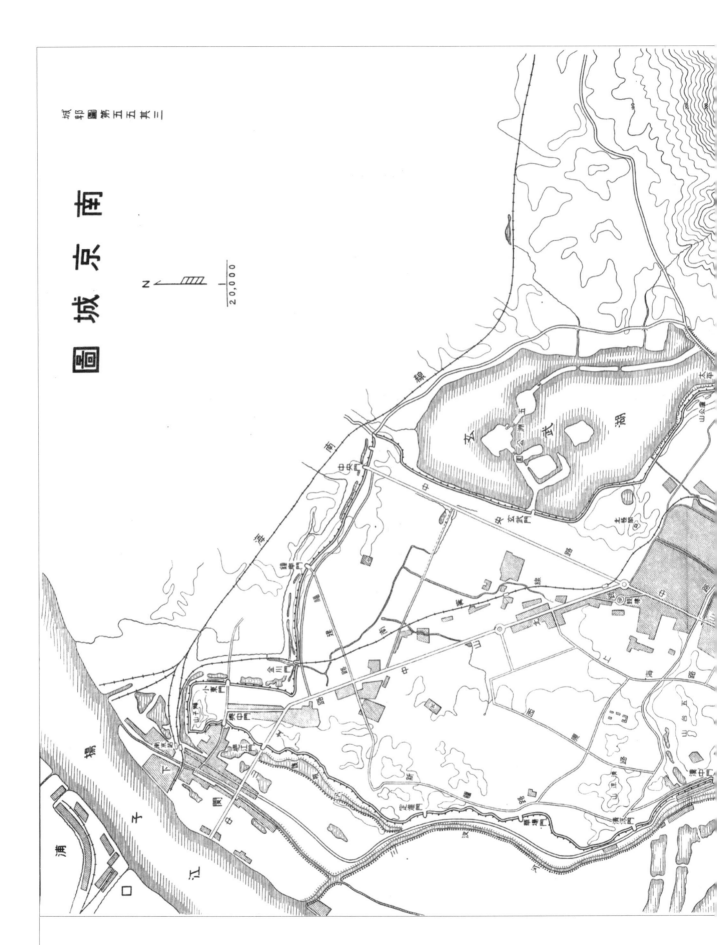

南京城圖

城邦圖第五其三

N

$\dfrac{1}{20,000}$

玄武湖

南洋線

中央門

玄武門

浦口

下關

千石場

184

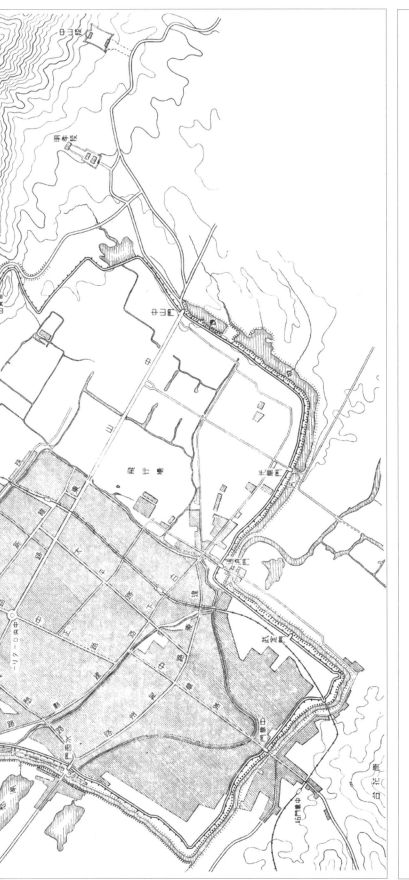

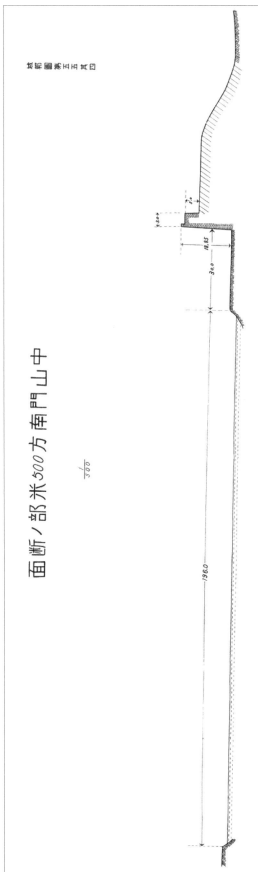

中山門南方500米ノ断面

$\frac{1}{300}$

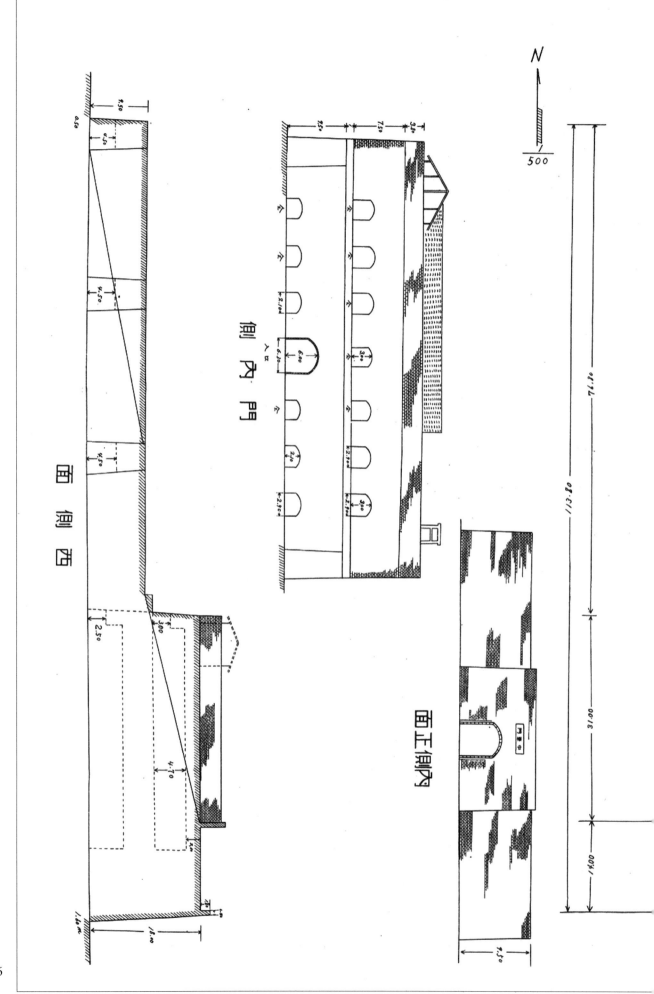

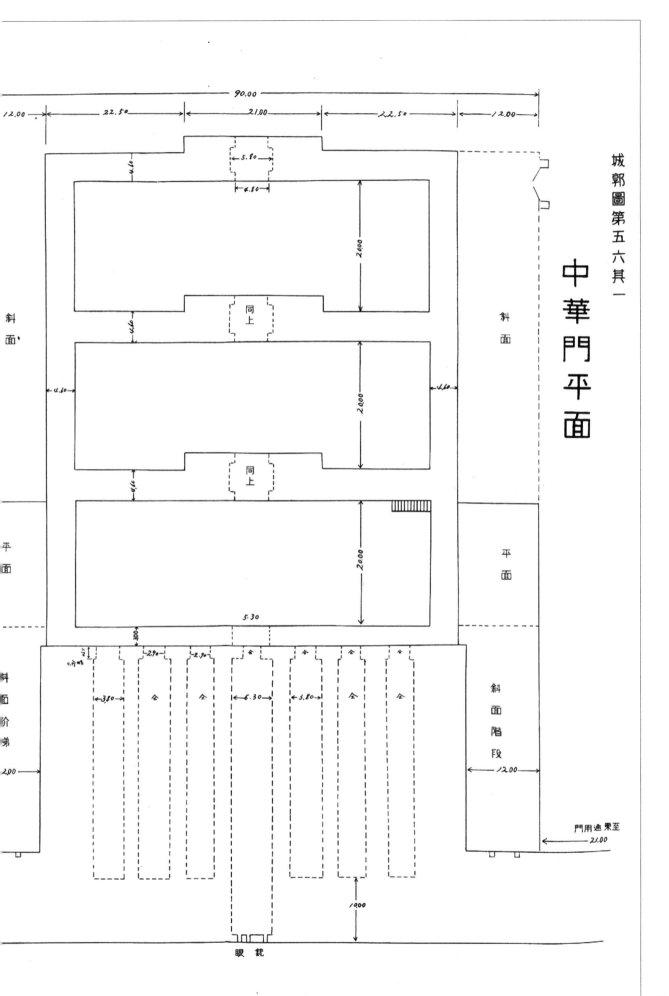

中華門平面

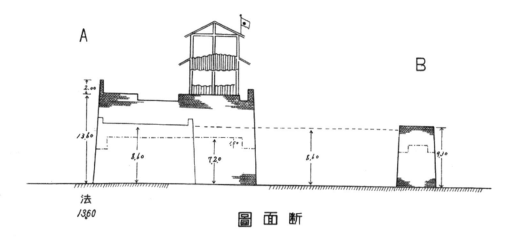

A

B

斷　面　圖

法
1360

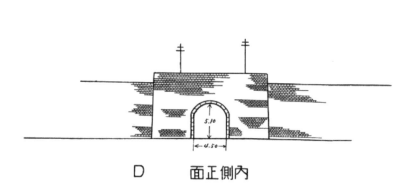

D　　內側正面

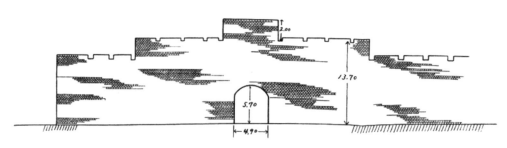

A　　水西門側外正面

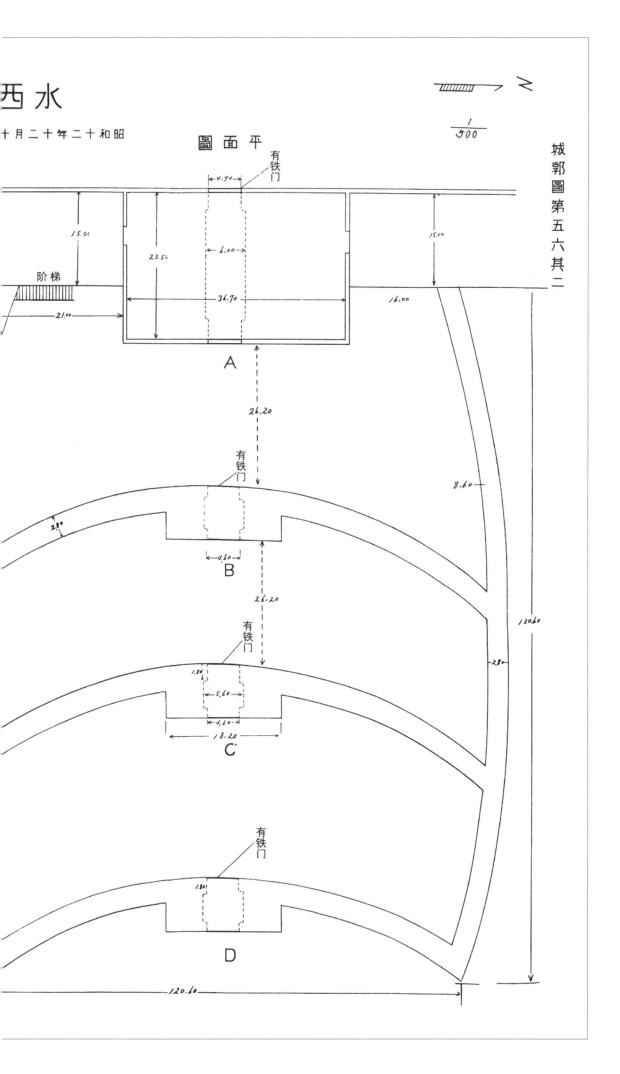

水 西

昭和十二年二十月十

圖 面 平

$\frac{1}{500}$

N

有铁门

15.00

23.50

4.70

6.00

36.70

阶梯

21.00

15.00

16.00

A

8.60

26.20

有铁门

2.0

4.60

B

130.60

26.20

有铁门

1.80

5.60

2.0

4.60

18.20

C

有铁门

1.80

D

120.60

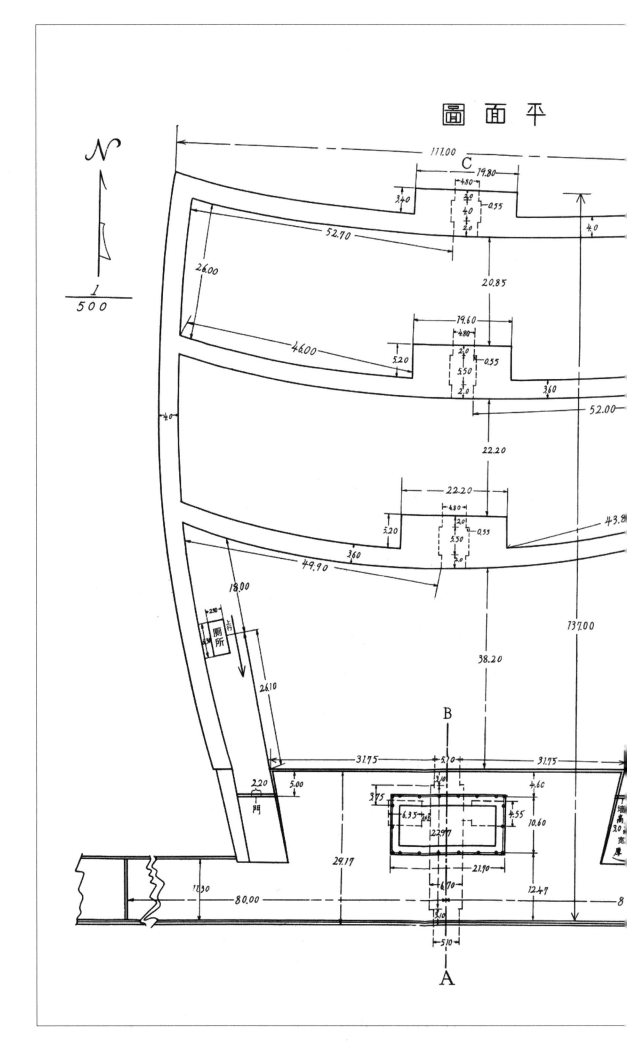

圖 門 濟 通

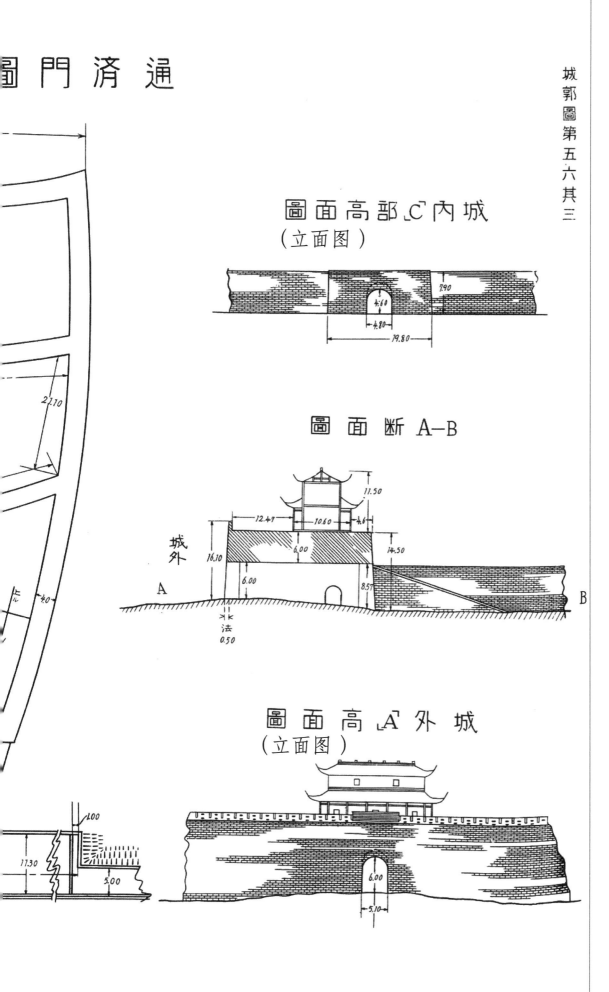

圖面高部 C 內城
（立面图）

圖 面 斷 A-B

城外

圖面高 A 外城
（立面图）

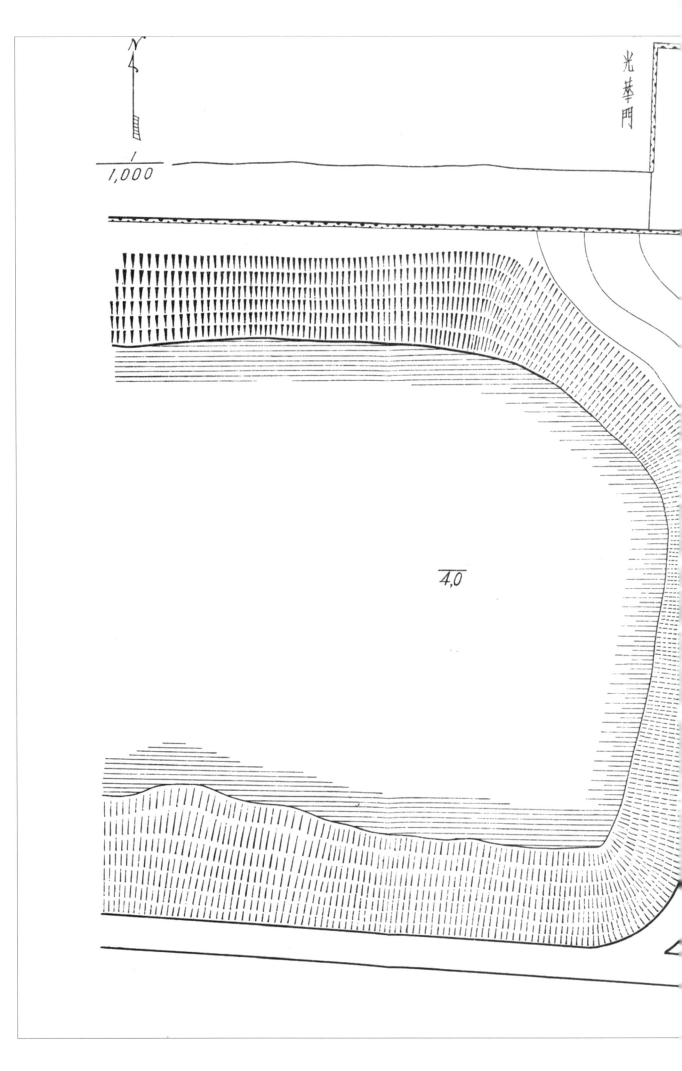

光華門
附近要圖

A

+13,0

+6,8

152,0

4,0

B

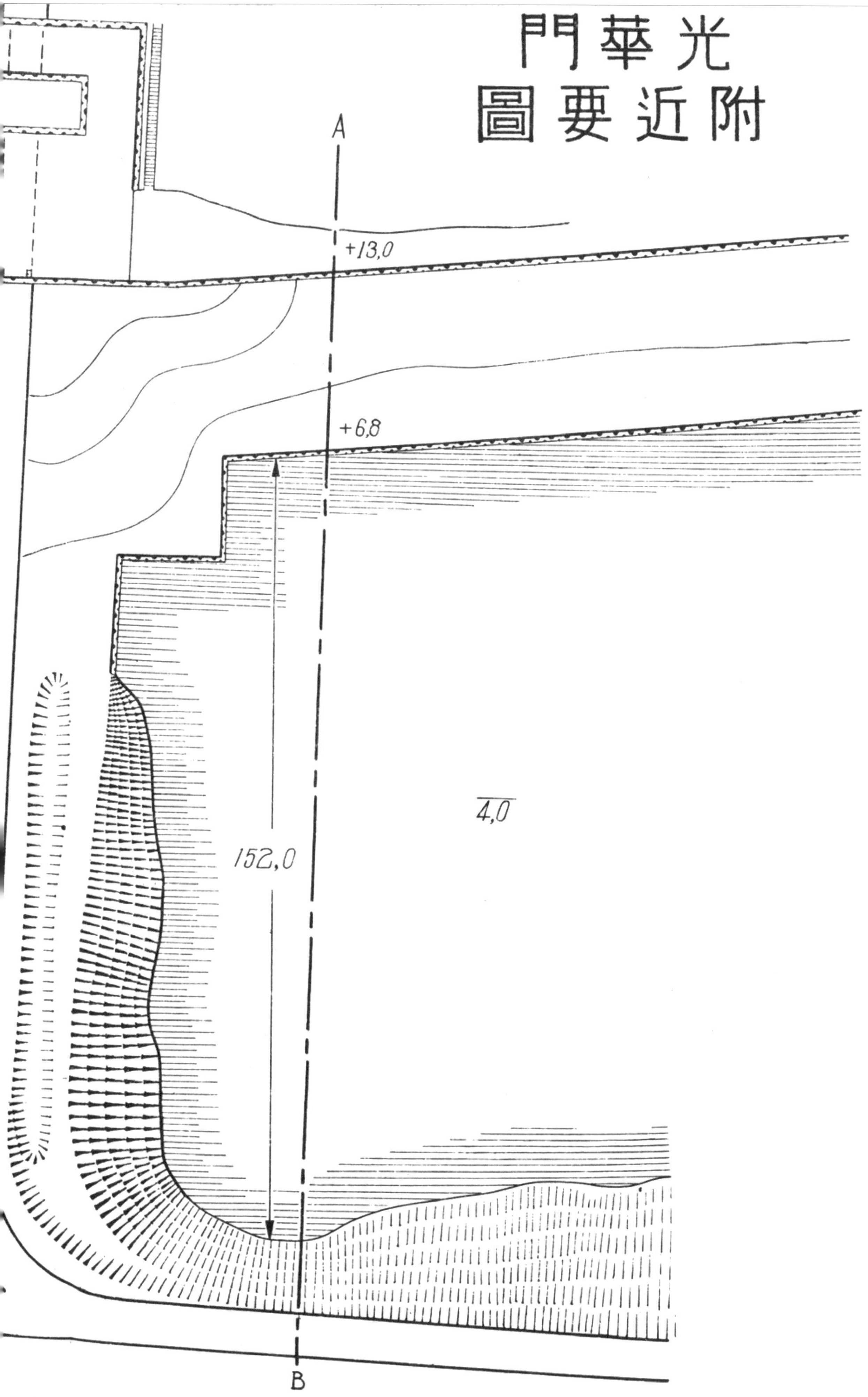

圖 面 高 ノ 部 Y （南立面）

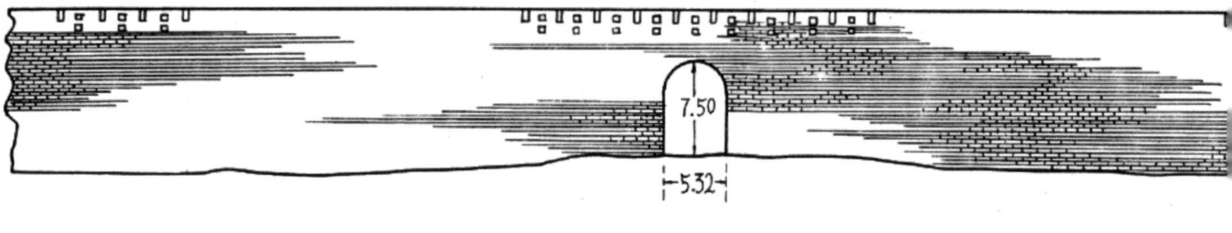

7.50

5.32

N

圖 面 平

1
500

X

47.12

法0.59

6.12

9.77

10.14

10.14

26.40

10.30

6.12

28.80

N

法
0.59

15.0

15.0

5.32

1.50

Y

M

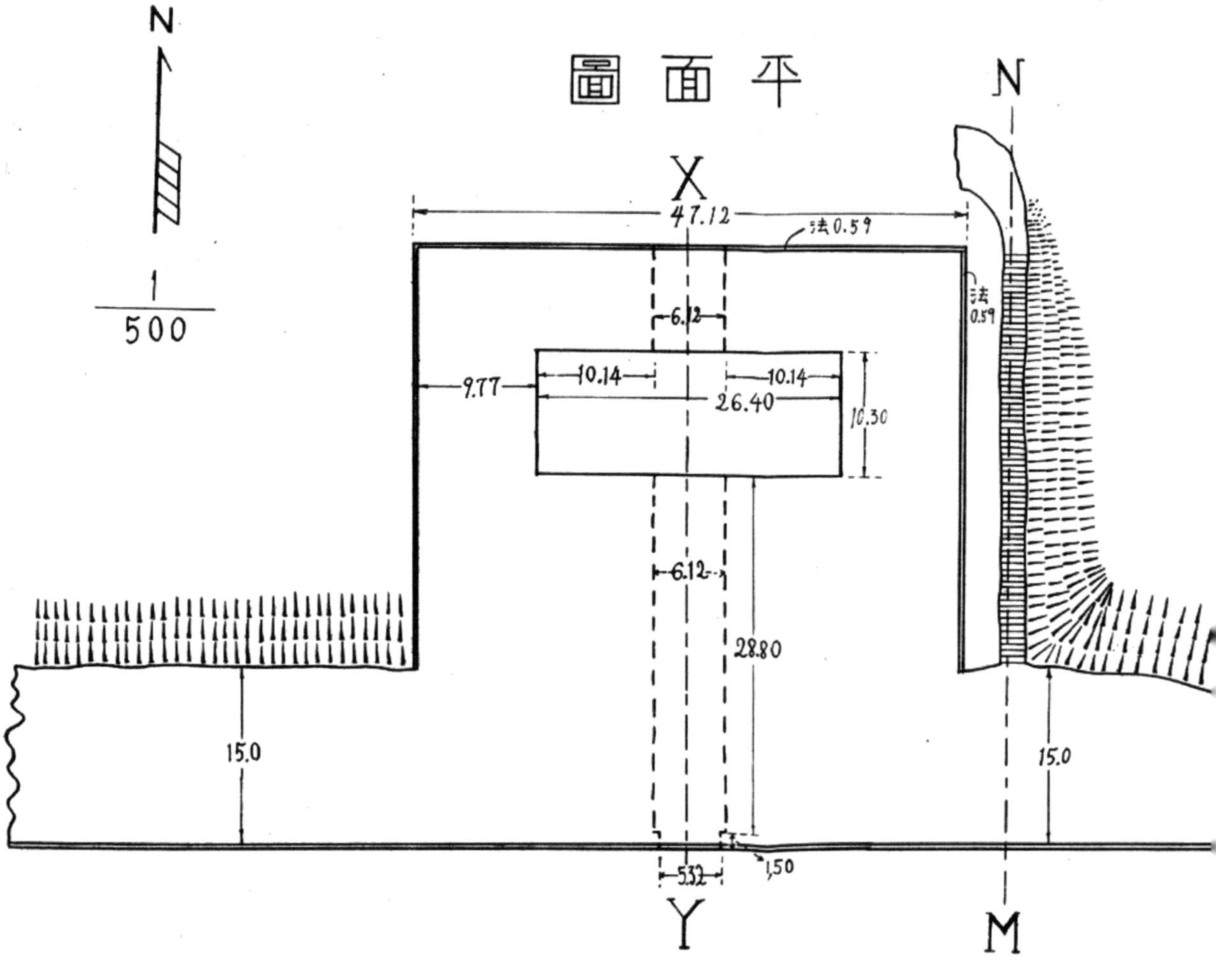

華光

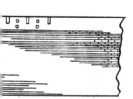

Ｘ部ノ高面圖 （北立面）

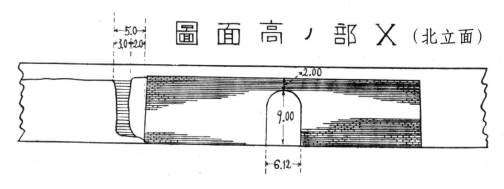

Ｍ－Ｎ ノ断面圖

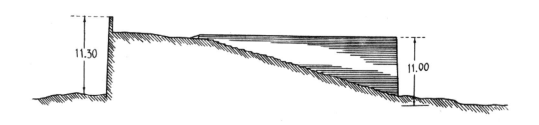

Ｘ－Ｙ ノ断面圖

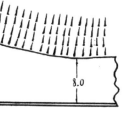

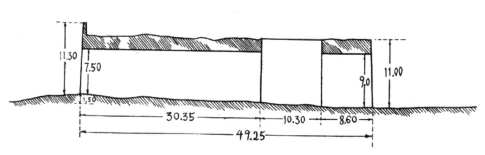

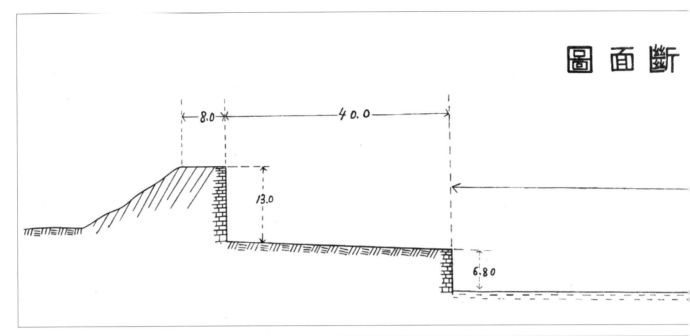

女 牆

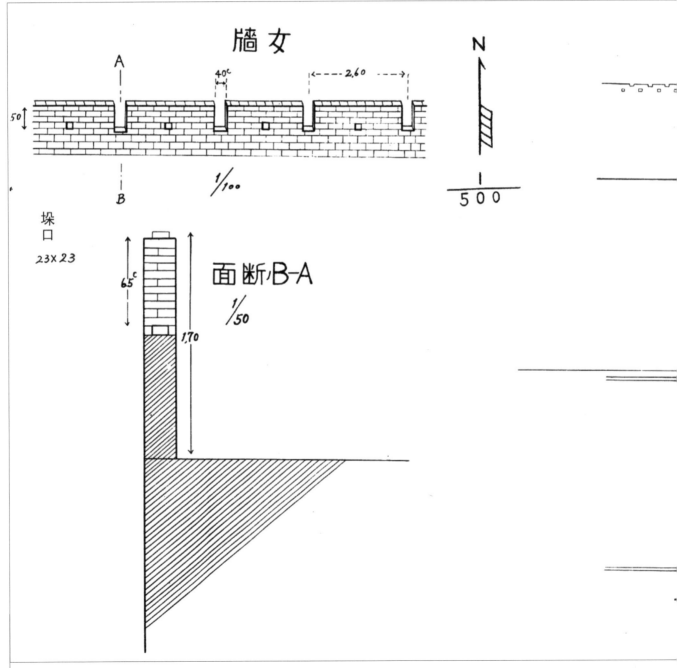

1/100

N

500

堞
口

23×23

65ᶜ

面斷 B-A
1/50

1.70

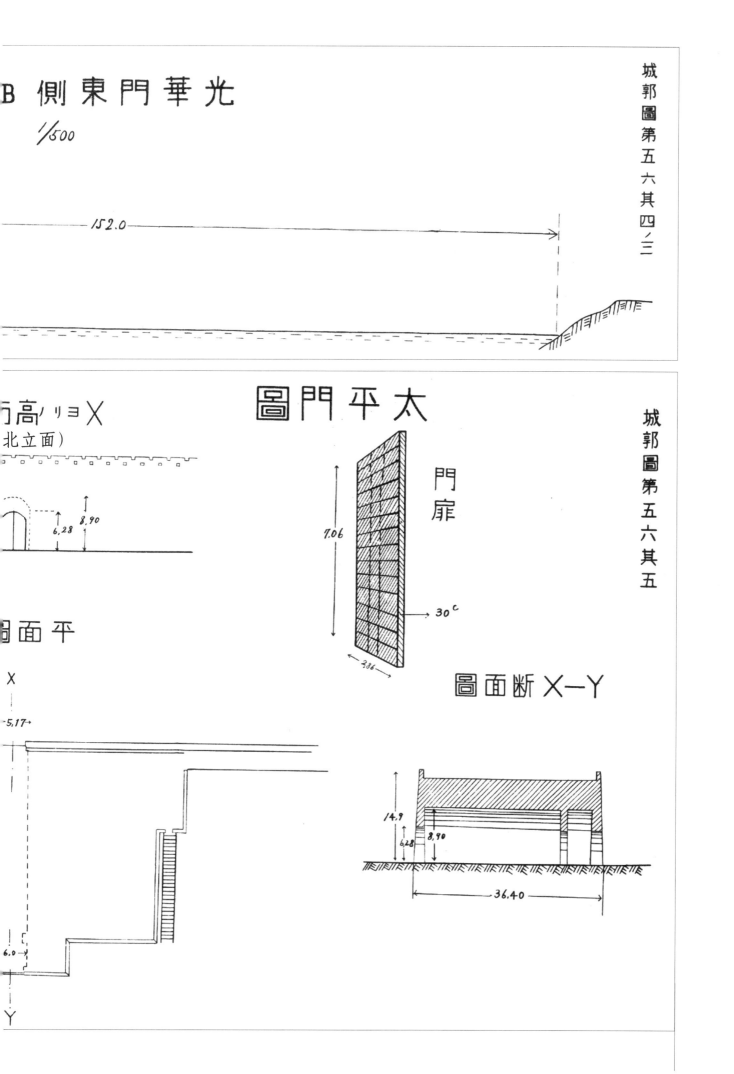

B 側東門華光

1/500

152.0

ヨリ高ロ X

（北立面）

8.90

6.28

太平門圖

門扉

7.06

30ᶜ

286

平面圖

X

5.17

斷面圖 X－Y

14.9

8.90

6.28

36.40

6.0

Y

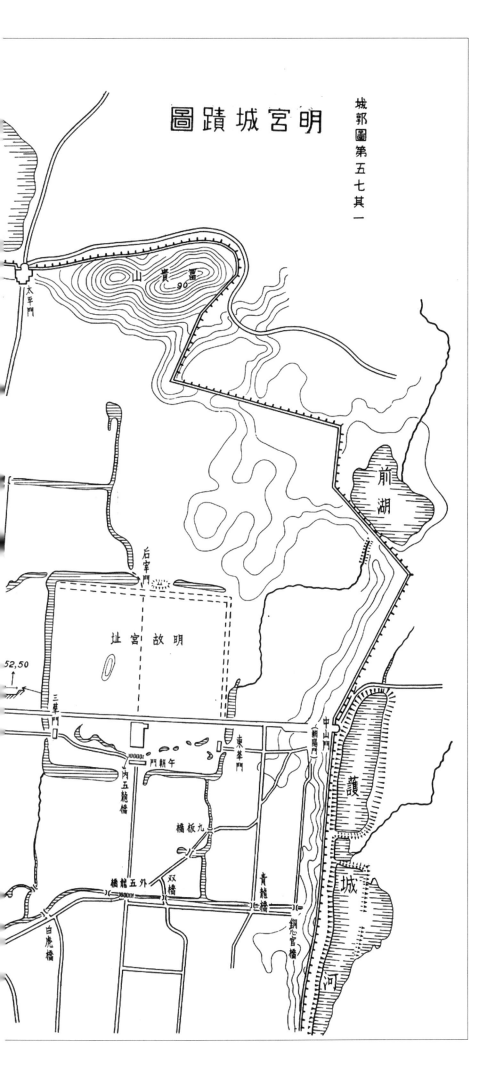

明宮城蹟圖

太平門

富貴山
90

前湖

后宰門

明故宮故址

52,50

三華門

東華門

中山門

朝陽門

午朝門

內五龍橋

九板橋

雙橋

外五龍橋

青龍橋

銅心宮橋

白虎橋

護城河

圖門華東

平面圖

高面圖
（东立面）1/500

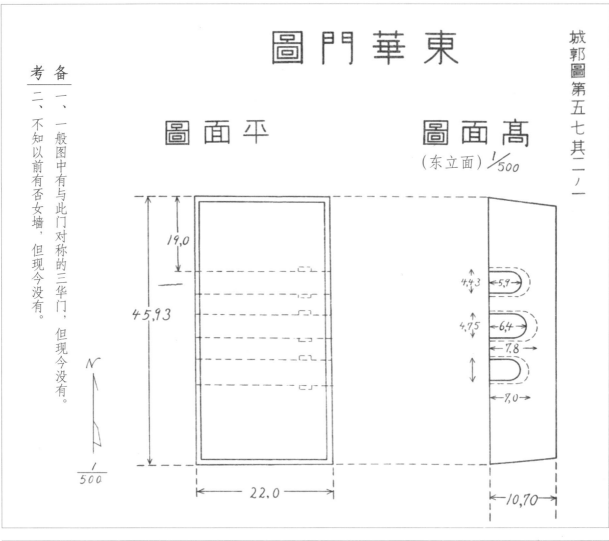

考 备

一、一般图中有与此门对称的三华门，但现今没有。

二、不知以前有否女墙，但现今没有。

圖門朝午

南方ヨリ見タルノ高面圖
（南立面）1/500

平面圖

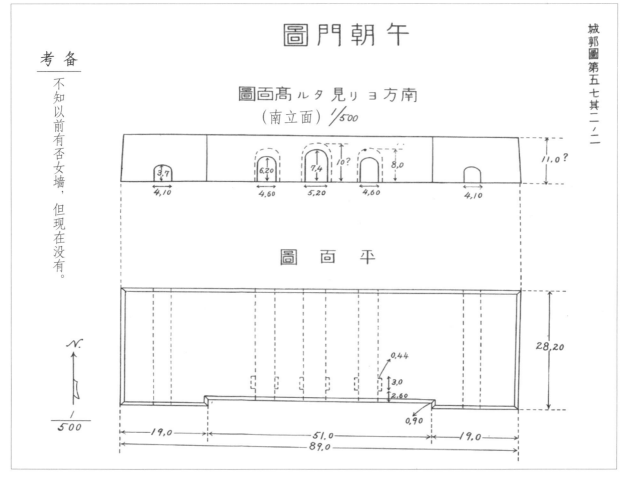

考 备

不知以前有否女墙，但现在没有。

明故宮西華門圖

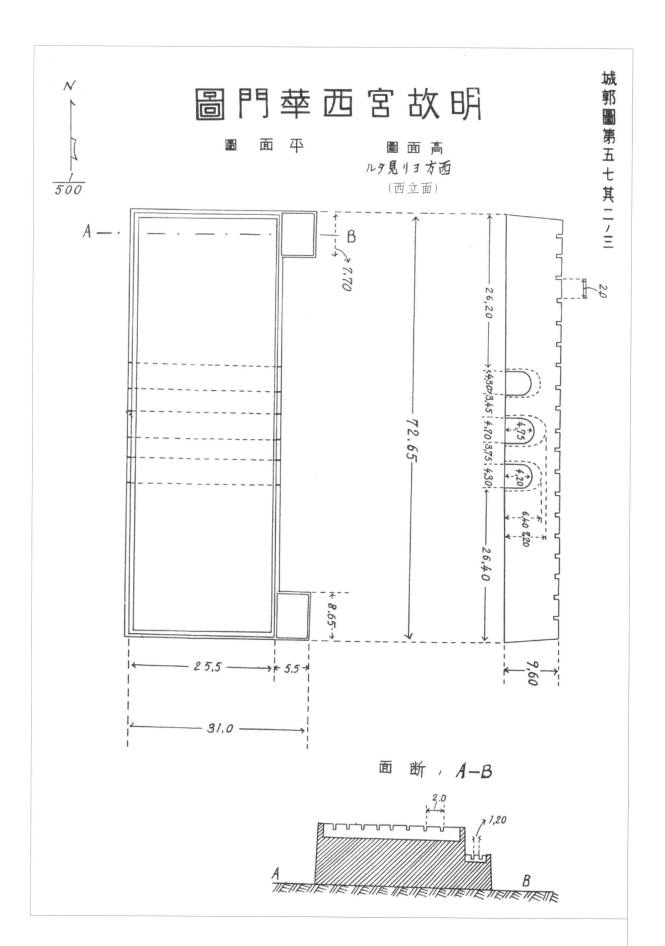

平面圖　　　　高面圖
　　　　　西方ヨリ見タル
　　　　　　（西立面）

面断，A—B

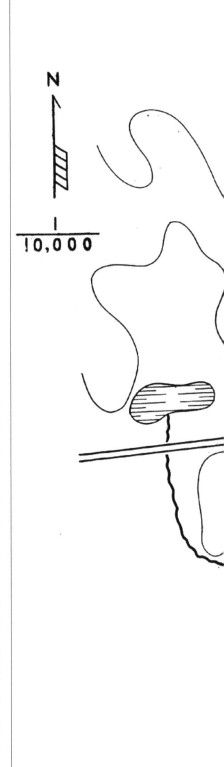

句容建置沿革

春秋时属吴。战国时属越，楚并越遂属楚。秦时属鄣郡。西汉元光六年 (前 129) 封长沙王子党为句容侯。元朔元年 (前 128) 置句容县，隶丹阳郡。东晋太兴三年 (320) 句容琅邪乡、江乘金陵乡立为怀德县，安置琅邪国人。南朝宋改为南琅邪郡，齐迁治于白下，陈废。隋废郡置州，句容属扬州。唐武德三年 (620) 以句容、延陵二县置茅州；同七年 (624) 废茅州，句容属蒋州；同九年 (626) 句容划归润州。天宝元年 (742) 句容属丹阳郡。乾元元年 (758) 昇州辖句容。上元二年 (761) 废昇州，句容复归润州。光启三年 (887) 复置昇州，句容重归其辖，直至唐末。五代昇州先后改称金陵府、江宁府，均辖句容。宋初复置昇州，天禧二年 (1018) 置江宁府，辖句容；同四年 (1020) 改句容县为常宁县，寻复为句容。南宋建炎三年 (1129) 江宁府改称建康府，句容属建康府。元建省设路，建康府改为建康路，后改名集庆路，辖句容。明改集庆路为应天府，句容属应天府。清改应天府为江宁府，句容属江宁府。民国元年 (1912) 江宁府改称南京府，辖句容；同三年 (1914) 废府设道，句容属金陵道；同十六年 (1927) 废道，直隶于省；同二十五年 (1936) 句容划归江苏省第十行政督察区管辖。

句容位于南京东方约 35 公里处。

圖城容句

馬號口

寶塔寺

交庙

城隍庙

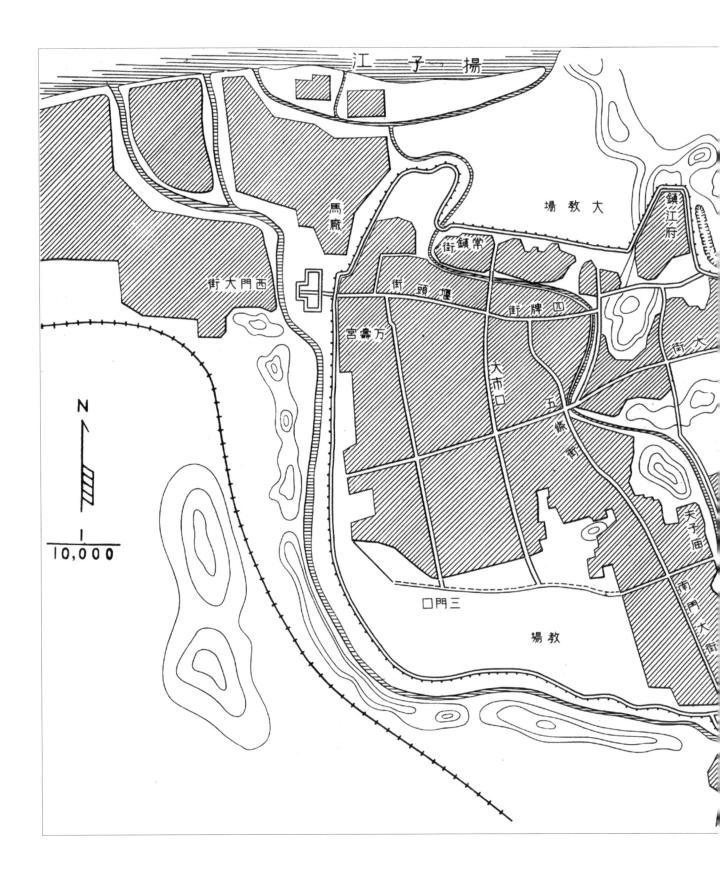

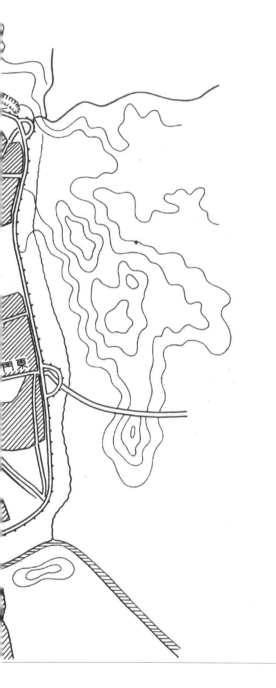

城郭圖第五九

圖城江鎮

镇江（丹徒）建置沿革

春秋时吴地，朱方邑故地。战国时属吴，称谷阳邑。秦王政三十七年（前210）改为丹徒县，属会稽郡。汉高祖六年（前201）封其从兄刘贾为荆王，号荆国，丹徒为其属县；同十二年（前195）英布叛乱杀刘贾，高祖平乱后将原刘贾封地改封兄子刘濞，更名吴国，丹徒县属吴。景帝三年（前154），刘濞反，兵败国除，丹徒县属江都国。元狩二年（前121）江都国除，属会稽郡。东汉永建四年（129）分会稽郡后属吴郡。三国吴嘉禾三年（234）改丹徒为武进，属毗陵典农校尉。故城在今城东约8公里处。西晋太康二年（281）废毗陵典农校尉置毗陵郡，治丹徒次还治毗陵。永嘉五年（311）毗陵郡改称晋陵郡，县仍属之。南朝宋元嘉八年（431）改为南东海郡。梁改南东海郡为兰陵郡，陈复改为南东海郡，皆领丹徒县。隋开皇九年（589）丹徒县并入延陵县，移治京口，属蒋州；同十五（595）年置润州，延陵县属润州。大业三年（607）废润州，属江都郡。唐武德三年（620）复置润州、丹徒县，丹徒属润州，均治京口。贞观元年（627）润州属江南道，领丹徒县。开元二十一年（733）分江南道为江南东、西两道，润州属江南东道。天宝元年（742），改润州为丹阳郡。乾元元年（758），置浙江西道，改丹阳郡为润州，丹徒县属浙江西道润州。建中元年（780）合浙江东西两道为浙江东西道；次年赐号镇海军，领润州，丹徒为润州属县。五代润州及丹徒县先属吴国，后属南唐。宋至道三年（997）丹徒县归两浙路润州管辖；此后两浙路几经分合，丹徒县属两浙西路润州。政和三年（1113）升润州为镇江府。元至元十三年（1276）镇江府升为路，丹徒县属江浙行中书省镇江路。至正十六年（1356）改镇江路为江淮府，未久改镇江府直隶南京，辖丹徒县不变。清初改南京为江南省，康熙六年（1667）分江南省为江苏、安徽两省。镇江府属江苏省，府城置丹徒县。民国元年（1912）废府存县建道，丹徒县直隶于省；同三年（1914）改属金陵道；同十七年（1928）废道，改丹徒县为镇江县，仍属省辖；次年江苏省会迁于镇江；同二十五年（1936）镇江划归江苏省第一行政督察区管辖。

镇江位于南京东方约70公里处长江沿岸。

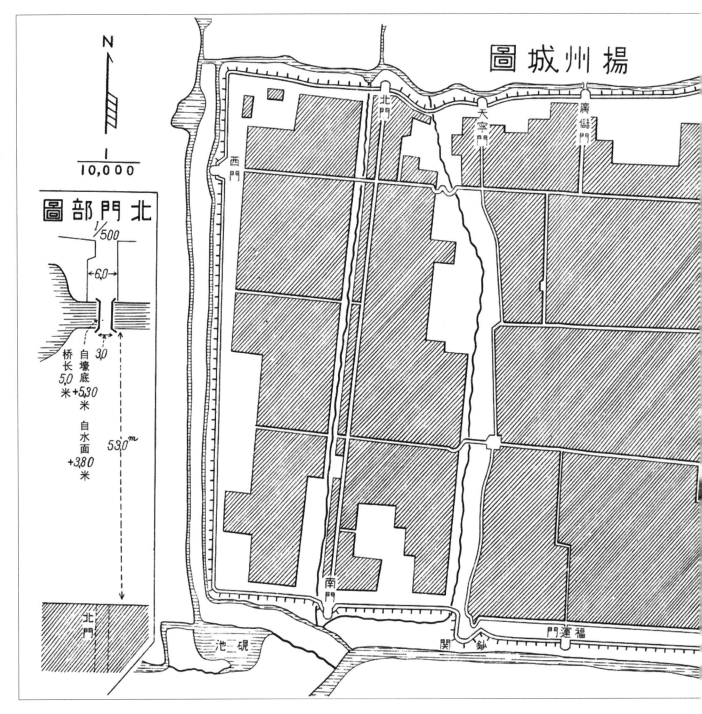

图 城 州 揚

圖 部 門 北

扬州（江都）建置沿革

　　春秋时称邗。秦汉时称广陵、江都。汉武帝时设十三刺史部，其中有扬州刺史部。东汉治所在历阳，末年治所迁至寿春、合肥。三国魏、吴各置扬州，魏的治所在寿春，吴的治所在建业。西晋灭吴后，治所仍在建邺。南北朝自梁以降时废时置。隋开皇九年 (589) 改吴州为扬州，但总管府仍设在丹阳。唐武德八年 (625) 治所从丹阳移到江北，自此广陵享有扬州的专名。贞观元年 (627) 扬州属淮南道。天宝元年 (742) 改扬州为广陵郡。乾元元年 (758) 广陵郡复改扬州。天复二年 (902)，淮南节度使杨行密在扬州受封吴王。919年，其次子杨隆演建吴国，以江都为国都，改扬州为江都府。

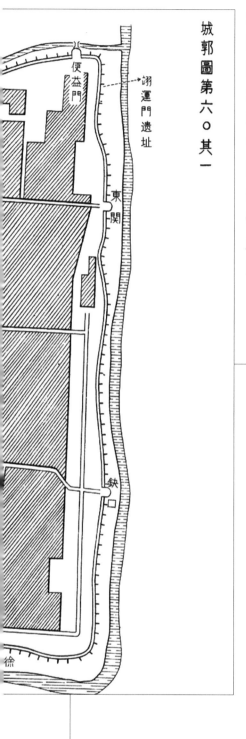

城郭圖第六〇其一

南唐灭吴，以金陵为国都，以扬州为东都。保大十五年 (957)，后周改江都府仍为扬州。宋淳化四年 (993) 扬州属淮南道。至道三年 (997) 属淮南路。熙宁五年 (1072) 属淮南东路。元至元十三年 (1276) 置扬州大都督府；次年改大都督府为扬州路总管府。至正十七年 (1357)，朱元璋军占领扬州，改扬州路为淮南翼元帅府，寻改淮扬府，属江南行中书省；同二十一年 (1361) 改淮海府为淮扬府；同二十六年 (1366) 改称扬州府。明洪武元年 (1368) 罢江南行中书省，置京师 (后改南京)，扬州府属之。清顺治三年 (1646) 置江南省，扬州府属之。康熙六年 (1667) 江南省分为江苏、安徽两省，扬州府属江苏省。民国元年 (1912) 废府，所辖各县直隶于省；同三年 (1914) 江都县属淮扬道，废道后仍属省辖；同二十五年 (1936) 江都划归江苏省第五行政督察区管辖。

扬州位于镇江江北 30 公里处。

城郭圖第六〇其二

圖門北州揚
$\frac{1}{200}$

後方ヨリ見タル高面圖
（背立面）$\frac{1}{200}$

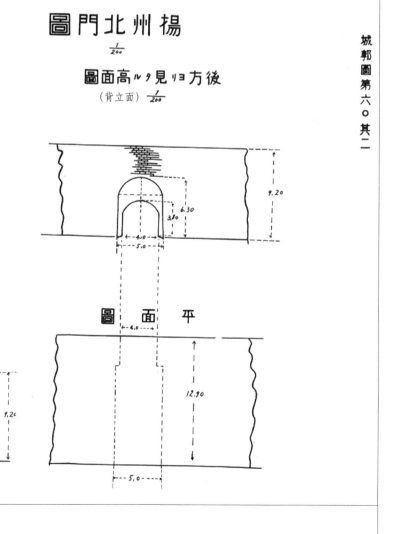

平面圖

207

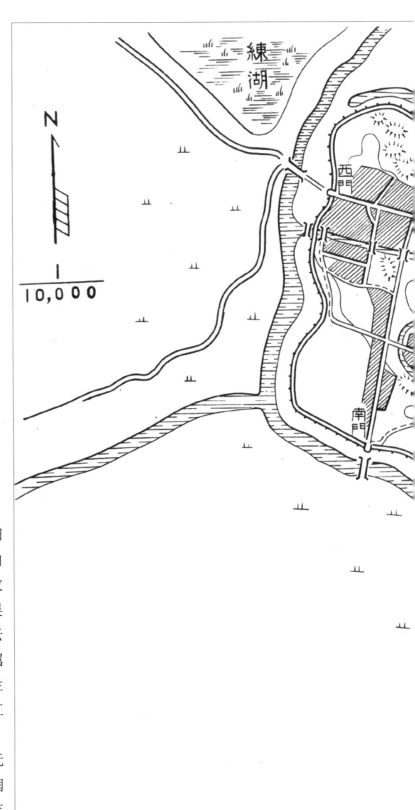

丹阳建置沿革

战国时传为楚云阳邑故地。秦改云阳邑置云阳县，后更名为曲阿县。西汉置曲阿县，属会稽郡。新莽始建国元年 (9) 改曲阿县为凤美县。东汉复名曲阿县，属吴郡。三国吴嘉禾三年 (234) 改曲阿县为云阳县。晋太康二年 (281) 复名曲阿县，属毗陵郡。南朝刘宋时属晋陵郡，梁改为兰陵县，属兰陵郡。隋复名曲阿旧称，属江都郡。唐天宝元年 (742) 改润州为丹阳郡，曲阿县为丹阳县，丹阳县属丹阳郡。乾元元年 (758) 改丹阳郡为润州，丹阳县属润州。后经历朝，丹阳均属镇江。民国元年 (1912) 直隶于省；同二十五年 (1936) 丹阳划归江苏省第一行政督察区管辖。

丹阳位于镇江东南约 25 公里处。

丹
陽
城
圖

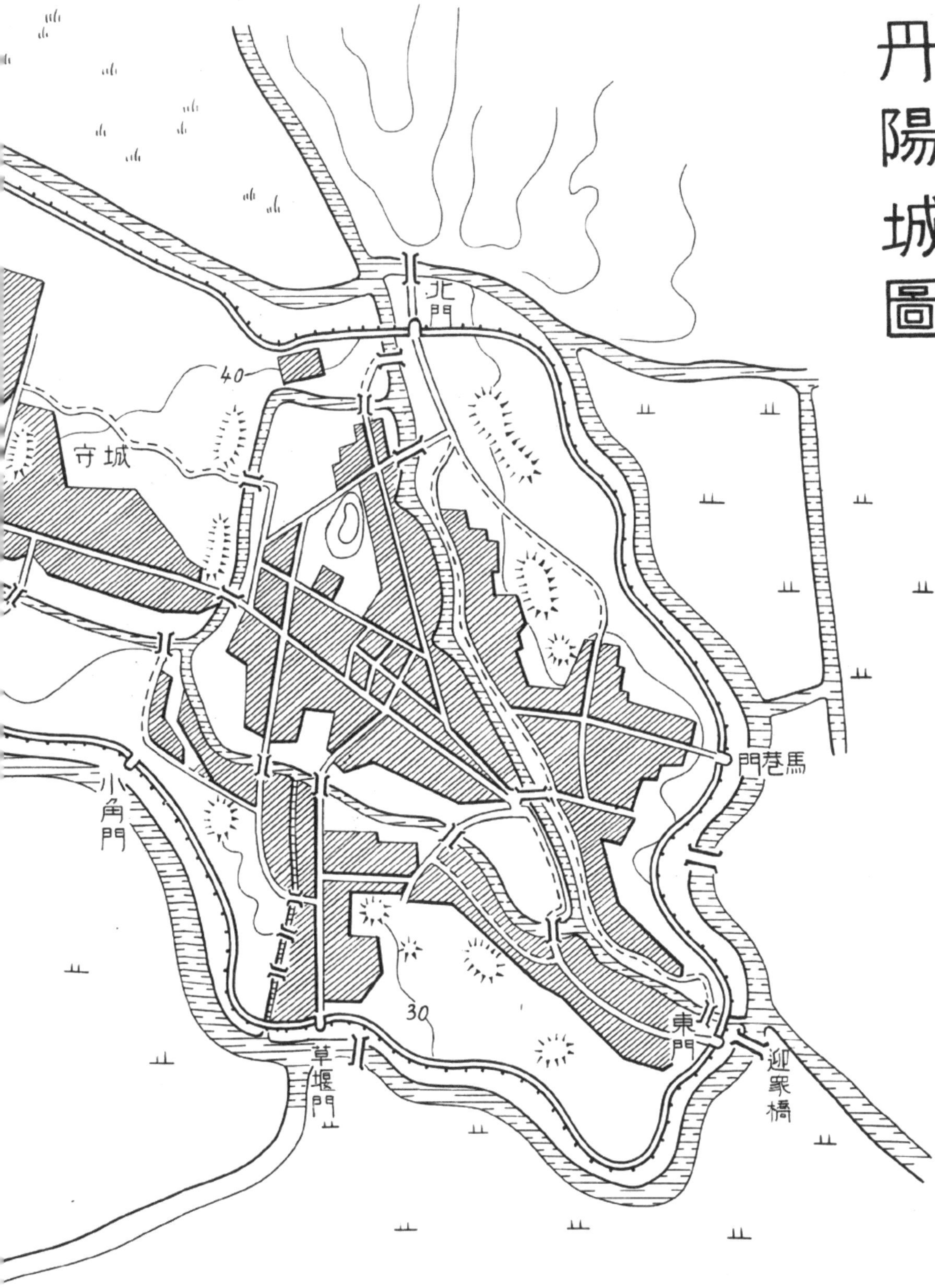

北門

守城

40

小角門

馬巷門

東門

迎眾橋

草堰門

30

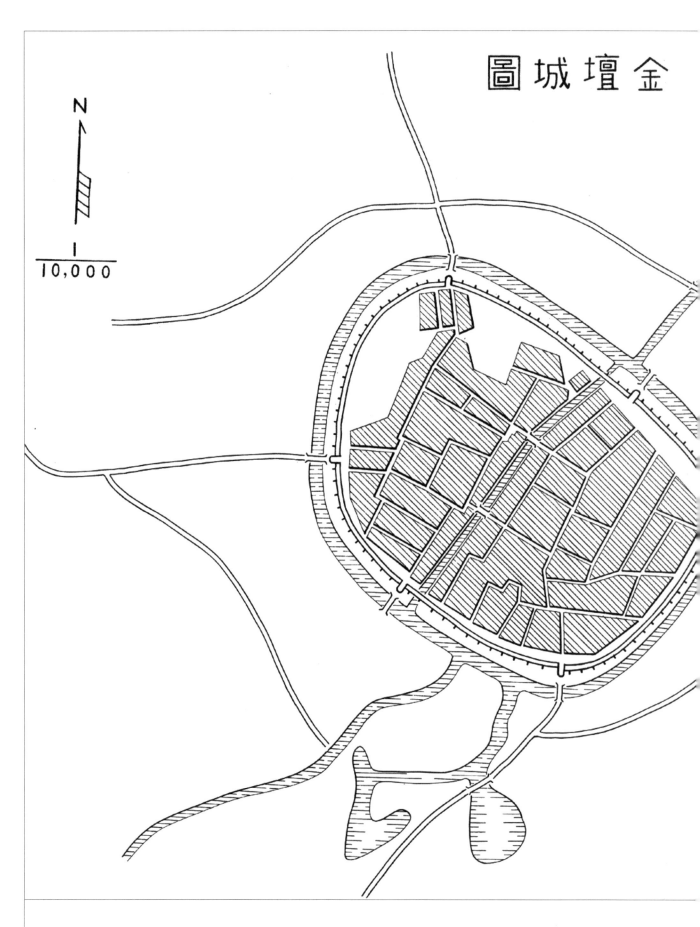

金壇城圖

N

1 / 10,000

城郭圖第六二

金坛建置沿革

春秋时属吴地。战国时为越、楚所有。秦汉时归曲阿县。晋时为延陵县金山乡。隋于曲阿地置金山府，后改为县。唐武后垂拱四年 (688) 改为金坛县。县名取自句曲山金坛陵，此后一直未变，但境域和隶属多有变动。清属镇江府。民国二十五年 (1936) 金坛划归江苏省第一行政督察区管辖。

金坛位于丹阳南方约 30 公里处。

常州（武进）建置沿革

春秋时传为延陵邑故地。秦会稽郡属地。汉高祖五年（前202)改延陵为毗陵。新莽改毗坛。东汉建武元年（25）复称毗陵。三国吴嘉禾三年（234）置毗陵典农校尉并统诸县。西晋太康二年（281）建毗陵郡统县。永兴元年（305）改毗陵为晋陵，郡县并改。隋开皇三年（583）废郡，以州统县；同九年（589）于常熟县置常州，后割常熟县入苏州，遂移常州治于晋陵，常州之名自此始。隋末改常州为毗陵郡。唐初复改毗陵郡为常州，并入晋陵郡，治武进县。宋称常州毗陵郡，属两浙西路。元至元十四年（1277）升为常州路，属江浙等处行中书省，治晋陵、武进两县。至正十七年（1357)，朱元璋改置长春府，同年更名常州府。晋陵县省入府治武进县。城墙在明初改筑过。清雍正四年（1726）析武进县置阳湖县。民国元年（1912）废府合并武进、阳湖两县置武进县；同二十五年（1936）武进划归江苏省第二行政督察区管辖。

武进位于现今常州西北约35公里处，自晋到梁为治所。唐武德三年（620）复置，垂洪二年（686)移常州府城内。

常州位于南京至上海铁路沿线、镇江东南约65公里处。

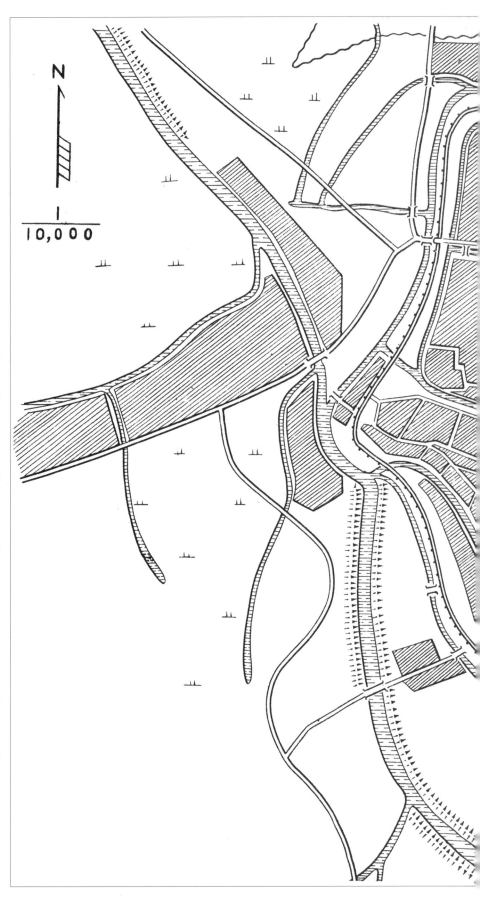

大

運

河

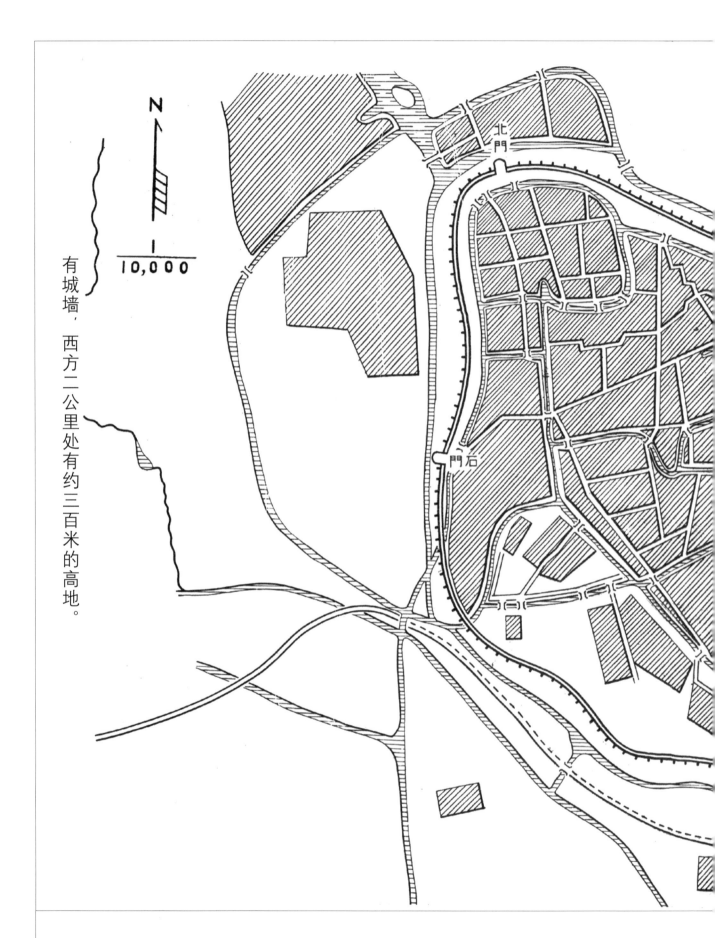

有城墙，西方二公里处有约三百米的高地。

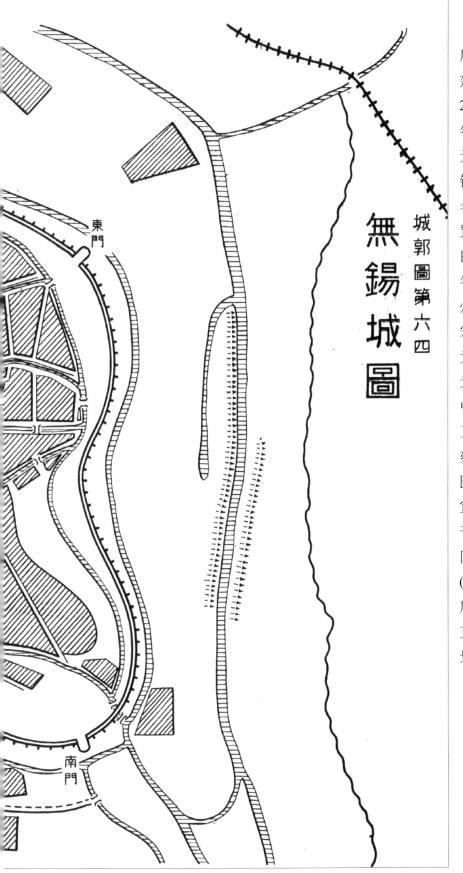

城郭圖第六四
無錫城圖

无锡建置沿革

周元王三年（前473），越灭吴属越国。显王三十五年（前334），楚灭越属楚国。秦王政二十四年（前223），秦灭楚置会稽郡。汉高祖五年（前202）始置无锡县，属会稽郡。元封二年（前109）东越降将多军无锡侯封邑。新莽始建国元年(9) 改名为有锡县。东汉建武元年(25) 复置无锡县。三国分无锡县以西为屯田，置毗陵典农校尉。西晋太康元年(280) 复置无锡县，属毗陵郡常州府。唐时属江南道的江南东道。宋时属两浙路常州，南宋两浙路分为东西，无锡属两浙西路常州。元元贞元年(1295) 升为州，属江浙行中书省常州路。明洪武元年(1368) 又降州为县，属中书省常州府。清雍正二年(1724) 分无锡为无锡、金匮两县，同城而治，均属常州府。宣统三年(1911) 锡金军政分府成立于原金匮县属,辖原无锡、金匮两县;同年撤销锡金军政分府。民国元年(1912) 锡、金两县合并复称无锡县，属苏常道；同十六年 (1927) 废道，直隶于省；同二十五年 (1936) 无锡划归江苏省第二行政督察区管辖。

　　无锡位于苏州西北约40公里处。

苏州（吴县）建置沿革

西周时传为大伯邑。周简王元年（前585）寿梦继位称王，吴国始有确切纪年。灵王十二年（前560）君位传至二十世孙诸樊，国都南迁至今苏州城址。敬王六年（前514）阖闾继位，命大臣伍子胥在诸樊所筑城邑基础上扩建大城，周长47里210步2尺（约24公里），名阖闾城。元王三年（前473）越灭吴，吴地悉归越国所有。显王三十五年（前334）楚灭越，吴、越之地尽属楚。楚考烈王元年（前262）楚相春申君黄歇被封于江东，吴地遂成为春申君封地。

秦王政二十六年（前221）吴地属会稽郡，郡治在吴国故都，并以郡治所在地设吴县，吴县之名自此始。秦亡后，会稽郡亦属楚。汉高祖五年（前202）封韩信为楚王，会稽等郡属楚王封地。次年刘邦降韩信为淮阴侯，分其封地东部会稽等改建荆国，以其从兄刘贾为荆王，领会稽郡，都吴；同十一年（前196）封刘濞为吴王，会稽郡遂属吴国封地。文帝九年（前171）故鄣郡并入会稽郡，郡治一度由吴县移至故鄣，七年后复治吴县。景帝三年（前154）刘濞谋叛伏诛，废吴国，复为会稽郡，吴县仍为首邑。元封五年（前106）会稽郡属扬州刺史。新莽始建国元年(9)改吴县为泰德县。东汉建武元年(25)复改泰德县为吴县。永建四年(129)析郡地东北部另置吴郡，郡治在吴县；西南部仍为会稽郡，而郡治则徙往山阴。兴平2年(195)，孙策部将朱治攻占吴郡，自此吴地一直属三国孙吴政权，吴县为首邑。宝鼎元年(266)，孙皓从吴郡中析出阳羡、余杭等五县，与丹阳郡的数县另置吴兴郡。

晋太康元年(280)吴郡属扬州刺史；同四年(283)分吴县之虞乡置海虞县。东晋咸和元年(326)，成帝封其弟司马岳为吴王，改吴郡为吴国，吴国之名一直延续到东晋末。南朝宋永初二年(421)废吴国复称吴郡。大明七年(463)以吴郡属侨置南徐州，次年仍隶扬州。梁天监六年(507)析吴郡置信义郡。大同年间(535~546)置昆山县，隶信义郡；同六年(540)改海虞县为常熟县，从此昆山、常熟两县得名。太清三年(549)改吴郡为吴州，次年又复置。陈永定二年(558)以降割吴郡境域置海宁郡、钱塘郡、新安郡，吴郡辖地骤减。祯明元年(587)析扬州增置吴州，吴郡、钱塘郡等改隶吴州，吴州、吴郡、吴县三级治所同驻一城。

隋开皇九年(589)灭陈后废吴郡，以城西有姑苏山之故，易吴州为苏州，苏州之名自此始；同十一年(591)因反叛骚乱频繁，危及苏城安全，故杨素于苏城西南横山（七子山）与黄山之间另筑城廓，

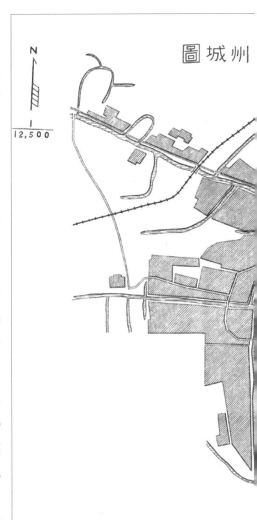

216

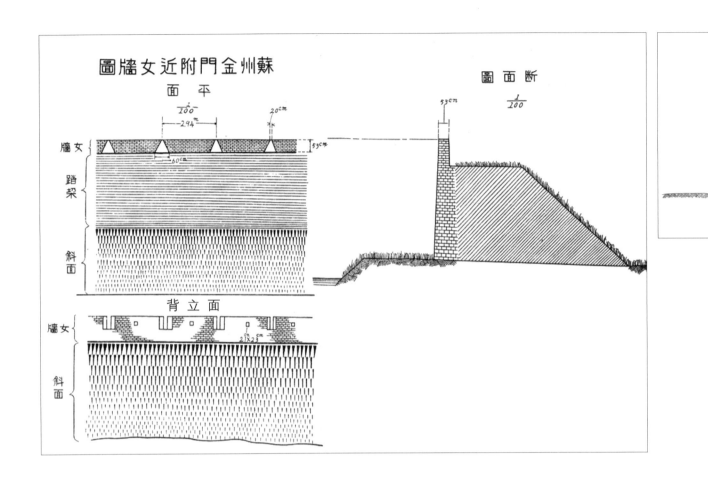

州、县治悉移新廓。大业元年 (605) 复苏州为吴州；同三年 (607) 吴州复称吴郡。唐武德四年 (621) 复吴郡为苏州。贞观元年 (627)，苏州属江南道。武后万岁通天元年 (696)，析吴县东部分置长洲县，两县同城而治，同属苏州。开元二十一年 (733) 分江南道为江南东西两道，苏州属江南东道。天宝元年 (742) 改苏州为吴郡。乾元元年 (758) 复称苏州，并改隶浙西道。大历十三年 (778) 苏州被升为江南地区唯一的雄州。光化元年 (898)，为吴越国领地，改称中吴府。后梁开平三年 (909)，分吴县南部地另置吴江县，吴江建县自此始。后唐同光二年 (924)，又奏请升中吴府为中吴军，设节度使，领常、润等州，直至宋初未有变易。

宋开宝八年 (975) 吴越改中吴军为平江军，属江南道。太平兴国三年 (978) 吴越纳土归宋，恢复苏州建置，改属两浙路转运使。政和三年 (1113) 敕升苏州为平江府，属江南道浙西路，苏州又有平江之称。宣和五年 (1123) 置浙西提举司。南宋建炎四年 (1130) 置浙西提点刑狱司，治所均在平江城。元至元十二年 (1275) 设江淮行省，置浙西路军民宣抚司，次年即改宣抚司为平江路，属江淮行省；同十八年 (1281) 升平江路为达鲁花赤 (蒙语长官之意) 总管府；同二十八年 (1291) 划江而治，江南设江浙等处行中书省，苏州属之。元贞元年 (1295) 升昆山、常熟、吴江、嘉定四县

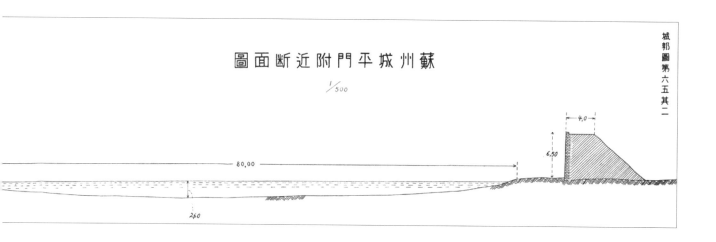

蘇州城平門附近斷面圖
1/500

为州。至正十六年 (1356)，张士诚入据平江，建大周，一度改称隆平府；次年，张士诚接受元朝封册，复改为平江路。明太祖吴元年 (1367) 改平江路为苏州府，属江南行中书省。永乐十九年 (1421) 迁都北京，南京成为陪都，江南为南直隶省，苏州府属之。清改南直隶为江南省，置左、右两布政使。苏州仍称府，属县不变，隶右布政使。顺治十八年 (1661) 将右布政使自江宁移驻苏州，康熙六年 (1667) 以降为江苏巡抚及布政按察两司的驻地。雍正二年 (1724) 升太仓州为直隶州；同三年 (1725) 分江南省为安徽、江苏两省，江苏巡抚、江苏布政使、苏州府治和长洲、元和、吴三县县治同驻苏州一城。乾隆二十五年 (1760) 改布政司为苏州等处布政司。光绪三十二年 (1906) 以太湖西山置靖湖厅，属苏州府。

民国元年 (1912) 废苏州府，复将长洲、元和两县及太湖、靖湖两厅并入吴县。自此地名称苏州，建置称吴县；同三年 (1914) 于苏、常之地设苏常道，治所苏州，吴县属之；同十六年 (1927) 国民政府建都南京，江苏省会迁至镇江，废道，实行省、县二级制，次年县、市分治，正式建立苏州市；同十九年 (1930) 撤苏州市，复并入吴县；同二十五年 (1936) 吴县划归江苏省第二行政督察区管辖。

苏州位于上海西方约 110 公里处。

城郭圖第六五其二

昆山建置沿革

春秋战国时先属吴后属越，继又归楚。秦置娄县，属会稽郡，以吴县为郡治。西汉改娄县为娄县。高祖六年（前201）属荆国；同十一年（前196）荆国废，娄县属会稽郡；同十二年（前195）立刘濞为吴王，治荆国旧地，娄县属吴国。景帝四年（前153）吴国废，立刘非为江都王，治吴国旧地，娄县属江都国。元狩二年（前121）江都国废，娄县属会稽郡。新莽改娄县为娄治，属会稽郡。东汉建武十一年（35）复名娄县，仍属会稽郡。永建四年（129）析会稽郡置吴郡，娄县属吴郡。三国、晋、南朝宋齐，娄县属吴郡。南梁天监六年（507）分吴郡设信义郡，分娄县置信义县，属信义郡。大同三年（537）娄县改名昆山县，改属信义郡，昆山县范围大致与秦娄县相同。隋开皇九年（589）废信义郡、信义县、昆山县地归苏州；同十八年（598）复置昆山县，属苏州。大业元年（605）苏州改为吴州；同三年（607）吴州改为吴郡，昆山均为属县。唐武德四年（621）吴郡改为苏州。天宝元年（742）苏州复为吴郡。乾元元年（758）复改吴郡为苏州，昆山均为属县。其间天宝十年（751）分昆山县南部、嘉兴县东部、海盐县东北部置华亭县。五代后梁开平元年（907）昆山属吴越国苏州。后唐同光二年（924）吴越置中吴军治苏州，昆山属苏州。北宋太平兴国三年（978）吴越国除，改苏州为平江军，昆山属平江军。政和三年（1113）升平江军为平江府，昆山属平江府。南宋嘉定十年（1217）析两浙西路平江府昆山县东部置嘉定县。元至元十三年（1276）升平江府为平江路，昆山属平江路。元贞元年（1295）升昆山县为昆山州，仍属江浙行省平江路。至正十六年（1356）改称隆平府，昆山县属隆平府；次年隆平府复为平江路，昆山州属平江路；同二十七年（1367）改平江路为苏州府，昆山州属苏州府。明洪武二年（1369）降昆山州为县，仍属苏州府。弘治十年（1497）析昆山建太仓州，余下的昆山县仍属苏州府。清雍正三年（1725）分昆山县西北部置新阳县，两县同城分治。咸丰十年（1860）太平天国时改昆山名昆珊。同治二年（1863）复名昆山，与新阳县同属苏州府。民国元年（1912）昆山、新阳两县合并，仍名昆山县，属江苏省上海道；同三年（1914）昆山属苏常道；同十六年（1927）废道，直隶于省；同二十五年（1936）昆山划归江苏省第二行政督察区管辖。

旧治在昆山之北，后迁马鞍山，故称马鞍，即昆山。

现今昆山位于上海至南京铁路沿线、上海西方约50公里处。

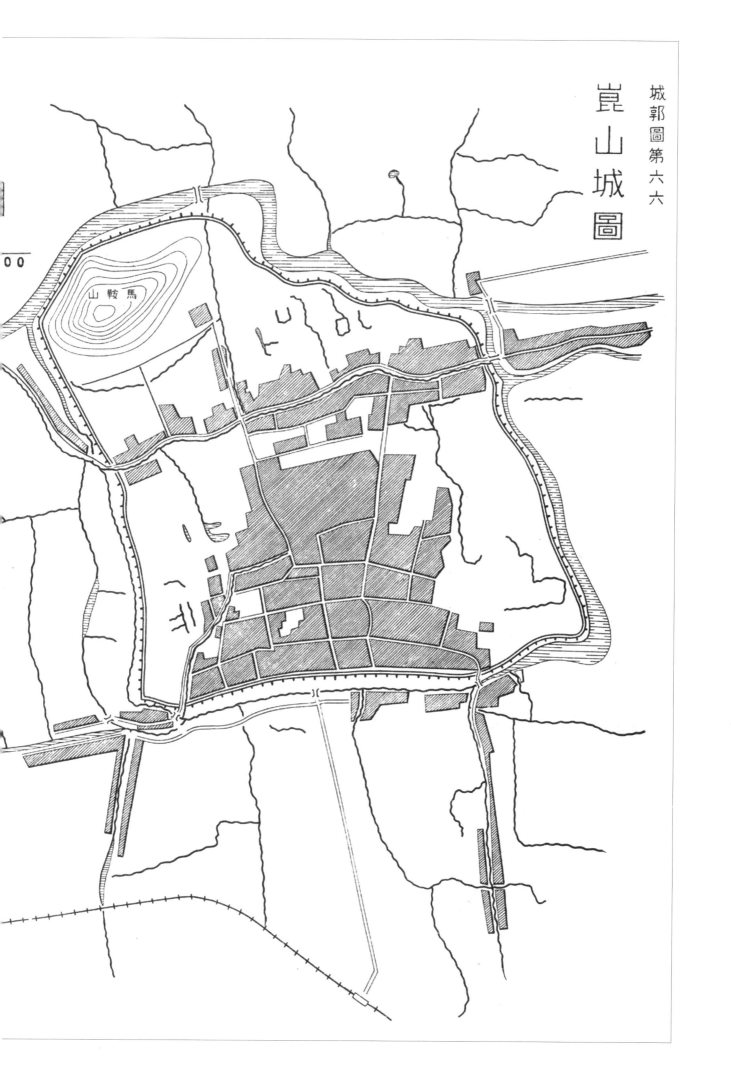

馬鞍山

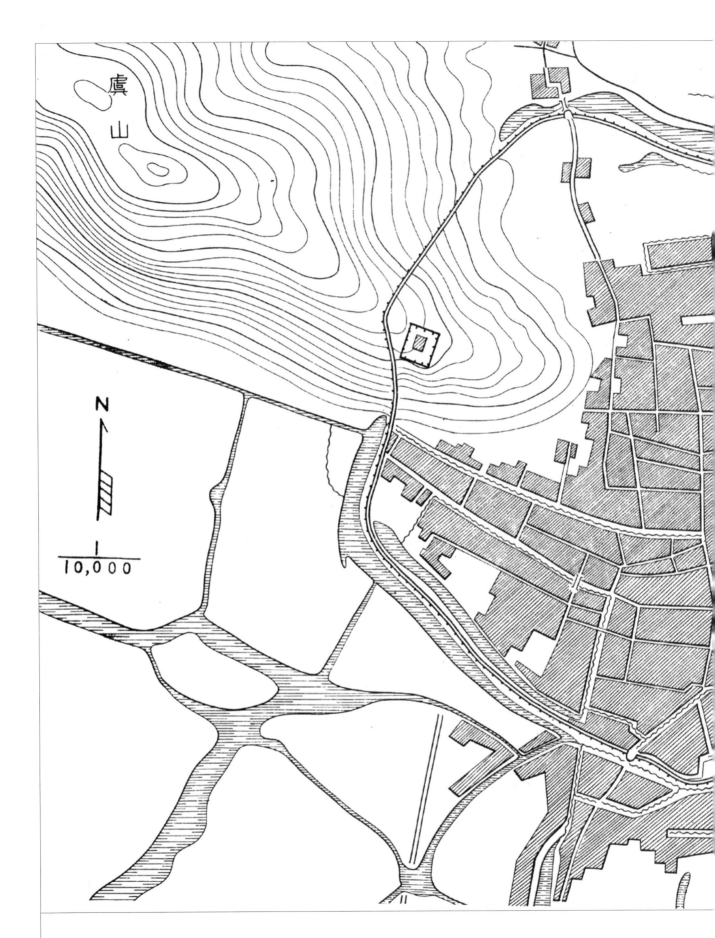

虞
山

N

1
10,000

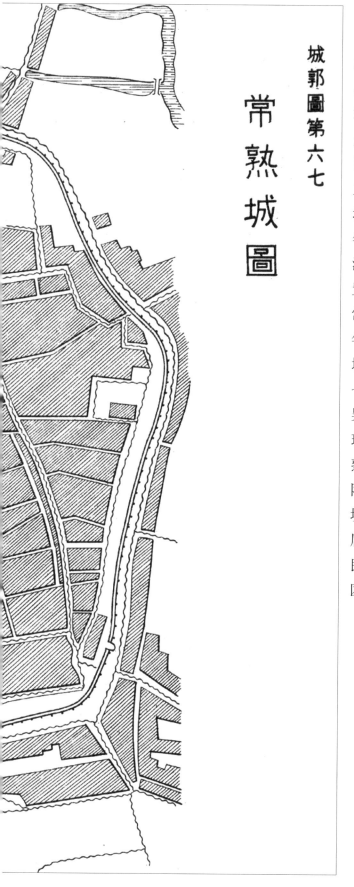

城郭圖第六七

常熟城圖

常熟建置沿革

周元王三年 (前 473) 越灭吴，属越。显王三十六年 (前 333) 楚灭越，属楚。秦时属会稽郡吴县。汉景帝前元时期 (前 157~ 前 150) 首置虞乡，仍隶会稽郡吴县。东汉永建四年 (129) 会稽郡浙江以西另置吴郡，虞乡属吴郡吴县。三国时虞乡、南沙乡同属东吴吴郡吴县。晋太康四年 (283) 分吴县之虞乡立海虞县，属吴郡。东晋元帝初年 (317) 以海虞县北境侨设郯县、朐县、利城县，为南东海郡。咸康七年 (341) 南沙乡升为南沙县。南朝齐永泰元年 (498) 海虞县北境设海阳县，属晋陵郡。梁天监六年 (507) 置信义郡，郡治南沙。大同六年 (540) 以南沙之地置常熟县，县治南沙城，常熟之名自此始。隋开皇元年 (581) 废信义郡及所辖县并入常熟，县治为原南沙城；同九年 (589) 废晋陵郡，升常熟建常州。唐武德七年 (624) 常熟县治移海虞城，在现今县城东北，属吴郡。五代十国时期，常熟属吴越国。宋时治所迁现今位置，属两浙路平江府。元元贞元年 (1295) 常熟县升为常熟州，属平江路。明洪武二年 (1369) 复降为县，属苏州府。清雍正四年 (1726) 析常熟县东境置昭文县，两县治同城。同治元年 (1862) 两县仍属苏州府。1911 年，常熟、昭文两县合并为常熟县。民国二十五年 (1936) 常熟划归江苏省第二行政督察区管辖。

现今常熟位于苏州东北约 30 公里处。

太仓建置沿革

周元王三年（前473）越灭吴,此为越国娄邑地。显王三十六年（前333）楚灭越,为楚国娄邑地。秦王政二十六年（前221）改娄邑为娄县,属会稽郡。西汉初曾为荆国娄县地,后为吴国娄县地。秦汉间此地曾置惠安乡,属娄县。东汉末年,吴地归属三国孙吴,吴黄武元年（222）置吴郡,娄县属之,于此建东仓屯粮。元至正十六年（1356）张士诚取平江路,改隆平府;同十七年（1357）张士诚降元,复名平江路,并拆常熟支塘城筑太仓石城,同二十七年（1367）改平江路为苏州府,并立太仓卫。明洪武十二年（1379）立镇海卫,太仓、镇海两卫同驻太仓城内。弘治十年（1497）建太仓州,属苏州府。清雍正二年（1724）升太仓为江苏直隶州,并析地置镇洋县,州县同城共治,属江苏布政司。民国元年（1912）太仓州和镇洋县合并,定名太仓县;同三年（1914）太仓县属沪海道;同十六年（1927）废道,直隶于省;同二十五年（1936）太仓划归江苏省第二行政督察区管辖。

太仓位于上海西北约45公里处。

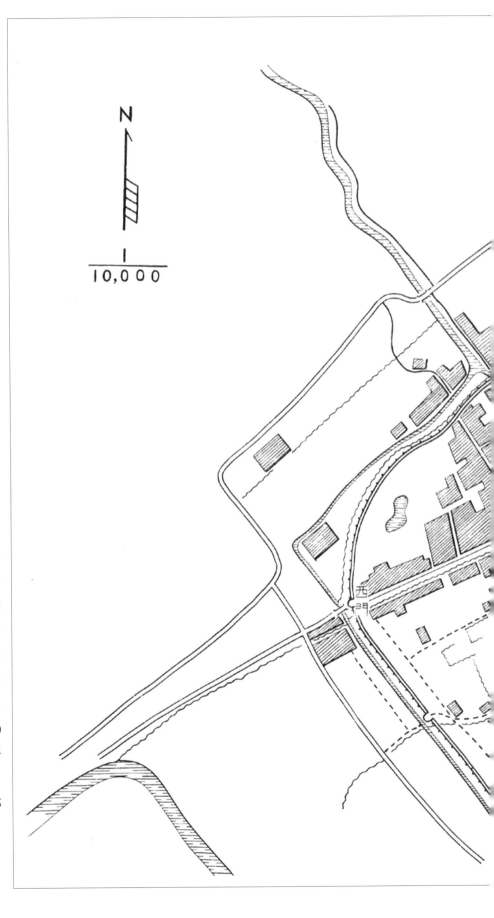

北門

東門

城隍廟

南門

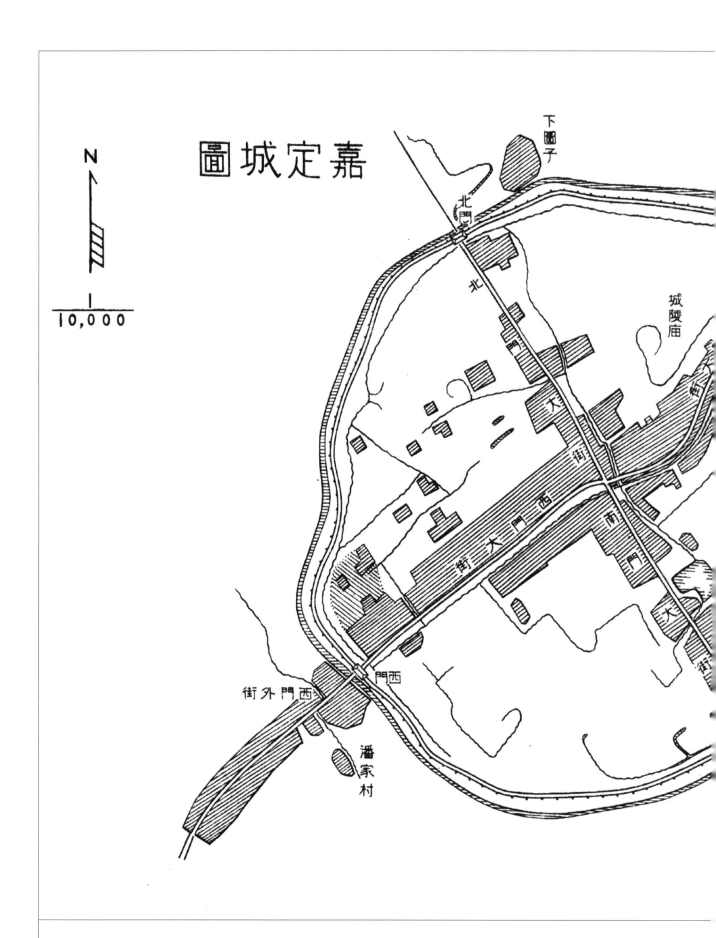

嘉定城圖

N

1/10,000

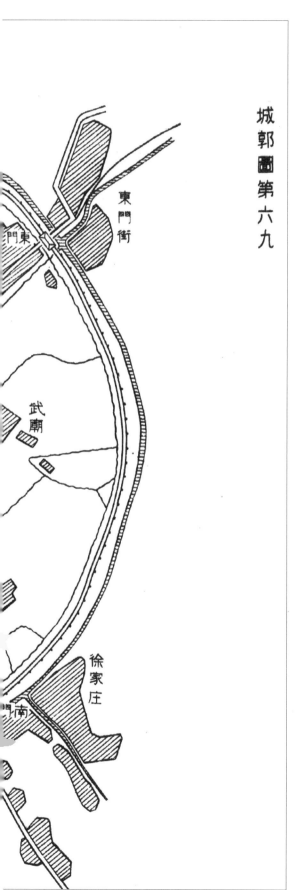

城郭圖第六九

嘉定建置沿革

秦时属会稽郡娄县。汉时为娄县地。南朝时为梁信义县地。隋唐时属苏州昆山县疁城乡。南宋嘉定十年 (1217) 置嘉定县，以年号为名，属平江府。元元贞二年 (1296) 升为平江路治下的嘉定州。明洪武二年 (1369) 复改为县，弘治十年 (1497) 西北境分隶太仓州。清雍正二年 (1724) 析东境置宝山县。民国元年 (1912) 废州,属江苏省沪海道,同十六年 (1927) 废道,直隶于省;同二十五年 (1936) 嘉定划归江苏省第三行政督察区管辖。

嘉定位于刘家港附近，而刘家港元明时期是海运作为兵饷和国家税收——粮食的出发港口，极为殷实。

嘉定位于上海西北约 20 公里处。

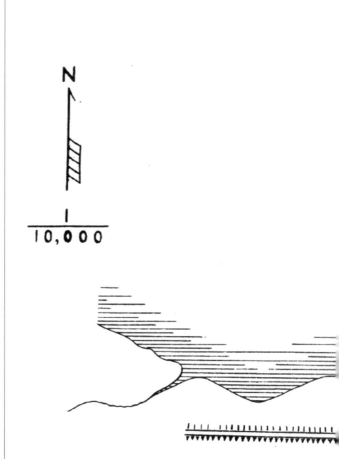

宝山（城）建置沿革

唐代至南宋嘉定十年 (1217) 前属昆山县，此后昆山县析出东境建立嘉定县，南宋、元、明至清雍正初年均属嘉定县。明初，来自江南的租米从刘家港海运至北京，其运送船只多为长江口波浪所困扰，永乐十年 (1412) 在吴淞口附近山坡筑城，明成祖命名其为宝山，昼烟夜火作为航船的信号。废除海运后，作为海岸防御设施使用。嘉靖年间 (1522~1566)，倭寇侵扰不断，从海上就将其视作目标以及入侵之门户，附近居民为此遭受很大损害，但倭寇亦大败于此。清雍正二年 (1724)，嘉定县析出东境建立新县，定名为宝山县。与嘉定县同城而治；同三年 (1725) 核准分治。隶江苏布政使司，直隶太仓州。民国元年 (1912) 废州，直隶于省；同三年 (1914) 隶江苏省沪海道；同十六年 (1927) 废沪海道，仍属省辖；同二十五年 (1936) 宝山划归江苏省第三行政督察区管辖。

宝山位于上海北方约 20 公里处。

寶山城圖

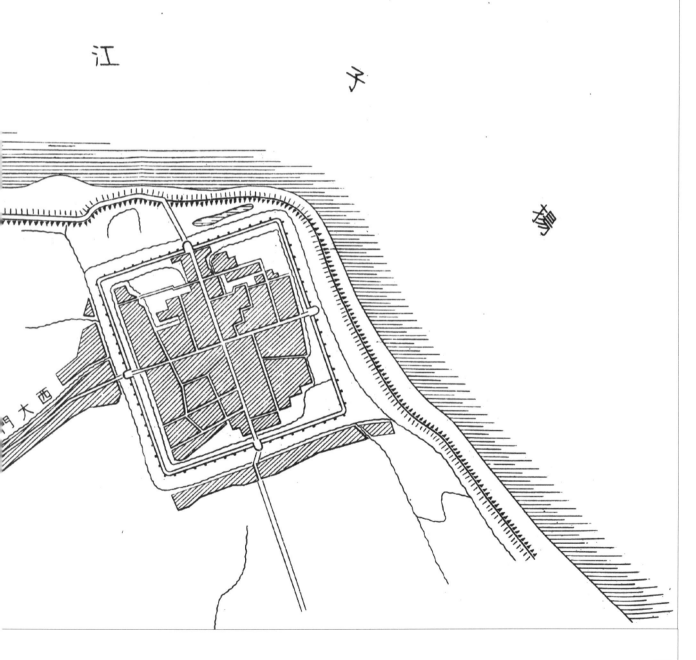

江

子

壩

西大門

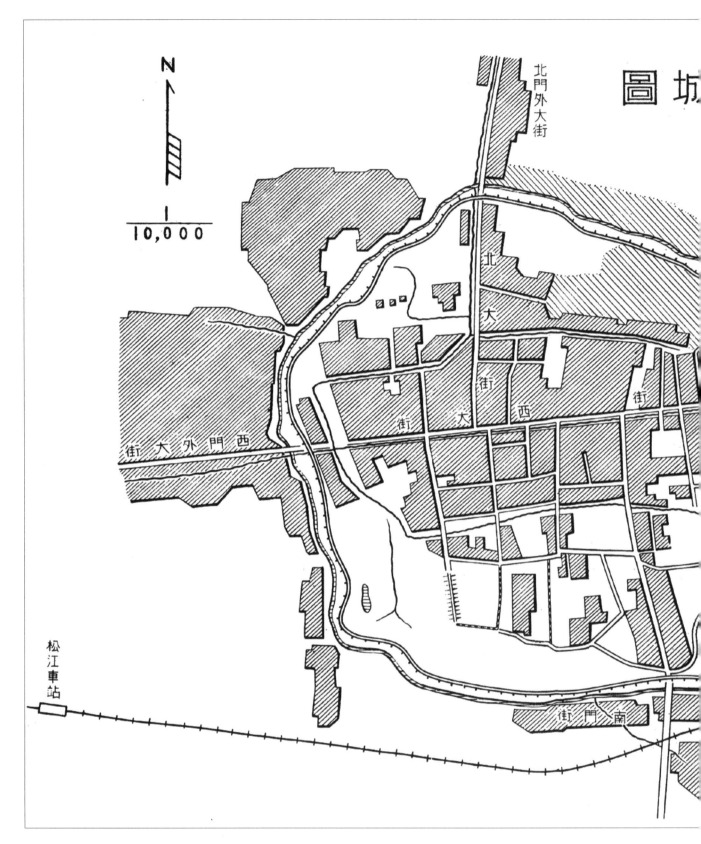

松江建置沿革

春秋时属吴地。战国初吴亡属越，后属楚。秦时属会稽郡长水县（后为由拳县）东境、海盐

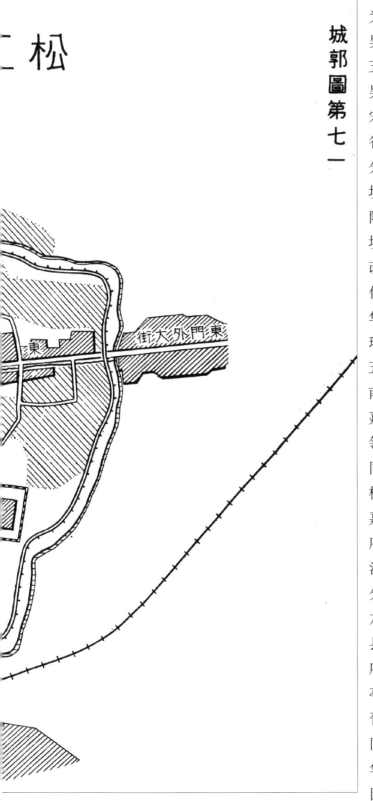

二松

县北境和娄县南境地。东汉永建四年 (129) 分浙西为吴郡，浙东为会稽郡；由拳、海盐、娄县皆属吴郡。三国吴黄龙三年 (231) 改由拳为禾兴。赤乌五年 (242) 改禾兴为嘉兴。东晋咸和元年 (326) 改吴郡为吴国，嘉兴、海盐、娄县改属吴国。南朝宋永初元年 (420) 吴国改为吴郡。梁天监六年 (507) 省娄县并入信义县，属信义郡。大同元年 (535) 又分信义县原娄县部分建昆山县，又析海盐县东北境先后置前京、胥浦两县，属信义郡，旋改属吴郡。隋废前京县入昆山县。唐天宝十年 (751) 划昆山南境、嘉兴东境、海盐北境置华亭县。乾元二年 (759) 改吴郡为苏州，属浙江西道。华亭县属苏州。五代时，吴越王钱镠宝大元年 (924) 置开元府于嘉兴，华亭县属开元府。后唐长兴三年 (932) 吴越王钱元瓘废开元府，华亭县属中吴军 (苏州)。后晋天福五年 (940) 钱元瓘设秀州于嘉兴，华亭县改属秀州。南宋庆元元年 (1195) 升秀州为嘉兴府，华亭县属嘉兴府。元至元十四年 (1277) 升华亭县为华亭府，领华亭县。后改名松江府，以境内有吴松江而得名；同二十九年 (1292) 分华亭县东北境置上海县，属松江府。泰定三年 (1326) 罢松江府，华亭县改属嘉兴路，隶江浙行省，设都水庸田使司于原松江府治。天历元年 (1328) 罢都水庸田使司，复置松江府，华亭县仍属松江府。明嘉靖二十一年 (1542) 分华亭、上海两县部分土地，建青浦县，设治青龙镇。清顺治十三年 (1656) 分华亭县西北部建娄县，属松江府。初设治于府城西水次仓，后移入府城，与华亭同为附郭县。雍正二年 (1724) 分华亭县东南境白沙乡和云间乡建奉贤县，分娄县的胥浦乡及华亭县西南部分建金山县；次年核准，同四年 (1726) 正式分治。民国元年 (1912) 废府，华亭、娄县合并为华亭县，直隶于省；同三年 (1914) 因甘肃省有同名县，故改华亭县为松江县，属沪海道；同十六年 (1927) 废道，仍属省辖；同二十五年 (1936) 松江划归江苏省第三行政督察区管辖。

松江位于上海西南约 35 公里处。

宜兴建置沿革

春秋时古称荆邑，属吴。秦王政二十六年 (前 221) 建县，改荆邑为阳羡县，属会稽郡。汉高祖十二年 (前 195) 改称阳羡侯国。文帝十二年 (前 168) 仍改为阳羡县。东汉永建四年 (129) 分原会稽郡的浙江 (钱塘江) 以西部分设吴郡，阳羡县属吴郡。三国吴宝鼎元年 (266)，改属吴兴郡。晋永兴元年 (304) 置义兴郡，属扬州，阳羡县为郡治。隋开皇九年 (589) 义兴郡废，改阳羡为义兴县，属常州。大业三年 (607) 改州为郡，县属毗陵郡。唐武德三年 (620) 复属常州；同七年 (624) 又于县置南兴州，并分义兴立阳羡、临津两县；次年州废，又省阳羡、临津两县入义兴，仍属常州。宋太平兴国元年 (976) 避讳改为宜兴县，仍属常州。南宋末改置南兴军。元至元十五年 (1278) 升为宜兴府；同二十年 (1283) 复为县，次年又升为府，另置宜兴县隶之。元贞元年 (1295) 府县俱废，改立宜兴州，属常州路。至正十八年 (1358)，朱元璋改宜兴州为建宁州，寻复旧名。明洪武二年 (1369) 降州为宜兴县，属常州府。清雍正四年 (1726) 分为宜兴、荆溪两县，属常州府。民国元年 (1912) 省荆溪县入宜兴县；同三年至十六年 (1914~1927) 属苏常道；同二十五年 (1936) 宜兴划归江苏省第一行政督察区管辖。

宜兴位于苏州西方约75公里处。

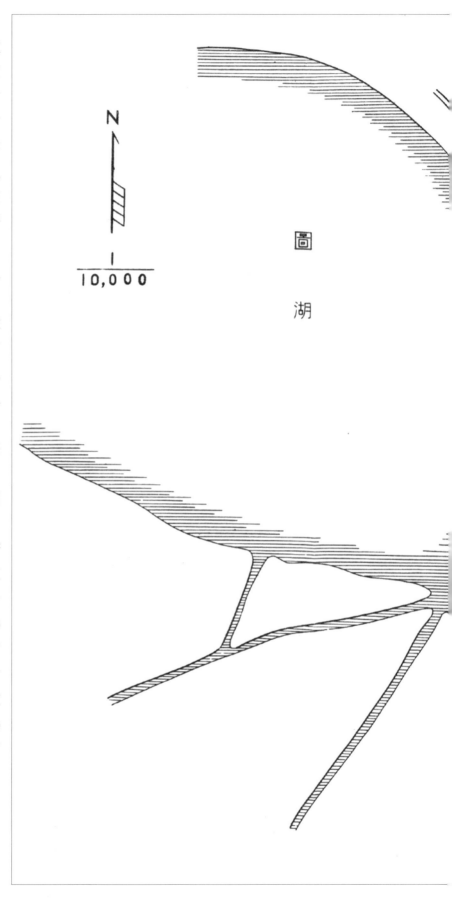

宜興城圖

萧县建置沿革

春秋时宋之萧邑。秦置萧县，属泗水郡。此为县名之始，沿用至今。汉高祖元年（前206）置萧县，属项羽西楚国泗水郡；同五年（前202）改属韩信楚国泗水郡。置杼秋县，属彭越梁国砀郡。本始三年（前71），宣帝封丞相韦贤为扶阳侯，建扶阳侯国，属沛郡。东汉置萧县、杼秋县（属沛郡）、扶阳县（属砀郡）。建武十三年(37)改扶阳县为韩歆扶阳侯国。三国曹魏置萧县（属豫州）、杼秋县（属沛郡）。黄初二年(221)封曹熊为萧公。太和三年(229)改萧公国为萧王国（都萧故城）。咸熙二年(265)置萧县、杼秋县，属沛国、豫州。东晋义熙七年(411)废杼秋县，置萧县、相县，属侨置沛郡。南朝宋置萧县、相县，属北徐州沛郡。永初三年(422)属徐州。北朝北魏置龙城县（属徐州彭城郡）、萧县（属沛郡）。南朝梁置萧县，属睢州沛郡。东魏置萧县，属徐州沛郡。北齐改萧县为承高县，属徐州彭城郡。北周置承高县、龙城县，属徐州彭城郡。隋置承高县、龙城县，属徐州彭城郡。开皇三年(583)废郡直隶徐州；同六年(586)废龙城县并入承高县；同十八年(598)改承高县为临沛县；大业二年(606)改临沛县为萧县，仍属徐州。唐置萧县，属徐州。宋置萧县，属京东西路徐州武宁军。绍圣年间(1094~1098)为避黄河水患于城南半里重筑新城，世称南城，与之相对的前萧故城则称北城。治所移现今萧县之北。元废萧县、永堌县并入徐州。至元十二年(1275)复置萧县，属归德府徐州。明洪武四年(1371)属中都临豪府；同十四年(1381)属南京（南直隶）徐州。万历五年(1577)，萧县南城圮于黄河决口。朝廷批准在三台山阳边集创建新城，延用其东龙城废城旧名，改称龙城，以区别故萧城，为萧县城址的第二次大迁徙，明清称萧城。民国期间，先后称龙城市、龙城镇、城关镇。清顺治年间(1644~1661)属江南省徐州。康熙六年(1667)析江南省为江苏、安徽两省，属江苏省徐州。雍正十一年(1733)徐州升为府，属江苏省徐州府。民国元年(1912)废府，直隶于省；同三年(1914)属江苏省徐海道，废道后仍属省辖；同二十五年(1936)萧县划归江苏省第九行政督察区管辖。

萧县位于徐州西南20公里处。

墙　城

粗石垒筑
城墙上走动自由

其中女墙
高2.0米

高5.0米

234

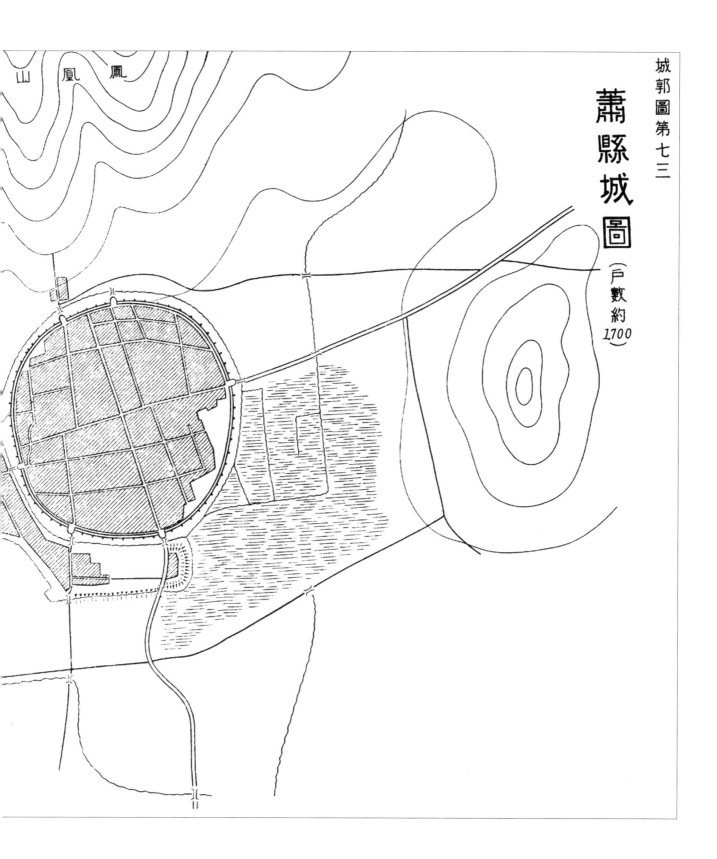

蕭縣城圖（戶數約 *1700*）

山鳳鳳

宿迁建置沿革

春秋时为钟吾国，后宿国迁都于此。秦置下相等县。传为项羽出生地。西汉时废凌县设下相县。东晋义熙元年(405)，改下相县为宿豫县，属淮阳郡。南北朝、隋朝时仍为宿豫县。宿豫曾为北魏宿预郡治所，梁东徐州治所，东魏东楚州治所并改名宿豫，陈安州治所，北周泗州治所。隋初废郡，次改泗州为下邳郡，改治于宿豫。唐武德四年(621)改隋下邳郡为泗州，仍以宿豫为州府。开元二十三年(735)宿豫县城被沂蒙山水冲圮(亦有黄河水冲圮之说)，泗州遂移治于临淮县，宿豫县移治于下相城故址。宝应元年(762)改宿豫县为宿迁县。宝应以前的故城在现今宿迁县东南约30公里处，宝应以降属徐州。北宋时属邳州。元省入邳州，至元十二年(1275)复设，属淮安军；同十五年(1278)还属邳州。明代以前的县城传在现今县城南约1公里处，明以降治于现今县城。清因袭明制，属徐州。民国元年(1912)废州，宿迁直隶于省；同二十五年(1936)宿迁划归江苏省第七行政督察区管辖。

现今宿迁位于徐州东南约150公里处、骆马湖之南。

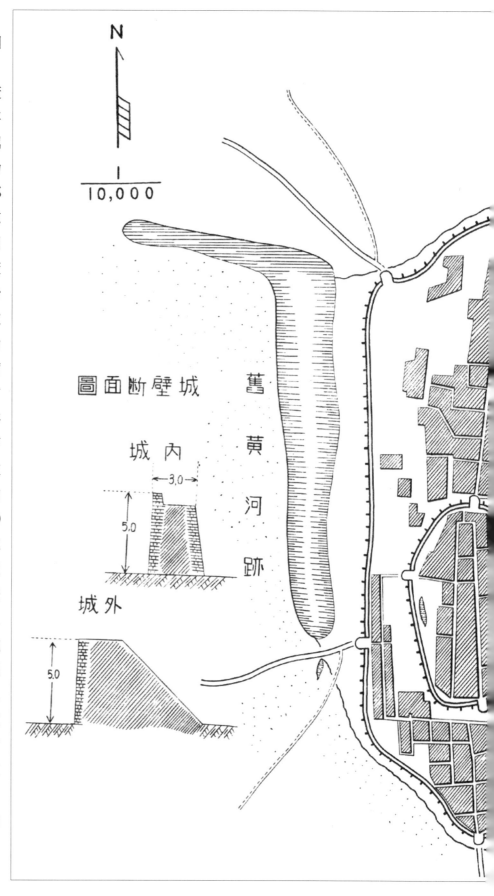

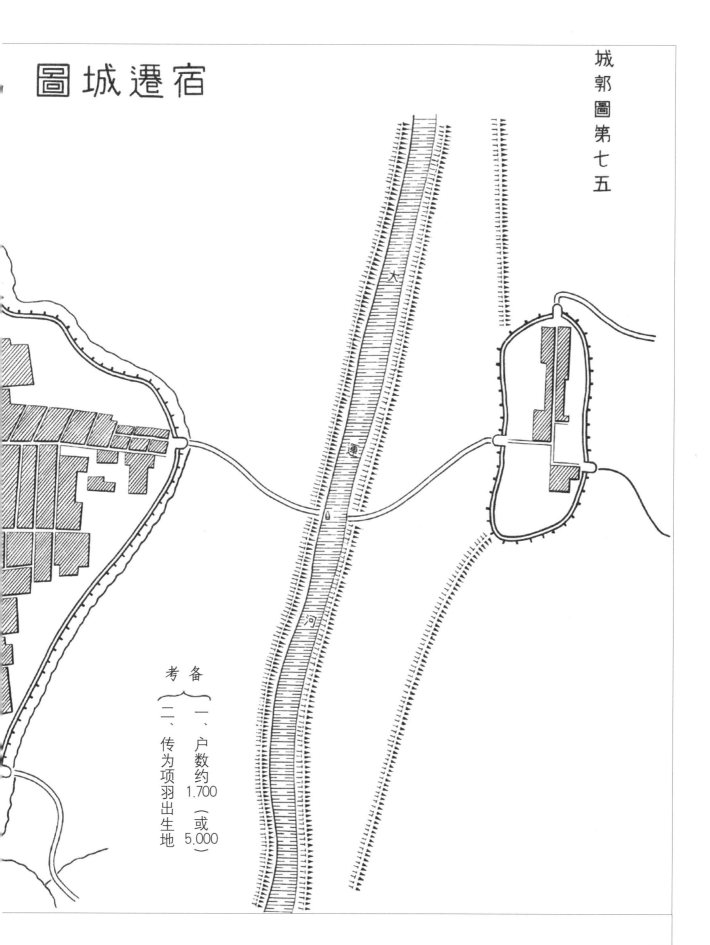

宿遷城圖

大運河

備考

一、戶數約1.700（或5.000）

二、傳為項羽出生地

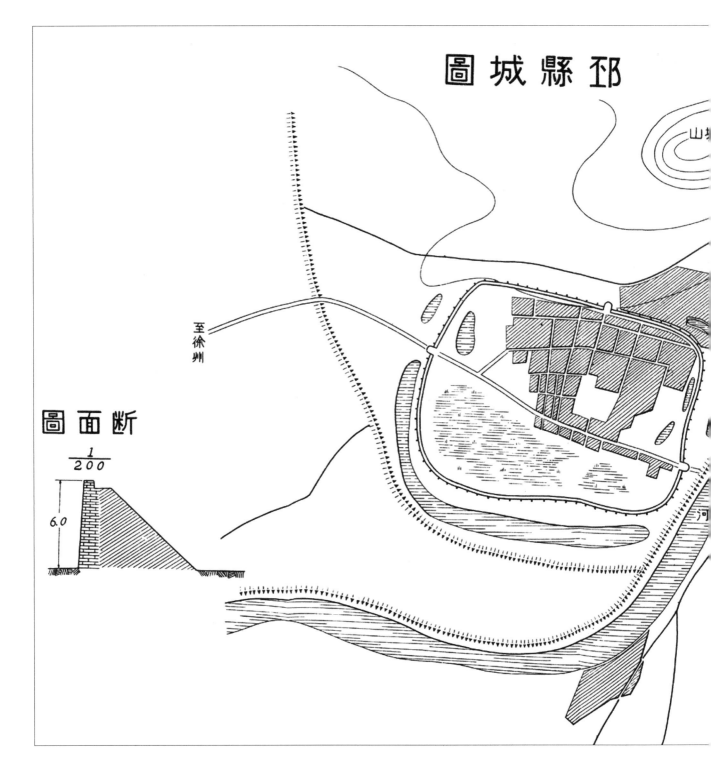

邳县建置沿革

古之邳国。周敬王八年 (前 512)，吴灭徐，邳地属吴。元王三年 (前 473)，越灭吴，邳地属越；次年越让淮北地予楚，邳地属楚。贞定王元年 (前 468)，魏取楚淮北地，邳地属魏，魏将邳、薛合并改名徐州。赧王十五年 (前 300)，齐取魏，徐州、邳地属齐。秦于邳置县，史称下邳县。汉高祖六年 (前 201)，分下邳为武原、良城、下邳三县隶属楚。后元二年 (前 142) 武原仍属楚，下邳、

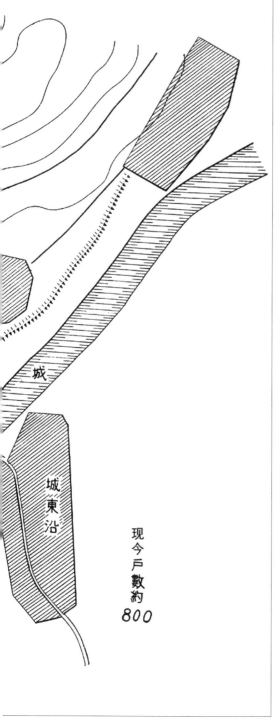

城

城東沿

現今戸數約 800

良城改属东海郡。元狩六年 (前 117) 置临淮郡，下邳、良城属临淮。元封五年 (前 106) 置十三刺史部，武原、良城、下邳三县归徐州刺史部。始元五年 (前 82) 良城划为县，仍归徐州刺史部。新莽始建国元年 (9) 改下邳为润俭，良城为承翰，武原为乐亭，三县属徐州，治所下邳。东汉建武五年 (29) 置徐州刺史部于郯，领下邳郡。旋改下邳郡为临淮郡，下邳、良城归临淮，武原属彭城。永平十五年 (72) 废临淮郡，置下邳国，治下邳。三国魏初，迁徐州治所于彭城，置下邳郡。下邳、良城属下邳郡，武原属彭城郡。晋太康元年 (280) 置下邳国，领七县。武原属彭城国。东晋咸和元年 (326) 下邳入后赵，改置下邳郡。升平二年 (358) 下邳还入东晋。南朝宋永初二年 (421) 置下邳郡。北魏孝昌元年 (525) 置东徐州治下邳。梁中大通五年 (533) 置武州治下邳。东魏武定八年 (550) 复置东徐州治下邳。这年北齐文宣帝受魏禅，邳地入北齐。陈太建七年 (575) 改东徐州名安州。北周大成元年 (579) 陈安州、淮南之地尽没于北周，改安州为邳州。隋大业三年 (607) 改置下邳郡。唐武德四年 (621) 置邳州，属徐州总管府。贞观元年 (627) 废除邳州，置下邳县，析泗州之淮阳入下邳，属泗州。元和四年 (809) 下邳属徐州。五代时，下邳县属武宁军，隶徐州。宋太平兴国七年 (982) 置淮阳军治下邳，属京东路。金天会七年 (1129) 置邳州刺史，属山东西路。贞佑三年 (1215) 邳州属河南路。兴定五年 (1221) 移山东行省于邳州。元初年，并下邳、兰陵、宿迁三县入邳州。至元八年 (1271) 邳州属归德府；同十二年 (1275) 析邳州置睢宁、宿迁两县，属淮安府；同十五年 (1278) 邳州领下邳、宿迁、睢宁三县，仍属淮安府；同二十七年 (1290) 州随归德府，属河南行中书省。至正八年 (1348) 升徐州为总管府，邳、宿、滕、峄四州属之。明洪武 (1368~1398) 初年，邳州属凤阳府；同十五年 (1382) 属淮安府。清顺治二年 (1645) 置江南省，邳州随淮安府属之，置江宁布政司；同十八年 (1661) 江南省置左右布政司，以左布政司辖邳州。康熙三年 (1665) 置江北按察司，辖邳州；同五年 (1666) 邳州随淮安府直隶于江南省。次年，析江南省置江苏省，置江苏布政司辖邳州。雍正二年 (1724) 升邳州为江苏省直隶州；同十一年 (1733) 升徐州为府，邳州改属徐州府。民国元年 (1912) 改州为县，始称邳县，属徐海道；同十七年 (1928) 废道，直隶于省；同二十五年 (1936) 邳县划归江苏省第九行政督察区管辖。

邳县位于江苏省北端、陇海铁路徐塘庄站北方 10 公里处。

嘉善建置沿革

春秋时为吴越接壤之地，初属吴后属越。战国楚灭越后归于楚。秦初属长水县，后改长水为由拳县，属会稽郡。东汉永建年间(126~132)以降属吴郡。三国吴改由拳县为嘉兴县。隋并省州县，废嘉兴县入吴县，属苏州。唐复置嘉兴县，仍属苏州。五代吴越嘉兴县改属杭州，后又于此地置秀州。宋于嘉兴县之魏塘镇置巡检司，元为魏塘务。明初改税课局，后又改巡检司。宣德五年(1430)，敕分嘉兴县东北境之迁善、永安、奉贤三个完整乡和胥山、思贤、麟瑞三乡之部分置嘉善县，定治魏塘，属嘉兴府。清因袭明制。民国元年(1912)废府，嘉善属钱塘道；同十六年(1927)废道，直隶于省；同二十四年(1935)嘉善划归浙江省第二行政督察区管辖。

嘉善位于浙江省东北端、沪杭铁路沿线，距上海约65公里。

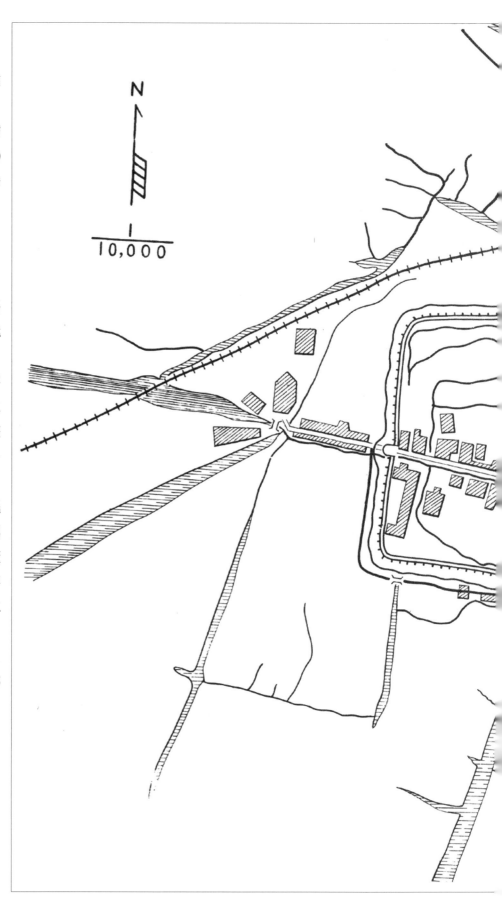

杭州建置沿革

春秋吴越争霸，先属越后属吴，越灭吴，后复属越。战国楚灭越，又归楚。秦在灵隐山麓设县治，称钱唐，属会稽郡。西汉承秦制，仍称钱唐。新莽时一度改为泉亭县。东汉复置钱唐县，属吴郡。三国属吴国吴兴郡，归古扬州。东晋咸和元年 (326) 印度佛教徒慧理在飞来峰下建灵隐寺，是西湖最古的丛林建筑。南朝梁太清三年 (549) 升钱唐县为临江郡。陈祯明元年 (587) 又置钱唐郡，属吴州。

隋开皇九年 (589) 废郡置杭州，杭州之名自此始。州治初在余杭，次年迁钱唐；同十一年 (591) 在凤凰山依山筑城，"周三十六里九十步"，是最早的杭州城。大业三年 (607) 改为余杭郡。唐置杭州郡，旋改余杭郡，治所在钱唐。武德四年 (621) 避讳改"钱唐"为"钱塘"。太宗时属江南道，天宝元年 (742) 复名余杭郡，属江南东道。乾元元年 (758) 又改为杭州，归浙江西道节度，州治一度在钱塘。五代十国时期，吴越国偏安东南，建西府于杭州，治在钱塘。经吴越三代、五帝 85 年的统治，杭州发展成为经济繁荣和文化荟萃之地。吴越王钱镠在杭州凤凰山筑"子城"，内建宫殿，作为国治，又在外围筑"罗城"，周围七十里，作为防御。西起秦望山，沿钱塘江至江干，濒钱塘湖 (西湖) 到宝石山，东北面到艮山门。形似腰鼓，故又有"腰鼓城"之称。

北宋淳化四年 (993) 杭州属两浙道，次年罢道，并改杭州镇海军节度为宁海军节度。至道三年 (997) 属两浙路，为路治所在。元祐四年 (1089) 诗人苏东坡任杭州知州，再度疏浚西湖，用所挖取的葑泥堆成横跨南北的长堤 (苏堤)，上有六桥，堤边植桃、柳、芙蓉，美化西湖。大观元年 (1107) 升为帅府。南宋建炎三年 (1129) 以州治为行宫，升杭州为临安府 (亦称行在所)，治所在钱塘。绍兴二年 (1132) 分两浙路为东、西两路，浙西路治临安府；同八年 (1138) 南宋正式定都临安。杭州城垣因而大事扩展，当时分为内城和外城。内城即皇城，方圆九里，环绕着凤凰山，北起凤山门，南达江干，西至万松岭，东抵候潮门，在皇城之内，兴建殿、堂、楼、阁，还有多处宫及御花园。外城南跨吴山，北截武林门，右连西湖，左靠钱塘江，气势宏伟。设城门 13 座，城外有护城河。元至元十三年 (1276) 设两浙都督府，旋改为安抚司。次年改临安府为杭州；同十五年 (1278) 又改为杭州路，置总管府；同二十一年 (1284) 自扬州迁江淮行省治于杭州，次年改称江浙行省，杭州为省治始此。至正二十六年 (1366) 改杭州路为杭州府，同年置浙江等处行中书省，治杭州府。

明洪武九年 (1376) 改浙江行中书省为浙江承宣布政使司，杭州府隶浙江布政使司杭严道。清顺治二年 (1645) 置浙江巡抚，驻杭州；同七年 (1650) 于杭州建旗营，置镇守将军署。康熙元年 (1662) 浙江承宣布政使司改为浙江行省。雍正四年 (1726) 置杭嘉湖道于嘉兴，杭州府属之。乾隆十九年 (1754) 杭嘉湖道移治杭州。清初，在城西沿西湖建造"旗营"，俗称"满城"。城墙周围 10 里，辟有 6 座城门，占地 1400 余亩，成为杭州的"城中城" (民国初年拆除)。

民国元年 (1912) 废杭州府，合并钱塘、仁和两县为杭县，直隶于省，省会所在地；同三年 (1914) 省以下设道，置钱塘道，道尹驻杭县，原杭州府所辖各县归钱塘道管辖；同十六年 (1927) 废道为省，析出杭县城区设杭州市，杭州置市始此；同二十四年 (1935) 杭县划归浙江省第二行政督察区管辖，杭州市仍为省直辖。

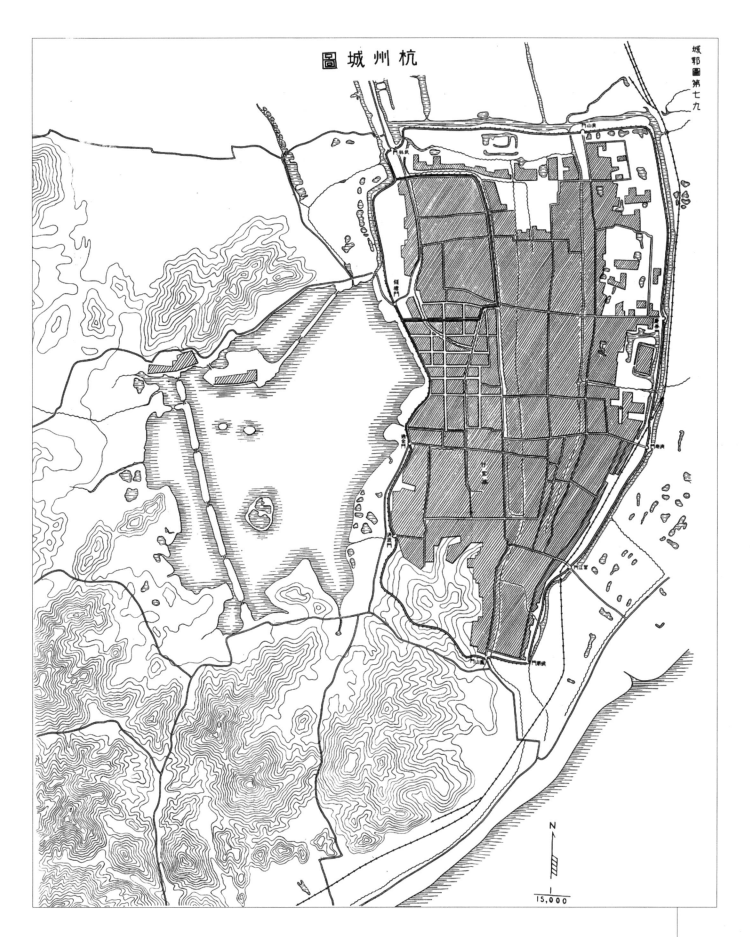

杭州城圖

N

1:15,000

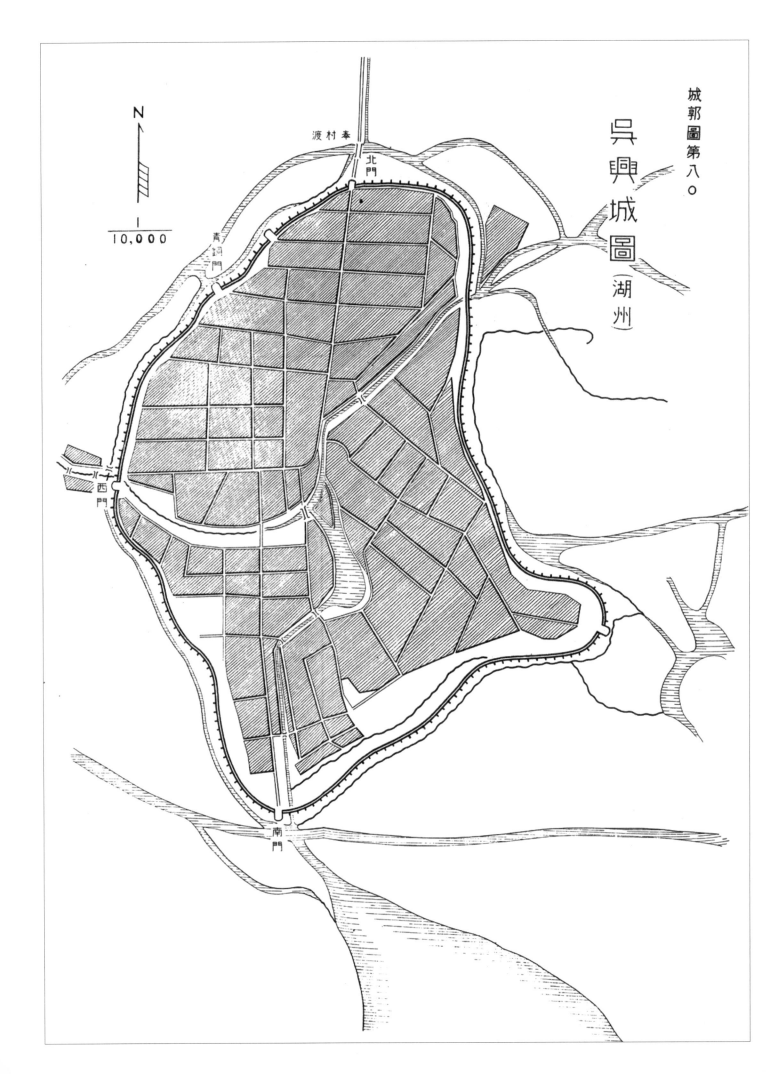

城郭圖第八〇

吳興城圖（湖州）

渡村奉
北門
青飼門
西門
南門

N
10,000

湖州（吴兴）建置沿革

周元王三年（前473）越灭吴，属越国。显王三十五年（前334）楚灭越，属楚国。秦王政二十五年（前222）置乌程县。汉高祖元年（前206）传项羽建项王城。三国吴甘露二年(266)于乌程置吴兴郡（取吴国兴盛之意），为吴兴名称之始。南朝梁改郡称震州，后废之复称吴兴郡。隋仁寿二年(602)以地滨太湖而名湖州，湖州之名自此始。废郡属苏杭两州，次析置湖州，未久又废属吴郡、余杭郡。唐复置湖州，次称吴兴郡，又改为湖州。五代十国时期，吴越国领地，因袭唐制。后梁开平二年(908)避讳改长城县为长兴县。宋置湖州吴兴郡，属两浙路。景祐元年(1034)升昭庆军节度。南宋宝庆元年(1225)改为安吉州。元时属江浙行省湖州路。至元十三年(1276)升安吉州为湖州路。明时为湖州府。清时为湖州府，属杭嘉湖道。民国元年(1912)废府，存有府城，乌程、归安两县合并为吴兴县，直隶于省；同二十四年(1935)吴兴划归浙江省第一行政督察区管辖。

湖州位于杭州北方约70公里处，名产毛笔。

二、安徽省的城郭

安徽省北半部为平缓的淮河流域，多洪水灾害；南部山峦起伏，萦绕于长江之间。江南地势高峻，横亘有仙霞岭山脉；而淮河流域有不少来自北方的人口迁徙，其风俗习惯自不同于长江流域。该省古来南北抗衡之地，春秋时北属宋南归楚，次为吴楚争霸之地。吴先取之，楚亡吴并之，后又成为秦之疆土。三国以后，南北两朝争夺不断，淮河地处北防的基准线上。隋唐并之，五代时南唐领之。北宋并之，南宋时淮河以北为金所占。元明清各王朝并之，明代属南直隶省，清代析之分为江苏、安徽两省。

该省人口稠密，都市极少，省城在安庆。

宁国（宣城）建置沿革

春秋时先属吴，后属越。战国时属楚。秦鄣郡地。西汉元封二年（前109）属丹阳郡，治所在宛陵县。东汉建安十三年（208）分宛陵县南部置怀安县和宁国县，属丹阳郡。三国吴景帝年间（258~264）改属故鄣郡。晋太康二年（281）又分丹阳郡置宣城郡，宁国县属之。南北朝时期因袭之。隋开皇九年（589）并怀安、宁国县入宣城县。唐武德三年（620），分宣城县复置怀安县、宁国县，属宣州；同七年（624）又并入宣城县。天宝三年（744）以原怀安、宁国两县地置宁国县，属宣城郡。五代十国时期属宣州。北宋时属宣城郡。南宋乾道二年（1166）属宁国府，治宣州。元至元十四年（1277）改府为路，宁国属宁国路。明复改宁国府，宁国县属之。清因袭明制。民国元年（1912）废府，宁国县直隶于省；同三年（1914）属芜湖道；同二十一年（1932）宁国划归安徽省第九行政督察区管辖。

宁国位于芜湖东南约65公里处，名产宣纸。

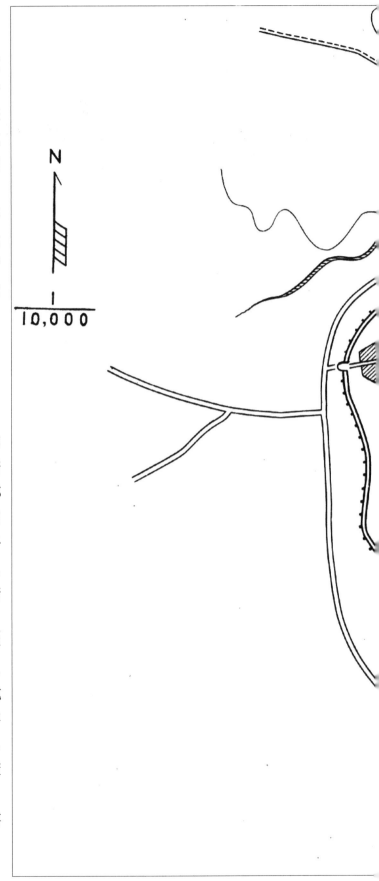

城郭圖第八一

宣城圖（寧國）

東門街

南城外

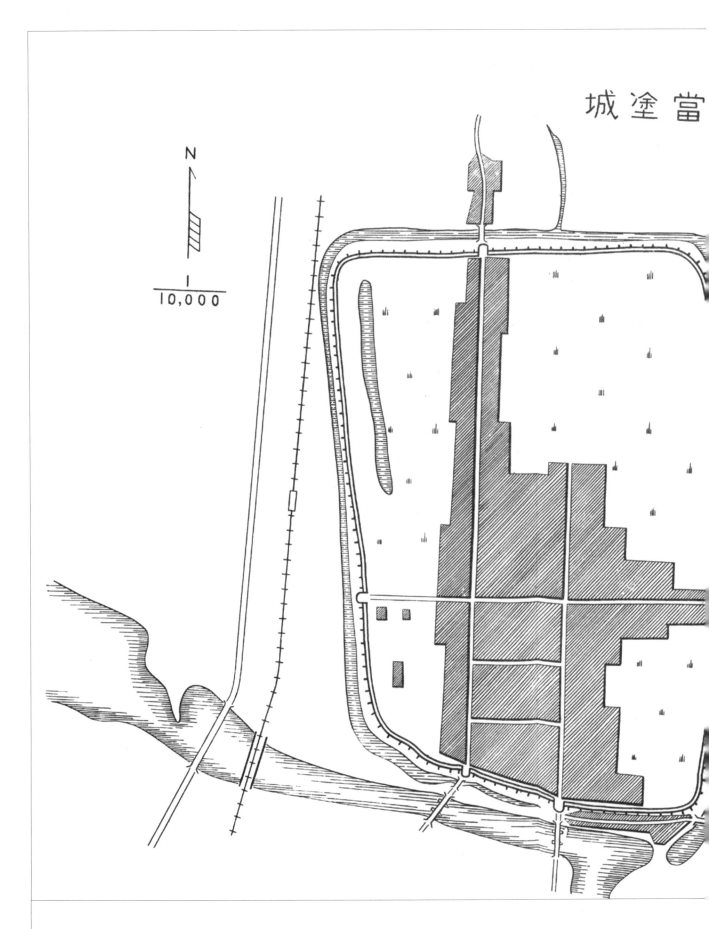

N
I
10,000

城郭圖第八二

当涂（太平）建置沿革

征和二年（前91），汉武帝封魏不害为当涂侯。相传当涂侯国在怀远县东南四公里处。永初四年(110)，安帝改封任城孝王子刘兖为当涂乡侯，又追封清河王刘庆外祖父宋扬为当涂侯，后仍为县。东晋成帝时，侨置当涂县于江南，废古县为马头城。隋开皇九年(589)省丹阳郡置蒋州；废淮南郡，并襄垣、于湖、繁昌及西乡四县更置当涂，徙县治姑孰，属蒋州，自是姑孰之当涂县始定；又并侨置当涂、浚遒等县置宣城县，属宣州；同十一年(591)废丹阳县，以其地及溧阳县一部置溧水县，属蒋州。大业三年(607)复改蒋州为丹阳郡，辖当涂、江宁、溧水三县。唐武德元年(618)当涂县改属宣州；同三年(620)复置丹阳县，属扬州。贞观元年(627)设江南道，宣州属之；后又废丹阳县，以其地入当涂，为属镇。开元二十一年(733)江南道分设东、西两道，宣州属江南西道。乾元元年(758)割宣州之当涂县属升州。上元二年(761)复归宣州。大顺元年(890)合宣、歙两州为宁国军，当涂改属升州。天祐四年(907)割当涂县南境五乡、宣城西境两乡立芜湖县，属宣州。五代吴武义二年(920)改升州为江宁府，领十县，当涂县属之。南唐升元元年(937)改当涂县为建平军，保大末年(957)又改为雄远军。北宋开宝八年(975)改雄远军为平南军。太平兴国二年(977)升平南军为太平州，立当涂为附郭，属建康府路；同三年(978)割宣州之芜湖、繁昌两县属太平州。至道年间(995~998)改属江南路。天圣八年(1030)分江南路为东、西两路，属江南东路。南宋时州县如故。元至元十四年(1277)改太平州为太平路，属江浙行中书省，县如故。元贞元年(1295)太平路属江东建康道。至正十五年(1355)改路为府。明洪武四年(1371)以太平府直隶京师。永乐十八年(1420)改京师为南京，称南直隶，府县隶属如故。清顺治二年(1645)改南直隶为江南省，设江南布政使司，太平府属之；同十八年(1661)分设江南左、右布政使司，左布政使司治江宁，太平府属之。康熙六年(1667)分江南省为江苏、安徽两省，改江南左布政使司为安徽布政使司，仍治江宁，太平府属之。乾隆二十五年(1760)安徽布政使司移治安庆，府县均未变。民国元年(1912)废府，当涂县直隶于省；同三年(1914)置芜湖道，当涂县属之；同十七年(1928)废道，仍属省辖；同二十一年(1932)当涂划归安徽省第二行政督察区管辖。

当涂位于长江右岸、芜湖北方约30公里处。现今尚俗称太平，残留有城墙。

249

滁县建置沿革

春秋时先后属吴、越。战国时属楚。秦江淮地属九江郡（又曾为淮南国），汉高祖（前206~前195）初年置全椒县，此为境内建置最早的县。东汉九江郡郡治在阴陵。三国时期，江淮为魏吴争战之地，境内置县多因战乱而废弛。两晋时期，此为江淮军事重地。南朝宋元徽元年(473)置新昌郡，治涂中镇。梁普通五年(524)置定远县，并设定远郡。大同二年(536)置谯州。陈太建七年(575)，移盱眙之北谯州于涂中镇，改称南谯州。这一时期建置迭更频繁，撤并立州郡县不断。隋开皇九年(589)置滁州，属扬州江都郡。自此以降，虽有时代变迁、兴废交替，但滁州之名在唐宋元明清一统朝代却少有更改。唐武德三年(620)复置滁州；城垣筑有子城、罗城、月城；永徽年间(650~656)，向东北扩展，城周达7里258步，呈"申"字格局，四门均设城楼。五代十国时期，先置于吴国统治，后为南唐所辖。北宋建隆元年(960)属淮南东路。元时先后属江浙行省之扬州路滁州、河南江北行省之扬州路滁州等。明洪武二十二年(1389)滁州为南京直隶州。清初属江南省左布政使司，康熙六年(1667)改属安徽省。民国元年(1912)改滁州为滁县，直隶于省；同三年(1914)属淮泗道；同二十一年(1932)滁县划归安徽省第五行政督察区管辖。

滁县位于津浦铁路沿线、南京西北约50公里处。

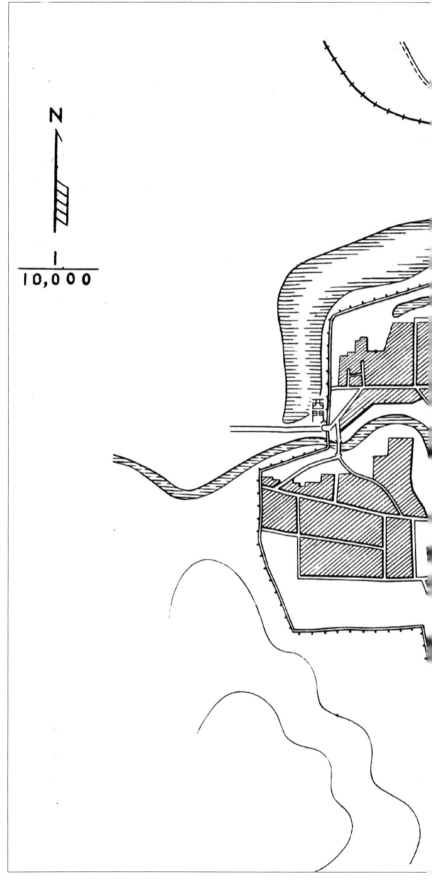

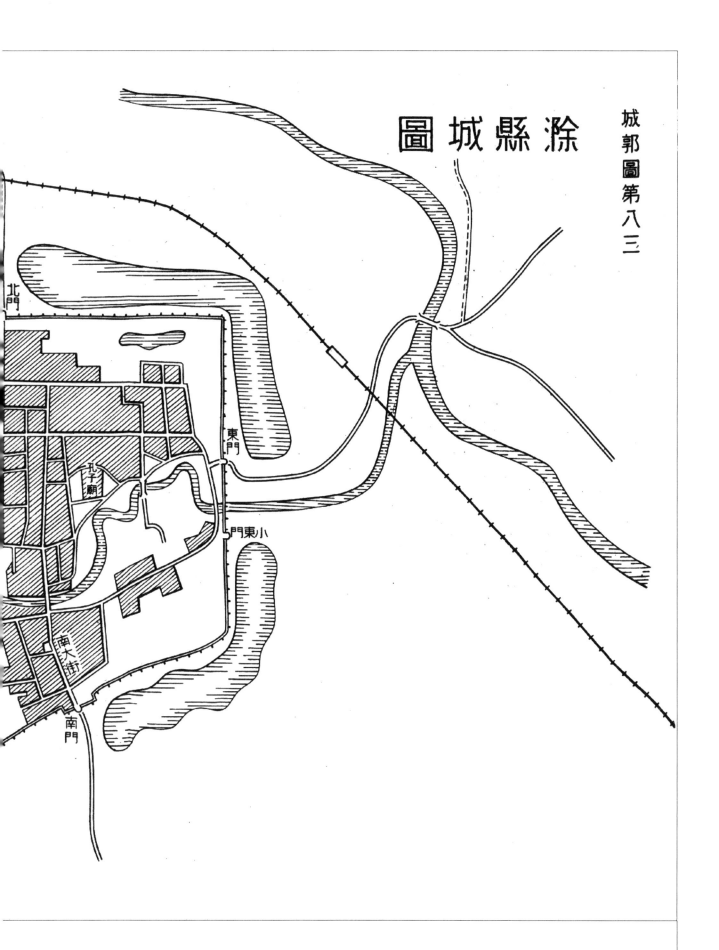

城郭圖第八三

滁縣城圖

北門

東門

小東門

孔子廟

南大街

南門

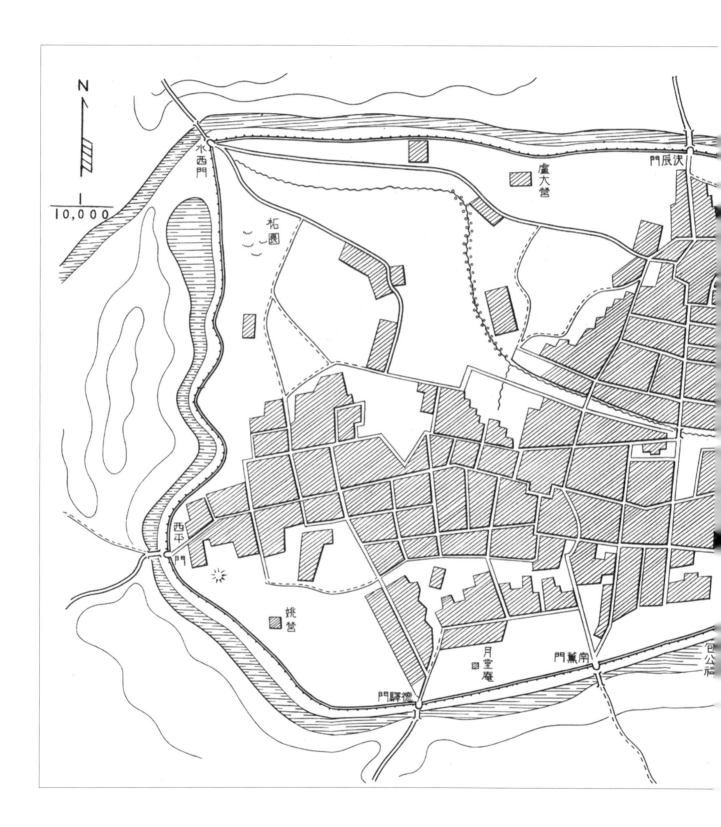

252

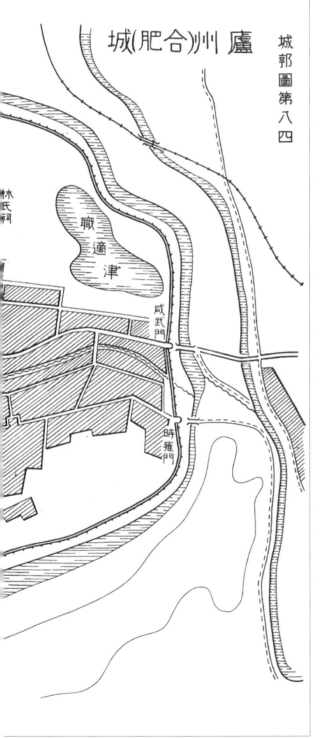

庐州（合肥）建置沿革

古时庐子国地。春秋舒国地。南朝梁设合州，治于合肥。隋开皇元年 (581) 改合州为庐州。大业三年 (607) 改庐州为庐江郡。唐武德三年 (620) 改庐江郡为庐州。贞观元年 (627) 属淮南道。天宝元年 (742) 复名庐江郡，仍治合肥，仍属淮南道。至德元年 (756) 置淮南节度使于扬州，庐江郡属之；同二年 (757) 复名庐州，仍属淮南节度使。唐代庐州治合肥。北宋初庐州治合肥，属淮南道。太平兴国三年 (978) 以庐州巢县无为镇建无为军。至道三年 (997) 改属淮南路。熙宁五年 (1072) 分淮南路为东、西两路，西路治寿州，庐州改属淮南西路。南宋改淮南西路治庐州。绍兴 (1131~1162) 初年为避金兵，淮西路寄治巢县。乾道五年 (1169) 淮西路复治庐州。元至元十四年 (1277) 于庐州置淮西路总管万户府，属江淮行省淮西道宣慰司庐州；同十五年 (1278) 升庐州为路，置总管府，仍属江淮行省淮西道；同二十八年 (1291) 江淮行省迁治汴梁路，改名河南江北等处行中书省，简称河南行省。庐州路仍治合肥县，庐州路改属河南行省淮西江北道，简称淮西道。明洪武元年 (1368) 庐州府改属中书省，仍治合肥县；同十三年 (1380) 庐州府直隶六部。永乐元年 (1403) 庐州府改隶南京。清顺治二年 (1645) 庐州府改属江南省，仍治合肥。康熙六年 (1667) 改属安徽省。咸丰三年 (1853) 安徽省会迁驻庐州府。同治四年 (1865) 庐州府改属安庐滁和道。光绪三十四年 (1908) 庐州府改属皖北道，直至清亡。民国元年 (1912) 废府，存附郭合肥县，直隶于省；同二十一年 (1932) 合肥划归安徽省第三行政督察区管辖。

合肥县城相传在现今县城之北。现今庐州位于淮南铁路沿线、芜湖西北约 120 公里处。

安庆（怀宁）建置沿革

安庆之名始于军号名称，由隋大业三年 (607) 所置同安郡和北宋政和五年 (1115) 所置德庆军各取一字而命名，寓意"平安吉庆"。南宋绍兴十七年 (1147) 改德庆军为安庆军。庆元元年 (1195) 升安庆军为安庆府，怀宁县属之，仍隶淮南西路。端平二年 (1235) 移治罗刹洲、杨槎洲。及至景定元年 (1260) 废舒州府为新安庆府，府治迁现今安庆，并迁怀宁县治附郭。元至元十四年 (1277) 改安庆府为安庆路总管府，属蕲黄宣慰司。明初改安庆路为宁江府。洪武六年 (1373) 复改宁江府为安庆府，怀宁县先后属之。清顺治二年 (1645) 置江南省安庆府；同十八年 (1661) 置江南左布政使司安庆府。康熙六年 (1667) 改江南左布政使司为安徽布政使司。乾隆二十五年 (1760) 安徽布政使司自江宁移治安庆府，怀宁县属安庆府。民国元年 (1912) 废府；同三年 (1914) 置安庆道；同十七年 (1928) 废道；同二十一年 (1932) 安庆划归安徽省第一行政督察区管辖。自乾隆二十五年 (1760) 至民国二十六年 (1937)，安庆同时又是安徽省布政使司和安徽省会所在地。

安庆位于长江北岸、芜湖西南约 160 公里处。

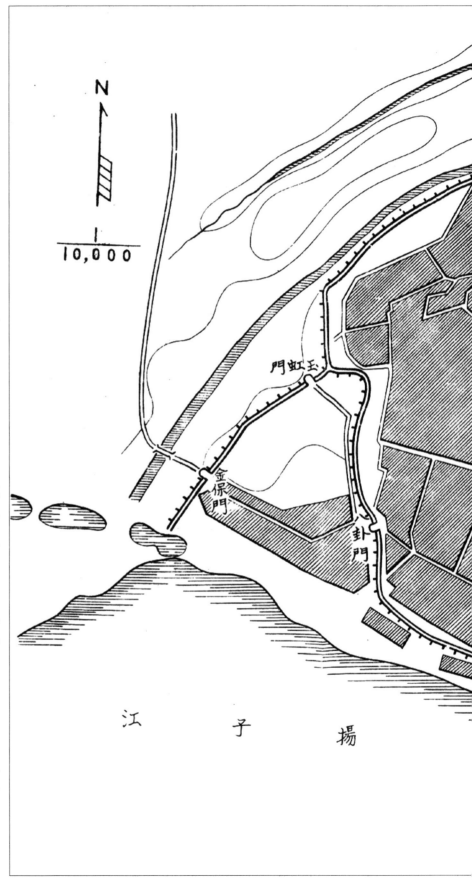

城郭圖第八五

安慶城圖

湖

建設門

樅陽門

東濟門

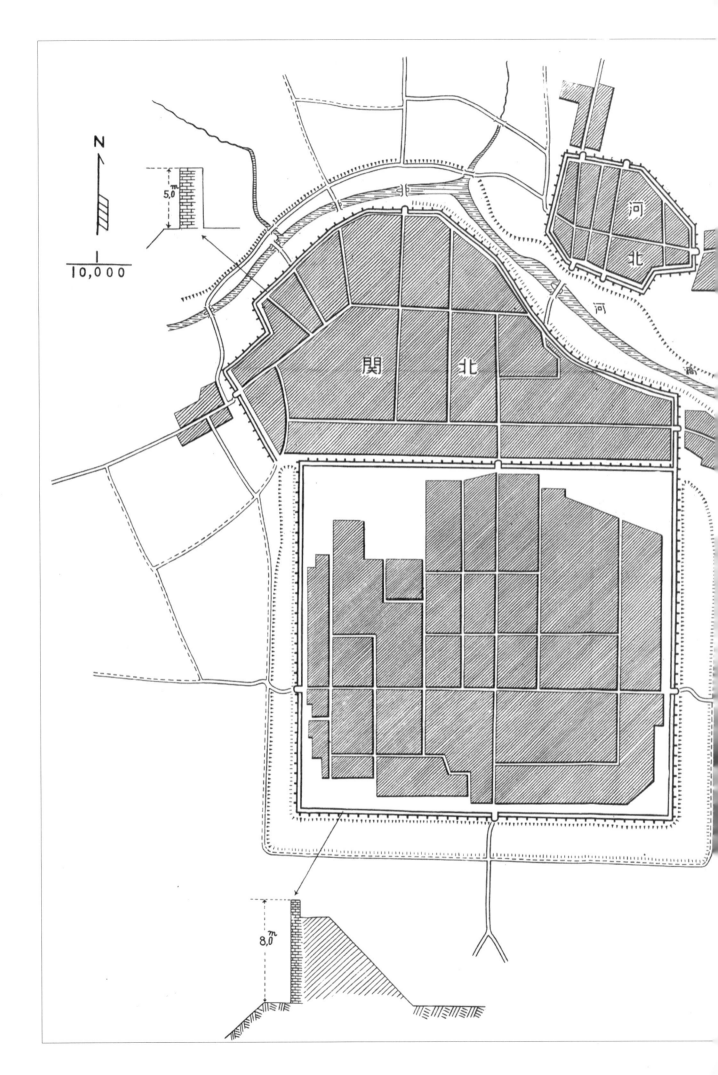

N

5,0 ㎡

1
10,000

関　北

河　北

河

8,0 ㎡

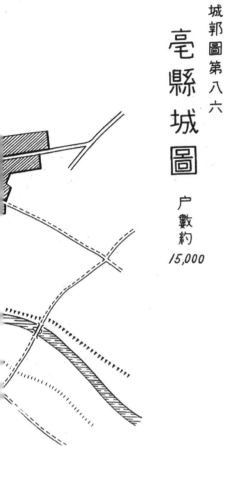

城郭圖第八六

亳縣城圖

戶數約
15,000

亳县建置沿革

　　春秋陈之焦邑，于此建焦城；后楚灭陈，筑谯城。秦置谯县、城父县，谯县属砀郡，城父县等大部地域属泗水郡。汉先后属豫州、沛郡、沛国。建安 (196~220) 末年置谯郡。三国魏黄初二年 (221) 封谯郡为陪都。西晋时，在此置谯国，治所谯县。北朝北魏正始四年 (507) 为南兖州治所。北周大象元年 (579) 改南兖州为亳州，治所不变，亳州之名自此始。隋大业三年 (607) 又改亳州为谯郡。唐武德四年 (621) 谯郡更名为亳州。宋亳州属淮南路。金时属南京路。元时属归德府。明初亳州一度为县，属颍州。弘治九年 (1496) 又升县为州。清直隶安徽布政使司。民国元年 (1912) 降亳州为亳县，直隶于安徽省。

　　亳县位于安徽省西北隅、归德南方约 60 公里处。

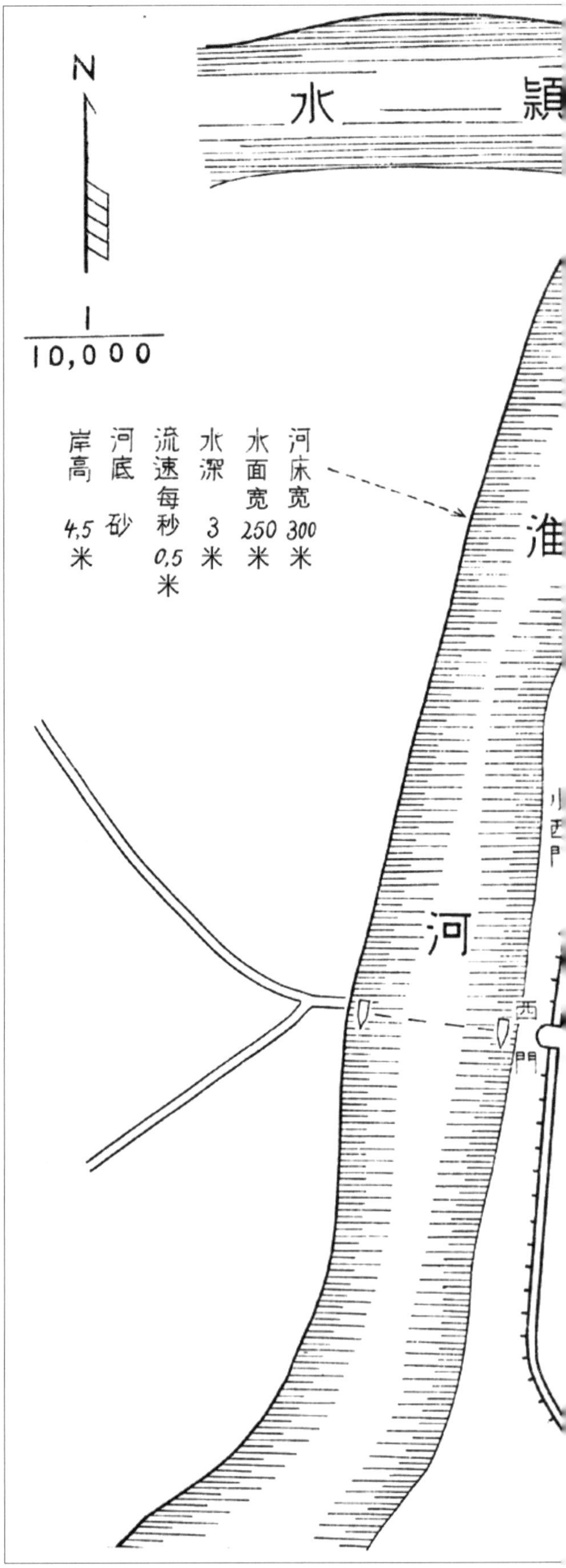

N

1 / 10,000

岸高 4.5 米　河底 砂　流速每秒 0.5 米　水深 3 米　水面宽 250 米　河床宽 300 米

水 ＿＿ 颍

淮

河

小西门

西门

正阳关建置沿革

古称颍尾、阳石、羊市、羊石城等。早在春秋已具雏形，《左传》鲁昭公十二年（前530）有"楚子狩于州来，次于颍尾"的记载。又据明嘉靖二十九年(1550)出版的《寿州志》载"东正阳镇，州南六十里，古名羊市，汉昭烈筑城屯兵于此"。据此正阳关至今已有1700余年的筑城史。

正阳关地处南货水运之要冲，夹淮河分东西，宋代相向设巡司。当时名来远镇，是寿州下辖的重要市镇，南宋时是宋金边界贸易口岸。明成化元年(1465)在此设立收钞大关，直隶户部管理，称之为"银正阳"或"东正阳"。正阳关即因此得名。东正阳为商业市街，西正阳为当地居民住地。

正阳关位于庐州西北约100公里处。

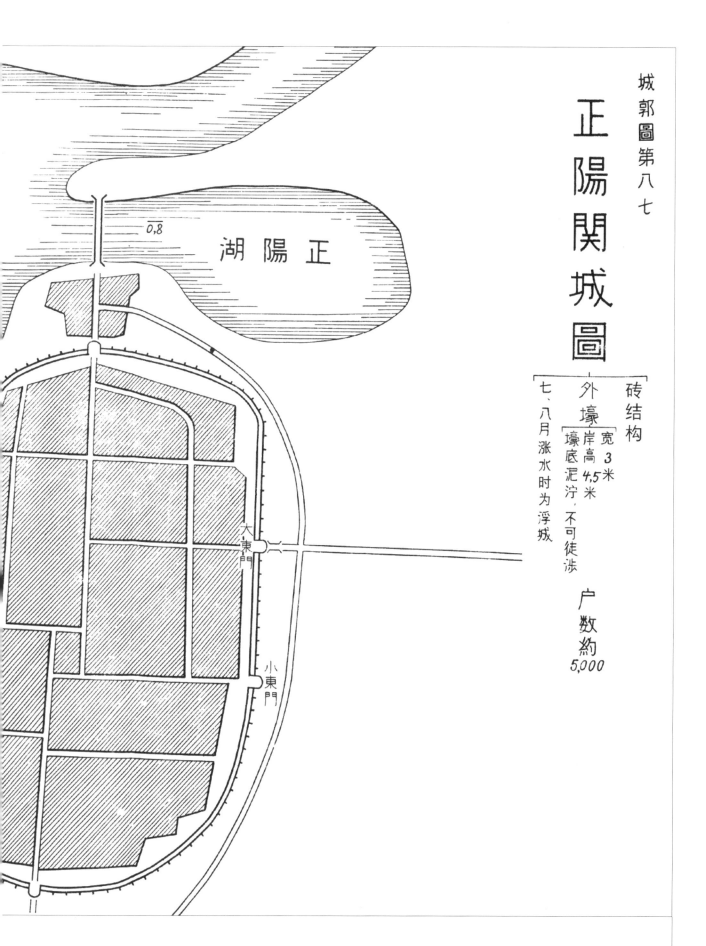

城郭圖第八七

正陽関城圖

砖结构

外壕 {宽 3 米
岸高 4.5 米

壕底泥泞，不可徒涉

七、八月涨水时为浮城

户数約 5,000

湖陽正

0.8

大東門

小東門

259

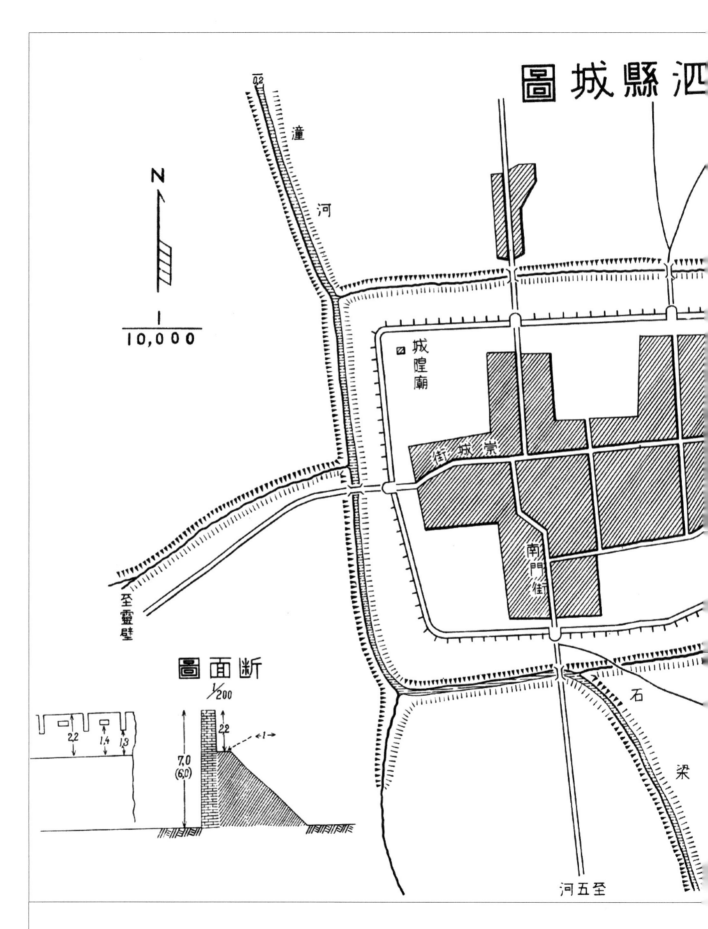

泗縣城圖

潼

河

城隍廟

崇城街

南門街

至靈壁

至五河

石梁

断面圖

1/200

N

10,000

2.2　1.4　1.3

2.2

7.0
(6.0)

←1→

0.2

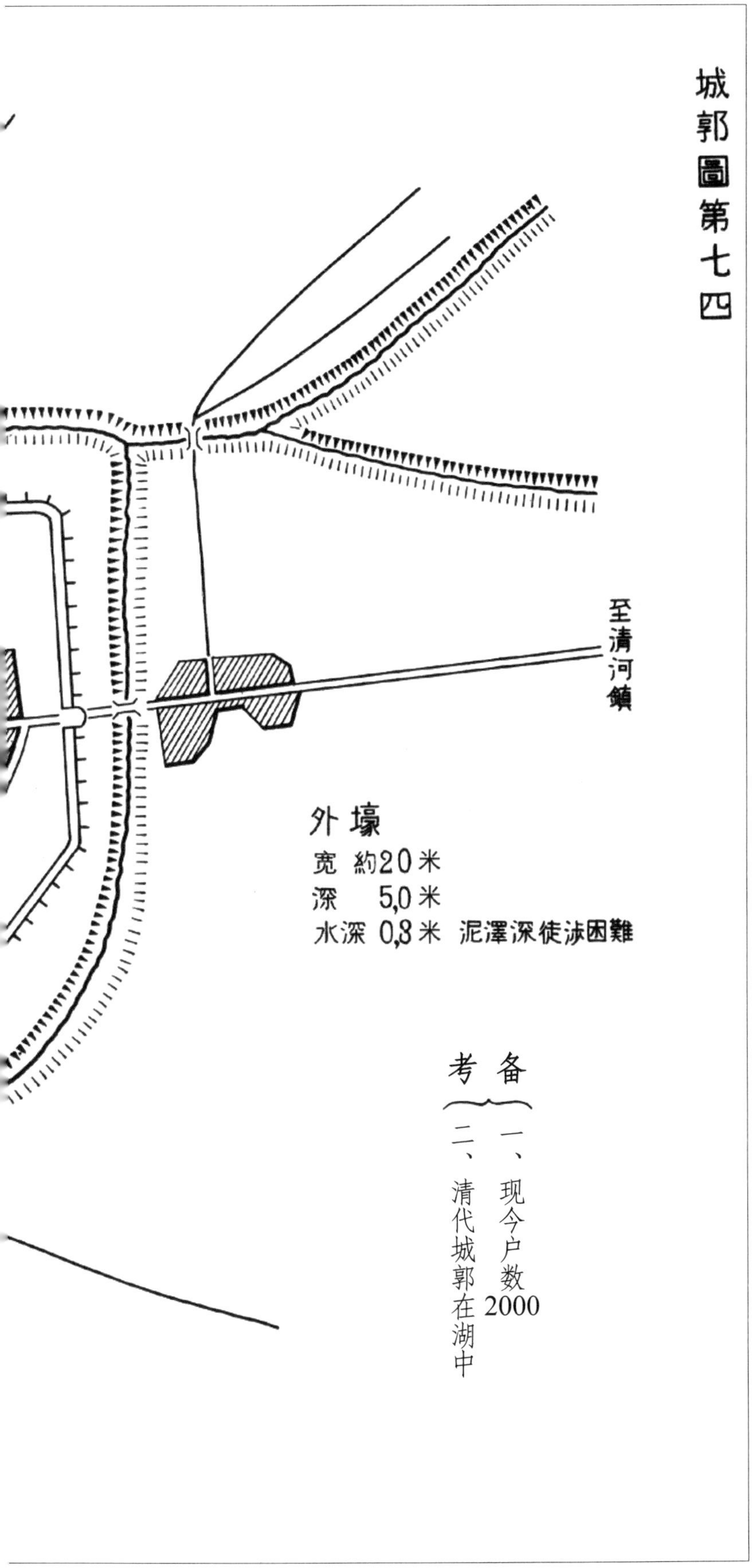

至清河鎮

外壕
宽 约20米
深 5.0米
水深 0.3米 泥澤深徒涉困難

考备
一、现今户数 2000
二、清代城郭在湖中

泗县建置沿革

春秋初属宋，宋灭属楚。秦时属薛郡。后在潼城增设僮县，与夏丘境属泗水郡。西汉置夏丘县，属沛郡。东汉时属下邳国。晋时属临淮郡。北朝北周改夏丘为晋陵县，后与朱沛郡的高平县并置泗州。隋开皇十八年 (598) 复夏丘县，属泗州。唐武德四年 (621) 置虹县；同六年 (623) 废夏丘入虹。后虹县移治夏丘，属仁州。贞观八年 (634) 废仁州，虹县属泗州。元和四年 (809) 改属宿州。太和四年 (830) 废宿州，复属泗州。后复置宿州，治于虹，虹县再属宿州。五代因袭唐制。宋元祐七年 (1092) 虹县属淮南路。绍兴九年 (1139) 改属淮东路泗州；同十一年 (1141) 属南京路泗州。元时虹县初属河南江北行中书省 (又称河南行省) 淮安府泗州，继属江北淮东道。至正二十七年 (1367) 改属临濠府泗州。明洪武六年 (1373) 泗州改属中立府；同七年 (1374) 属凤阳府泗州。清顺治二年 (1645) 虹县属江南省凤阳府泗州。康熙六年 (1667) 江南省分置安徽省。雍正三年 (1725) 泗州升为直隶州，虹县仍属凤阳府。乾隆四十二年 (1777) 泗州迁州治于凤阳府虹县，并虹县入泗州，虹县降称虹乡，至此泗县始为泗州州治。民国元年 (1912) 废州改称泗县，直隶于省；同三年 (1914) 属淮泗道；同二十一年 (1932) 废道，泗县划归安徽省第六行政督察区管辖。

泗县位于洪泽湖北方、徐州东南约150公里处。

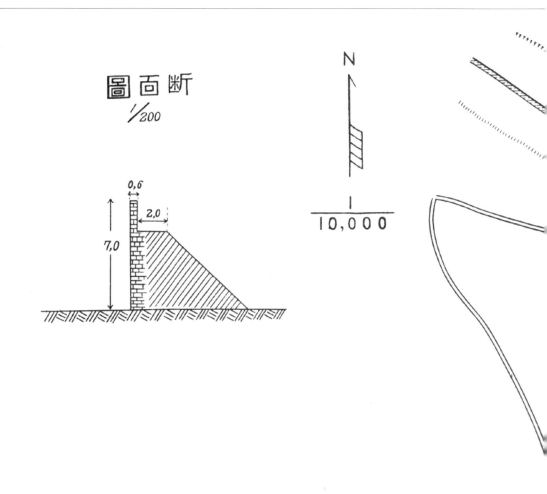

断面图
1/200

0.6
2.0
7.0

N

1
10,000

蒙城建置沿革

　　春秋境内西北焦国，西南胡国，东徐国。战国时属楚国，北与宋国接壤。秦时分属泗水郡之蕲县、城父两县。西汉时始置山桑县，属沛郡。东汉时山桑县属豫州刺史部汝南郡。三国时山桑县属魏国豫州谯郡。西晋时山桑县属谯国。东晋侨置蒙县，属北谯郡。后赵至南朝宋复称山桑县，属谯郡。北魏皇兴元年 (467) 置涡阳县 (南兖州马头郡治所)。南梁大通二年 (528) 置南谯郡 (西徐州治所)。北齐置南谯郡 (谯州治所)。隋开皇十六年 (596) 改称淝水县 (因淝河流经境内)，属谯郡。大业七年 (611) 改淝水县为山桑县，属谯郡。唐贞观十七年 (643) 山桑县属河南道亳州。天宝元年 (742) 定名为蒙城县。此后，虽归属屡有变更，但县名一直沿用未变。五代时为河南道亳州蒙城县。宋时先后属安丰军、亳州、寿州。元时属总管府安丰路。明时属南直隶凤阳府。清时先后属凤阳府、颍州府。民国元年 (1912) 属寿州；同三年 (1914) 属淮四道 (道尹驻泗县)；同十七年 (1928) 直隶于省；同二十一年 (1932) 蒙城划归安徽省第六行政督察区管辖。

　　蒙城位于徐州西南约 125 公里、庐州西北约 170 公里处。

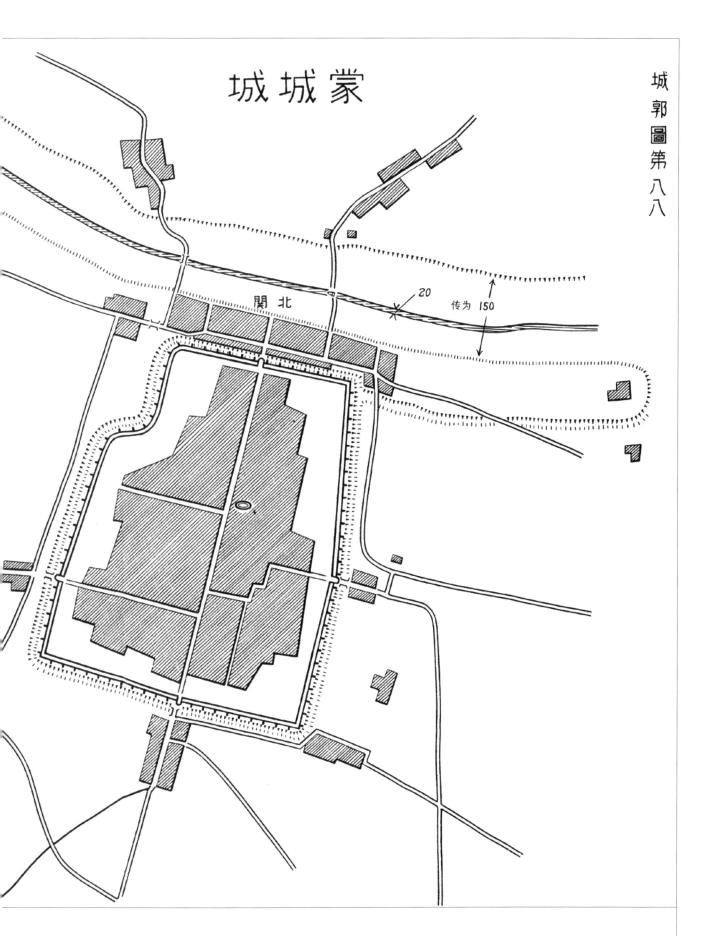

城城蒙

北關

20

传为 150

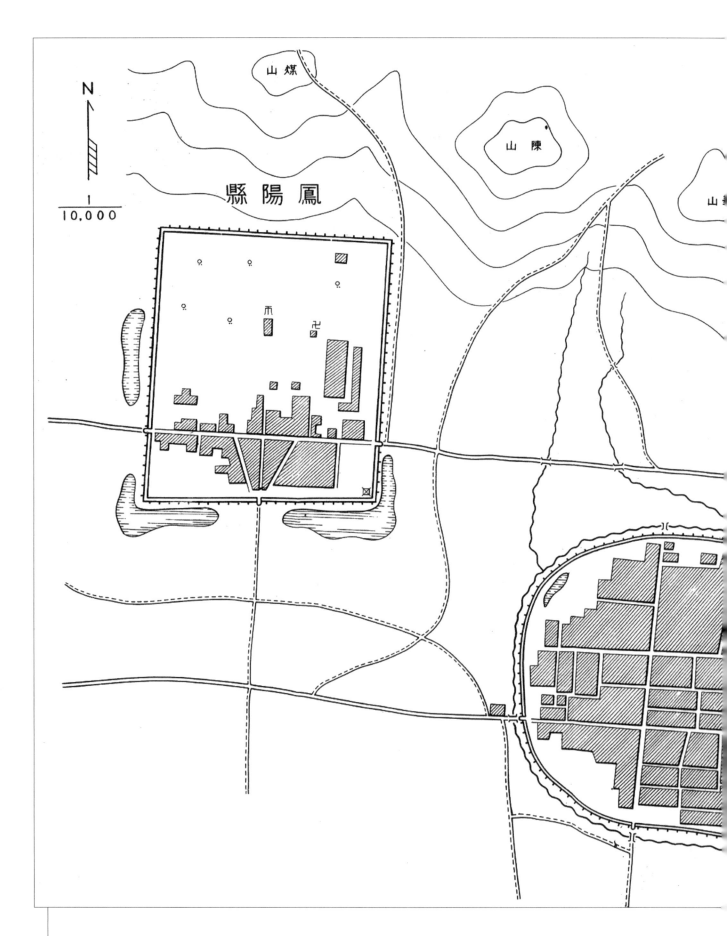

鳳陽府城及鳳陽縣城圖

第一山

鳳陽府城

凤阳建置沿革

春秋建钟离子国,并筑钟离城。周景王七年(前 538)楚占钟离城,属楚。敬王二年(前 518)钟离城又被吴王僚夺去。越王勾践灭吴后,钟离城属越。显王三十五年(前 334)楚灭越,钟离城又属楚。秦钟离城属九江郡。秦王政二十四年(前 223)灭楚,置钟离县。刘邦封英布为淮南王,改九江郡为淮南国钟离县为淮南国的领地西汉元狩元年(前 122)改淮南国为九江郡,钟离县仍属其管辖。新莽时,改九江郡为延平郡,改钟离县为蚕富县。东汉建武元年(25)改称钟离侯国,后又称钟离县,仍属九江郡。三国钟离县属魏。西晋时属淮南郡。东晋建武元年(317)分九江郡设钟离郡。义熙元年(405)钟离郡改属徐州。南朝宋泰始七年(471)钟离郡属南兖州。元徽元年(473)属北徐州。梁太清三年(549)正月入东魏,改北徐州为楚州,钟离郡属之。东魏武定八年(550)地入北齐,改楚州为西楚州,钟离郡属西楚州。北齐武平四年(573)入陈朝,改西楚州为北徐州,钟离郡属北徐州。陈太建十一年(579)地入北周,复改北徐州为西楚州。后又改西楚州为豪州,钟离郡先后属西楚州、豪州。隋开皇三年(583)废钟离郡。大业三年(607)改豪州为钟离郡。隋末,改钟离郡为豪州。唐武德五年(622)钟离县属淮南道豪州。天宝元年(742)改豪州为钟离郡。乾元元年(758)又改名豪州。元和三年(808)改豪河为濠河,改豪州为濠州。北宋时钟离县初属淮南路,后属淮南西路濠州。南宋开禧二年(1206)曾一度迁州治于定远。钟离县属河南行中书省安丰路濠州安抚司。至元十五年(1278)升为临濠府;同二十八年(1291)复为濠州。至正二十六年(1366)濠州为朱元璋所有,次年改濠州为临濠府。明洪武二年(1369)改钟离县为中立县,在濠州西南凤凰山南麓建中都;同三年(1370)因县城北临淮河,将中立县改为临淮县,临淮之名自此始;同六年(1373)临濠府改为中立府;同七年(1374)中立府改名凤阳府,府治迁往新城同时割临淮县的太平清洛广德永丰四乡设凤阳县;同十九年(1386)将虹县南八都并入凤阳县。凤阳因在凤凰山之阳,故名。自洪武七年至清乾隆十九年(1754)为凤阳府治和凤阳、临淮两县地。凤阳府,明初直隶中书省,永乐元年(1403)改属南直隶。清顺治二年(1645)改属江南省。康熙元年(1662)改属安徽省。乾隆十九年(1754)并临淮县入凤阳县;同二十年(1755)凤阳县属安徽省皖北道凤阳府。民国元年(1912)废府,凤阳县直隶于省;同三年(1914)置淮泗道;同二十一年(1932)凤阳划归安徽省第四行政督察区管辖。

凤阳位于津浦铁路沿线、蚌埠东南约 18 公里处。现今尚存府城残壁。有与明太祖朱元璋有关的史迹,即明皇陵(凤阳西南 8 公里处)及皇觉寺(太祖出家寺院)等。

三、江西省及武汉地区的城郭

湖北省和湖南省、江西省分别位于长江的北面和南面，周围山脉连绵，用作与其他省份的疆界。各省境内皆有大河流入长江，湖北省是汉江、湖南省有湘江，而江西省赣江是也。长江沿岸湖泊星罗棋布，大的有湖南省境内的洞庭湖和江西省境内的鄱阳湖，而且还有不计其数的小河流水流入这些湖泊大川，水上交通极为便捷。因此，在这些交通要冲地区，自然都市发达，多为大都城，然城郭规模较华北即长江中下游附近都市而言，不够壮观。又因地形错综复杂，不见有方形城郭，多因地制宜，曲折为主。

九江建置沿革

春秋时先后属吴、楚。战国越灭吴，属越；楚败越，属楚。秦灭楚，以其地置三郡，其中有九江郡，郡治在寿春。西汉初年析秦九江郡为九江、庐江、衡江、豫章四郡，并置寻阳县。高祖六年 (前 201) 车骑大将军灌婴在九江凿井筑城戍守，称湓城，并置柴桑县。三国时属孙吴，由一方边远僻左，一跃成为为边防重镇及交通枢纽。晋元康元年 (291) 置江州，州治豫章。永兴元年 (304) 分庐江郡寻阳县、武昌郡柴桑县合立寻阳郡，郡治设江北寻阳县，属江州。东晋咸和年间 (326~334) 寻阳郡治、寻阳县治先后由江北迁至柴桑。咸康六年 (340) 江州州治又自豫章移驻寻阳。至此，州、郡、县三级政权同治寻阳。义熙八年 (412) 寻阳郡改名为江州郡，省寻阳县，并入柴桑。南朝梁太清年间 (547~549) 寻阳郡治迁入湓城。隋开皇九年 (589) 废寻阳郡，并柴桑、汝南为寻阳县，县治湓城；同十八年 (598) 改寻阳县为彭蠡县。大业二年 (606) 以寻阳跨江而治，江水会境，遂废江州改置九江郡，并改彭蠡县为湓城县。唐初废郡复州。武德四年 (621) 分湓城置浔阳县。贞观年间 (627~649) 江州设有大规模的官办造船工场，曾奉旨造能浮海的大船供高宗远征高丽。开元年间 (713~741) 江州港由一个地区性港口转变成全国性港口。五代南唐尊崇儒学，江州儒风纯厚，为"道德教化之地"。升元三年 (939) 改浔阳县为德化县。北宋开宝八年 (975)，南唐后主李煜战败降宋，江南各城皆归顺，独江州拒命。次年，宋将曹翰破城，为泄愤而屠城。至宋代中叶，江州城成为一个繁华的中等城市。天禧四年 (1020) 分江南路为东、西二路，江州属江南东路。大观三年 (1109) 江州升为望郡。南宋建炎二年 (1128) 为江州路。绍兴二年 (1132) 江州改属江南西路。元至元十二年 (1275) 于江州置江东西宣抚司；同十三年 (1276) 改为江西大都督府，属扬州行省；同十四年 (1277) 罢江西大都督府升江州路，改南康军为南康路；同十六年 (1279) 江州路改属黄蕲等路宣慰司；同二十二年 (1285) 复属江西行省。至正二十一年 (1361) 改江州路为九江府；改南康路为西宁府，次年改称南康府。明洪武九年 (1376) 改江西行省为江西等处承宣布政使司，九江道辖九江、南康、饶州三府。清因袭明制。咸丰四年 (1854) 太平军改湖口为九江郡，以九江府为

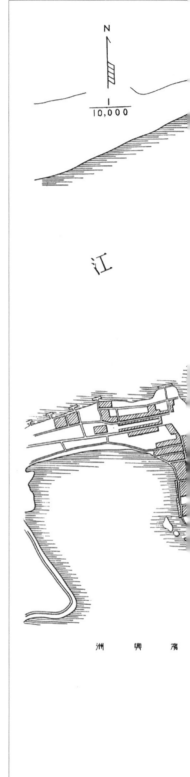

圖城江九

揚

子

城郭圖第九。

百壽湖

甘棠湖

南門湖

江西省；太平天国失败后，清复原制。民国元年 (1912) 废府，直隶于省；同十五年 (1926) 废道，
仍属省辖；同十六年 (1927) 设九江市政厅；次年改称市政府；同二十四年 (1935) 九江划归江西省
第五行政督察区管辖。

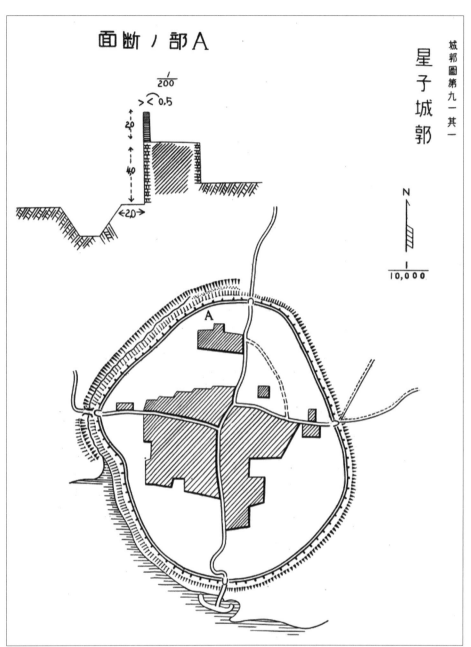

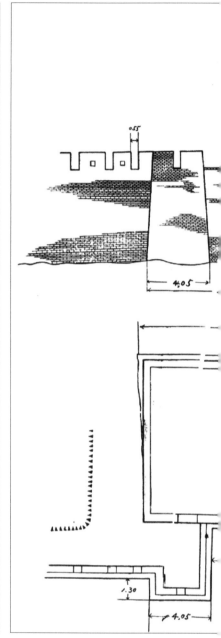

星子（南康）建置沿革

春秋时先后属吴、楚。战国越灭吴，属越；楚败越，属楚。秦时属九江郡。汉高祖六年（前201）置淮南国豫章郡柴桑县，星子在其境。三国魏黄初三年（222）东吴设置昌郡，柴桑属之。晋永兴元年（304）析武昌郡柴桑县、庐州郡寻阳县，置寻阳郡。南朝仍循旧制，属寻阳郡。隋废寻阳郡置江州，废汝南、柴桑两县置寻阳县。开皇十八年（598）更名彭蠡县。大业三年（607）废江州，改为九江郡，彭蠡更名湓城。唐武德四年（621）复置江州，设寻阳县；同八年（625）湓城并入寻阳。五代十国时期，吴杨溥大和年间（929～935）于庐山之南置星子镇，派兵驻守。因境内有石（即落星墩）浮于水面如星，故名。南唐保大年间（943~957）寻阳改名德化，星子镇归属德化县。宋太平

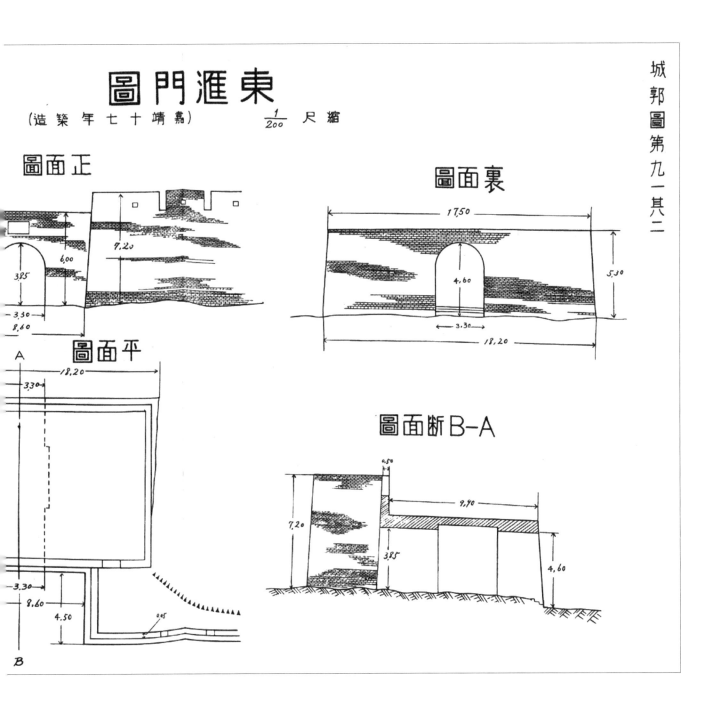

圖門滙東

（造築年七十靖嘉）　$\frac{1}{200}$ 尺縮

圖面正

圖面裏

圖面平

圖面斷 B-A

兴国三年 (978) 升星子镇为星子县，属江州；同七年 (982) 置南康军，统辖洪州的建昌、江州的都昌、星子，以星子县为军治，属江南路。天禧四年 (1020) 江南路分东、西两路，南康军属江南东路。元至元十四年 (1277) 南康军改名南康路，置总管府，属江淮行省。未久改归江西行中书省。至正二十一年 (1361) 改南康路为西宁府。明洪武九年 (1376) 改称南康府，属江西布政司。清雍正九年 (1731) 南康府属广饶九南道。自宋至清，星子均属南康。南康军、路、府治均设在星子县。民国元年 (1912) 废府，保留星子县，直隶于省；同三年 (1914) 属浔阳道；同十五年 (1926) 废道，仍属省辖；同二十四年 (1935) 星子划归江西省第五行政督察区管辖。

星子位于九江南方约 30 公里的鄱阳湖沿岸。

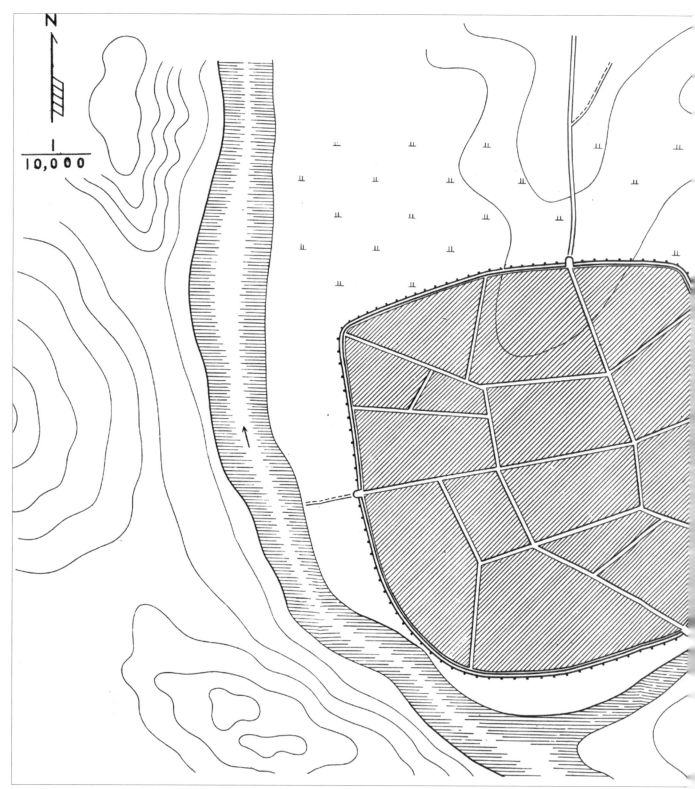

都昌建置沿革

　　春秋战国时为楚、吴地，属番邑。秦王政二十六年（前221）置番县，属九江郡。汉高祖元年（前206）番县属九江国九江郡；同四年（前203）属淮南国；同六年（前201）析番县地置枭阳县，治所四望山，属淮南国豫章郡。元朔六年（前123）属九江郡。三国时属北海郡（魏地）。东汉兴平二

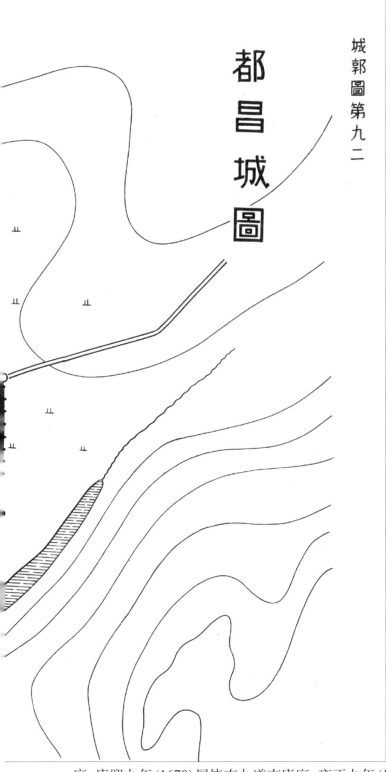

都昌城图

年 (195) 分豫章置庐陵郡。建安十五年 (210) 又分豫章置鄱阳郡，枭阳县属鄱阳郡。晋初属齐郡，后仍归北海郡。太康十年 (289) 属扬州鄱阳郡。元康元年 (291) 割荆、扬两州地置江州，枭阳县属江州鄱阳郡。永安元年 (304) 改属江州浔阳郡。南朝宋永初二年 (421) 废枭阳县，入彭泽县，属江州。齐永明元年 (483) 复属江州浔阳郡。梁天监元年 (502) 属江州太原郡。陈永定元年 (557) 改属江州豫章郡。天嘉元年 (560) 复属江州浔阳郡。隋开皇三年 (583) 彭泽县易名龙城县，属江州；同十八年 (598) 龙城复名彭泽。大业三年 (607) 州废，属九江郡。唐武德五年 (622) 割鄱阳湖雁子桥之南境置都昌县。因地有都村，南接南昌，西望建昌，故名。设临时治所于王市，属江南道都督府浩州。开元二十一年 (733) 属江南西道江州。大历元年 (766) 属江南道饶州。大历年间 (766~779) 治所徙迁彭蠡湖东，即现今都昌。五代南唐属建康军饶州。宋开宝八年 (975) 属江东路建康军饶州。太平兴国七年 (982) 属江东路饶州。天禧四年 (1020) 属江南东路南康军。南宋建炎四年 (1130) 属江南路南康军。绍兴元年 (1131) 属江南西路南康军。元至元元年 (1264) 属扬州行省江西元帅府南康军；同十四年 (1277) 属江淮行省江西道南康路；同二十三年 (1286) 属江西行省南康路。至正二十一年 (1361) 属江西行省西宁路；同二十二年 (1362) 属江西行省南康府。明洪武九年 (1376) 革行省置江西承宣布政使司，属九江道南康府。清顺治二年 (1645) 江西承宣布政使司改称江西省，属江西省九江道南康府。康熙九年 (1670) 属饶南九道南康府。雍正九年 (1731) 属广饶九南兵备道南康府。民国元年 (1912) 废府，直隶于省；同三年 (1914) 属浔阳道；同十五年 (1926) 废道，仍属省辖；同二十四年 (1935) 都昌划归江西省第五行政督察区管辖。

都昌位于鄱阳湖北岸、九江东南约 40 公里处。

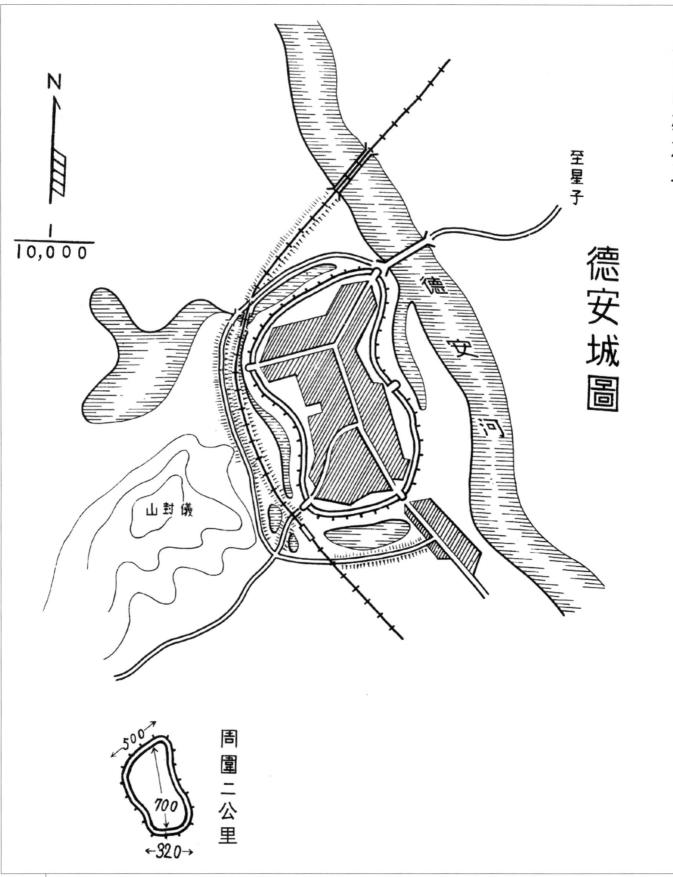

德安城圖

N

1
10,000

至星子

德安河

山封儀

周圍二公里

500

700

320

272

德安建置沿革

春秋战国时属楚地，曾属吴地，为吴楚分界之地。秦时为九江郡地。西汉置历陵县，属豫章郡。新莽改历陵县为蒲亭。东汉复置历陵县，属豫章郡。建安十五年(210)分豫章郡为鄱阳郡，历陵县属之。晋仍属鄱阳郡。南北朝时属浔阳路。宋永初元年(420)郡国有历陵县。元嘉元年(424)历陵县入柴桑县。隋时属九江郡。开皇九年(589)废柴桑县立浔阳县；同十九年(599)改浔阳县为彭蠡县。大业二年(606)改彭蠡县为彭城县，寻废彭城县为湓城县。湓城旧曰柴桑县。唐时属江州。武德四年(621)置江州郡领湓城、浔阳、彭泽三县；同五年(622)分湓城县置楚城县；同八年(625)废楚城县入浔阳县，又以历陵故址设蒲塘场。贞元年间(785~805)寻废。咸通五年(864)复置蒲塘场。五代十国时期，德安县属江州路。吴杨溥乾贞元年即顺义七年(927)升蒲塘场为德安县，县名取"德所绥安"之义；南唐仍其名。宋德安县属江州路。元德安县属江州路。明德安县属九江府。清德安县属九江府。民国元年(1912)废府，直隶于省；同三年(1914)属浔阳道；同十五年(1926)废道，仍属省辖；同二十四年(1935)德安划归江西省第五行政督察区管辖。

德安位于九江至南昌铁路沿线、九江西南约55公里处。

安义建置沿革

春秋战国时艾侯领地，先后为吴、越、楚属地。秦时属九江郡。西汉海昏县属地，属豫章郡。东汉改海昏县为海昏侯国，仍属豫章郡。永元十六年 (104) 析海昏置建昌县。中平二年 (185) 又析海昏、建昌置永修、新吴两县，境域为永修属地，属豫章郡。隋开皇九年 (589) 并永修、豫宁、新吴、艾四县入建昌县，属洪州。安义为建昌县属地。炀帝时，废州为郡，建昌县属豫章郡。唐初改郡为州，属南昌州。武德五年 (622) 复置永修县，又析建昌地设龙安县；同八年 (625) 属洪州。宋太平兴国七年 (982) 属南康军。元元贞元年 (1295) 升建昌县为州，属南康路。至正二十一年 (1361) 南康路为西宁路，次年复改为南康府。明洪武二年 (1369) 建昌降为县，仍属南康府。正德十三年 (1518) 析建昌县安义、南昌、卜邻、控鹤、依仁五乡置县，以境南安义乡而得名安义县。清安义县仍属南康府。民国元年 (1912) 废府，直隶于省；同三年 (1914) 属浔阳道；同十五年 (1926) 废道，仍属省辖；同二十四年 (1935) 安义划归江西省第一行政督察区管辖。

安义位于南昌西北约 35 公里处。

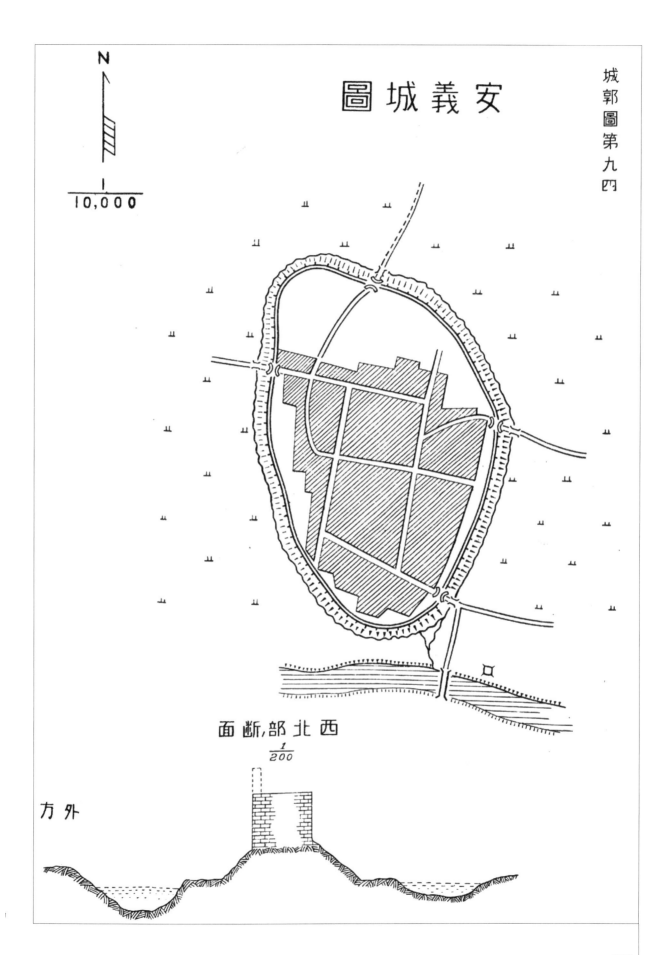

圖城義安

N

10,000

西北部,斷面

$\dfrac{1}{200}$

外方

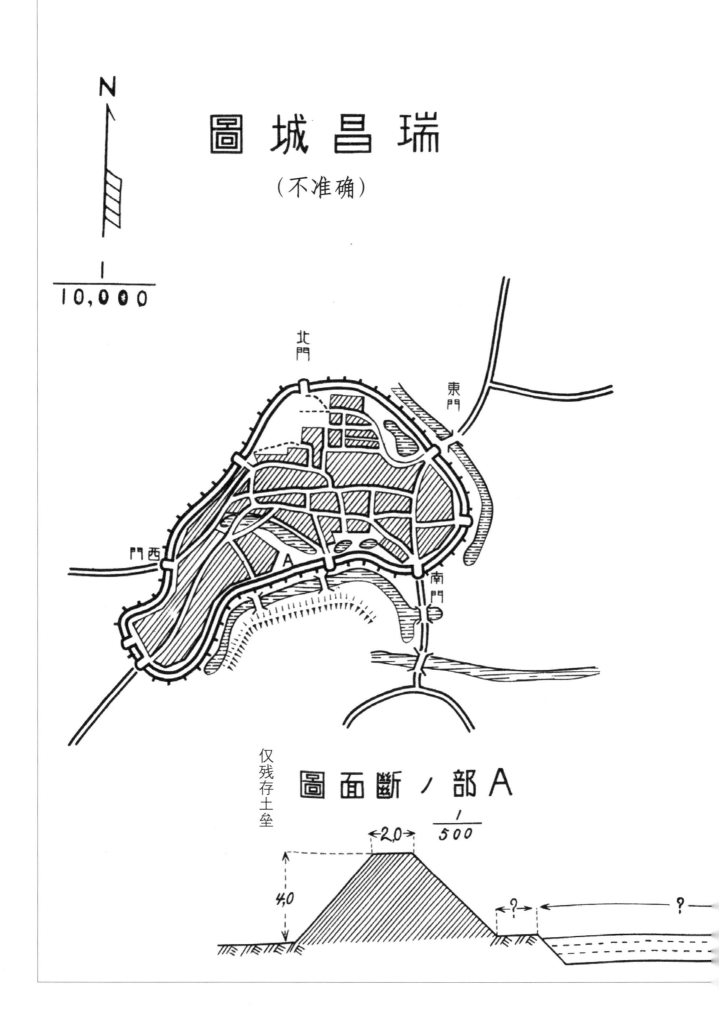

圖 城 昌 瑞

（不准确）

N

1
10,000

北門

東門

門西

A

南門

仅残存土垒

圖面断ノ部A

1
500

←2.0→

4.0

?   ?

瑞昌建置沿革

汉时柴桑县地。三国吴建赤乌镇，仍属柴桑。隋时属溢城县地。唐时属浔阳县地。建中四年(783)以浔阳县西偏僻远，设赤乌场。五代南唐升元三年(939)升赤乌场为县，定名瑞昌，寓祥瑞荣昌之意，属奉化军(江州改名)，治设桂林桥。宋嘉泰三年(1203)县治迁至溢城。元至元十二年(1275)属江州宣抚司，隶扬州行中书省；同十六年(1279)属黄蕲等路宣慰使司；同二十二年(1285)属江西行中书省江州路。明洪武九年(1376)瑞昌县属九江道九江府。旧无城，明正德八年(1513)始营土城，周仅二里。清因袭明制。民国元年(1912)废府，直隶于省；同三年(1914)属浔阳道；同十五年(1926)废道，仍属省辖；同二十四年(1935)瑞昌划归江西省第九行政督察区管辖。

瑞昌位于九江西方约35公里处。现今城墙大部已破残。

萍乡建置沿革

西周属扬州。春秋战国时先后为吴、楚地。汉时属豫章郡宜春县地，故城在现今萍乡东方约25公里处。三国吴宝鼎二年(267)置萍乡县，县治芦溪古岗。唐武德二年(619)县治从芦溪古岗迁至萍乡凤凰池。贞观元年(627)属江南西道袁州府。元元贞元年(1295)萍乡由县升格为州。明洪武二年(1369)改州为县，属江西省袁州府。清因袭明制，属江西省袁州府。民国元年(1912)废府，直隶于省；同三年(1914)属庐陵道；同十五年(1926)废道，仍属省辖；同二十四年(1935)萍乡划归江西省第二行政督察区管辖。

萍乡位于长沙东南约100公里、南昌西南约230公里处。

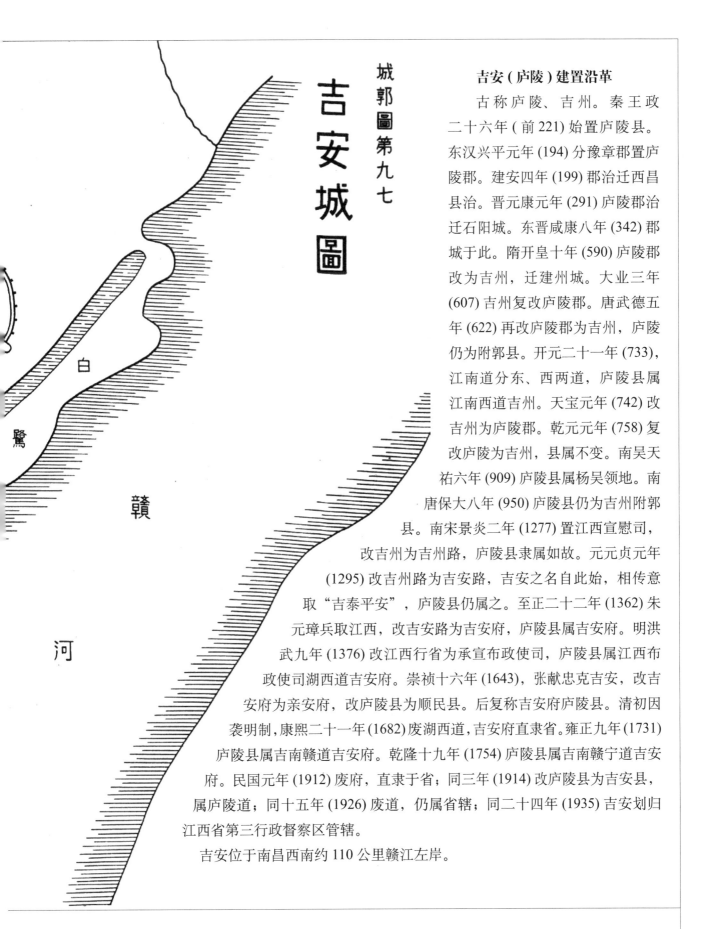

城郭圖第九七

吉安城圖

白

鷺

贛

河

吉安（庐陵）建置沿革

古称庐陵、吉州。秦王政二十六年（前221）始置庐陵县。东汉兴平元年（194）分豫章郡置庐陵郡。建安四年（199）郡治迁西昌县治。晋元康元年（291）庐陵郡治迁石阳城。东晋咸康八年（342）郡城于此。隋开皇十年（590）庐陵郡改为吉州，迁建州城。大业三年（607）吉州复改庐陵郡。唐武德五年（622）再改庐陵郡为吉州，庐陵仍为附郭县。开元二十一年（733），江南道分东、西两道，庐陵县属江南西道吉州。天宝元年（742）改吉州为庐陵郡。乾元元年（758）复改庐陵为吉州，县属不变。南吴天祐六年（909）庐陵县属杨吴领地。南唐保大八年（950）庐陵县仍为吉州附郭县。南宋景炎二年（1277）置江西宣慰司，改吉州为吉州路，庐陵县隶属如故。元元贞元年（1295）改吉州路为吉安路，吉安之名自此始，相传意取"吉泰平安"，庐陵县仍属之。至正二十二年（1362）朱元璋兵取江西，改吉安路为吉安府，庐陵县属吉安府。明洪武九年（1376）改江西行省为承宣布政使司，庐陵县属江西布政使司湖西道吉安府。崇祯十六年（1643），张献忠克吉安，改吉安府为亲安府，改庐陵县为顺民县。后复称吉安府庐陵县。清初因袭明制，康熙二十一年（1682）废湖西道，吉安府直隶省。雍正九年（1731）庐陵县属吉南赣道吉安府。乾隆十九年（1754）庐陵县属吉南赣宁道吉安府。民国元年（1912）废府，直隶于省；同三年（1914）改庐陵县为吉安县，属庐陵道；同十五年（1926）废道，仍属省辖；同二十四年（1935）吉安划归江西省第三行政督察区管辖。

吉安位于南昌西南约110公里赣江左岸。

武昌建置沿革

汉设沙羡（音夷）县，治涂口。三国魏、吴各置江夏郡，魏江夏郡初治石阳县，后迁上昶城。吴江夏郡初治沙羡，孙权自公安迁都鄂后，置武昌郡，旋复名江夏，郡治武昌县。黄武二年(223)，孙权在江夏山东北筑土石城，取名夏口城。此为武昌最早城郭，城方圆仅二三里，实为地形险要的军事堡垒。此城宋时仍存。280 年，晋平吴后，改吴江夏郡为武昌郡，并将原魏江夏郡治迁回安陆旧城。至晋武帝以后，沙羡县治移至夏口城，故武昌一度称为沙羡县。后因辖区扩大改称汝南县。南朝刘宋时，江夏郡定治于汝南县城(涂口)。当时，江夏郡与汝南县在涂口为郡县并治，郡为侨置郡所。孝建元年(454)，于夏口设置郢州，并在夏口城的基础上修葺和扩建城垣，此为古郢州城，遗址尚存。当时又称武昌为郢城。齐梁时期，梁将曹景宗攻打郢城，在紫金山与小龟山北筑土石城堡，此堡北临沙湖，南距郢城约 2 里，后世称"曹公城"。隋开皇九年(589)江夏郡、武昌郡皆废，改郢州为鄂州，改汝南县为江夏县。州、县治所均设于城内。自此，武昌又有鄂州、江夏县之称。大业年间(605~617)复改鄂州为江夏郡，治所在江夏县。唐乾元元年(758)后，江夏郡一名始废，先后为观察使、武昌军节度使驻地。宝历元年(825)，牛僧孺为武昌军节度使时，改建鄂州城，原夯土结构改成砖甓结构。武昌有砖城自此始。五代鄂州治所。宋皇祐(1049~1054)初年，鄂州知州李尧俞重修鄂州城。明武昌府治。洪武四年(1371)，江夏侯周德兴增拓武昌府城，周围 20 余里，辟有 9 座城门，墙体为陶砖砌就，墙高二三丈余不等。此为武昌城第二次大规模的改建并基本定型。据《湖广图经志书》载，明代的武昌城，里巷阡陌，衙署丛集，府学、贡院、文庙等文化建筑遍布，文人学士荟聚，俨然是一座政治中心的城市景观，为当时南方的重要城垣。清时为湖北省首府。民国元年(1912)为纪念辛亥革命改江夏县为武昌县，寓"因武而昌"之意；同三年(1914)置江汉道，废道制后为湖北省府所在地；同十六年(1927)置京兆区，辖夏口、武昌、汉阳三城区；武昌城开始拆除，仅保留有历史纪念意义的起义门一小段城墙；同十八年(1929)全部拆完。

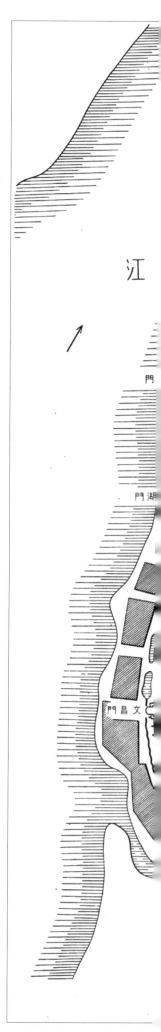

武昌城圖

N

1
10,000

揚

沙湖

小湖

司湖

武勝門

忠孝門

大觀山

黃

崇陽門

菱湖

都司湖

西湖

墩子湖

通湘門

望山門

保安門

中和門

曬

湖

汉阳建置沿革

商末周初先隶南国，后属郧国。春秋战国时属楚国。秦时属南郡。西汉时，北部属安陆县，南部滨长江一带属沙羡县，同属江夏郡。东汉建武元年 (25) 置沌阳县。建安 (196~220) 初年复为安陆县。三国魏、吴分据江夏郡，置石阳县 (又名石梵)、沙羡县。晋太康元年 (280)，改石阳为曲阳。永兴二年 (305) 改曲阳为曲陵，复置沌阳县。南北朝时属郢州江夏郡、司州汉阳郡，置沌阳、滠阳县 (后废)。隋时属沔阳郡，置沌阳、汉津县。大业二年 (606) 因汉津县在汉水北岸，依"山北为阴，水北为阳"改名为汉阳县。唐武德四年 (621) 置沔州，治汉阳，先后属沔州汉阳郡、鄂州江夏郡。五代十国时期，先后属吴、南唐、后周，仍隶鄂州，为汉阳军治所。宋时属荆湖北路汉阳军，为军治所。元至元十四年 (1277) 改汉阳军为汉阳府，属湖广行中书省，为府及县治。明洪武九年 (1376) 废汉阳府，县属湖广布政使司武昌府；同十三年 (1380) 复置汉阳府。明末，汉阳府治汉阳。清康熙三年 (1664) 湖北、湖南两省分治，汉阳府属湖北布政使司，仍辖汉阳、汉川两县。雍正七年 (1729) 德安府孝感县和黄州府黄陂县属汉阳府。乾隆二十八年 (1763) 安陆府沔阳州亦属汉阳府，自此汉阳县成为附郭首县。光绪二十五年 (1899) 汉阳、汉口分治 (史称"阳夏分治")，汉口镇及周围数乡自汉阳县分出，另立夏口厅，同属汉阳府。民国元年 (1912) 改夏口厅为夏口县，废汉阳府，汉阳县属江汉道；同十五年 (1926) 汉阳县城区并入新设的汉口市；次年国民政府迁至武汉，置京兆区，辖夏口、武昌、汉阳三城区；同十八年 (1929) 属武昌市；同十九年 (1930) 仍入汉阳县，改设汉口特别市，汉阳城区划归该市，所属乡、区仍属汉阳县；同二十五年 (1936) 汉阳划归湖北省第一行政督察区管辖。

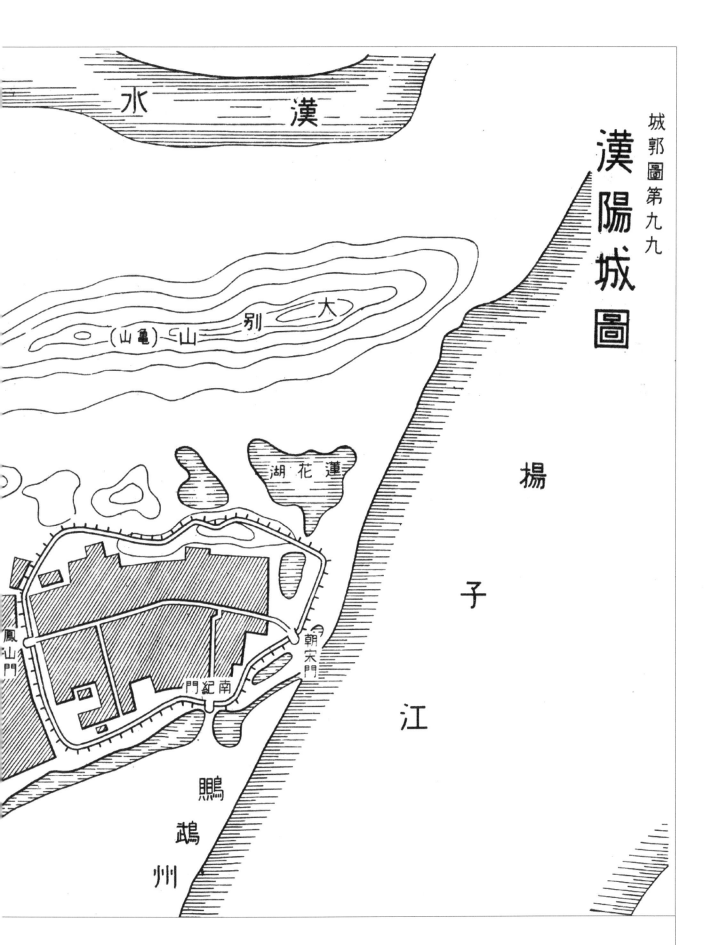

漢水

城郭圖第九九

漢陽城圖

(山龜)山別大

蓮花湖

揚子江

鳳山門

南紀門

朝宗門

鸚鵡州

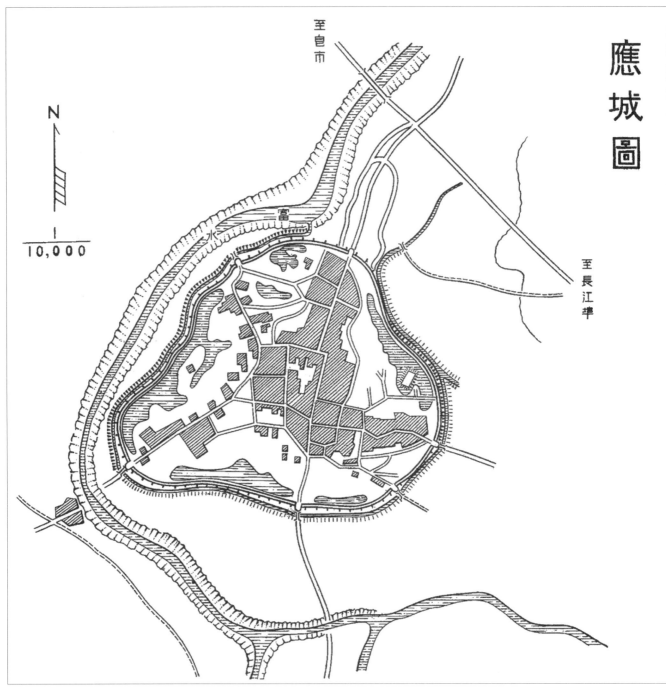

至皂市

至長江埠

N

10,000

应城建置沿革

古蒲骚之地。战国时属楚地。秦时属南郡。汉高祖六年（前 201）析南郡置江夏郡，为安陆县地。东汉时仍为安陆县地，属荆州江夏郡。三国吴、魏交错其境。晋置曲陵县，东南境属之。曲陵废，仍为安陆县地，属荆州。南朝宋孝建元年 (454) 析安陆县南境置应城县，属郢州安陆郡。应城建县自此始。以地处要冲，乃安、荆两府咽喉，郧襄东道门户，应置城为守，故名。齐仍为应城县，属安陆郡，隶司州。梁因齐旧，应城县属南司州安陆郡。北朝西魏大统十六年 (550) 以应城为城阳郡治，领应城、云梦两县，并一度改设浮城县。北周武成元年 (559) 改城阳郡应城县

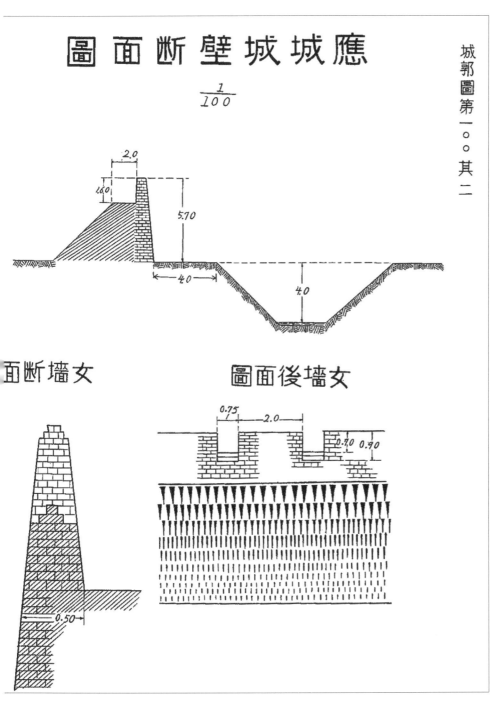

応城城壁断面圖
1/100

城郭圖第一〇〇 其二

女墻断面圖　　　女墻後面圖

为镇，属那州。陈太建十二年 (580) 复城阳郡，应城镇为县，属安州。隋开皇二年 (582) 废城阳郡，改属郎州。大业元年 (605) 改应城为应阳县，属安陆郡。唐武德四年 (621) 复应阳为应城，并省云梦入之。贞观八年 (634) 又省应城入云梦，旋复旧置，属安州，隶淮南道。天祐二年 (905) 又改应城为应阳县。五代后梁开平元年 (907) 仍为应阳县，属安州宣威军。后唐同光元年 (923) 复县名应城，改宣武军为安远军。后晋天福元年 (936) 罢军改属防御州。后汉天福十二年 (947) 复属安远军。后周广顺元年 (951) 又改属防御州。北宋建隆元年 (960)以安州防御复为安远军，隶荆湖北路，应城县属之。天圣六年 (1028) 改隶京西路。庆历元年 (1041) 还属荆湖北路。宣和元年 (1119) 升安州为德安府，领安陆、应城、孝感、应山、云梦五县。元至元十三年 (1276) 割湖广行省德安府，属河南行省黄州路；同十八年 (1281) 罢宣慰司，直隶鄂州行省；同三十年 (1293) 属河南行省黄州路，又改属荆湖北道。明洪武元年 (1368) 属德安府，隶湖广行省；同九年 (1376) 降府为州，改属黄州府；同十年 (1377) 省应城入云梦县；同十三年 (1380) 复置应城县，属德安府，隶湖广布政司武昌道；同二十四年 (1391) 改属河南，旋还隶湖广布政司德安府。成化六年 (1470)，知县汪清率民筑土为城，周五里有奇，开城门六处。清因袭明制，应城仍属德安府，隶湖广布政司汉黄德道。民国三年 (1914) 应城县属湖北省江汉道；同二十五年 (1936) 应城划归湖北省第三行政督察区管辖。

应城位于汉口西北约 80 公里处。

287

面断部C

$\frac{1}{200}$

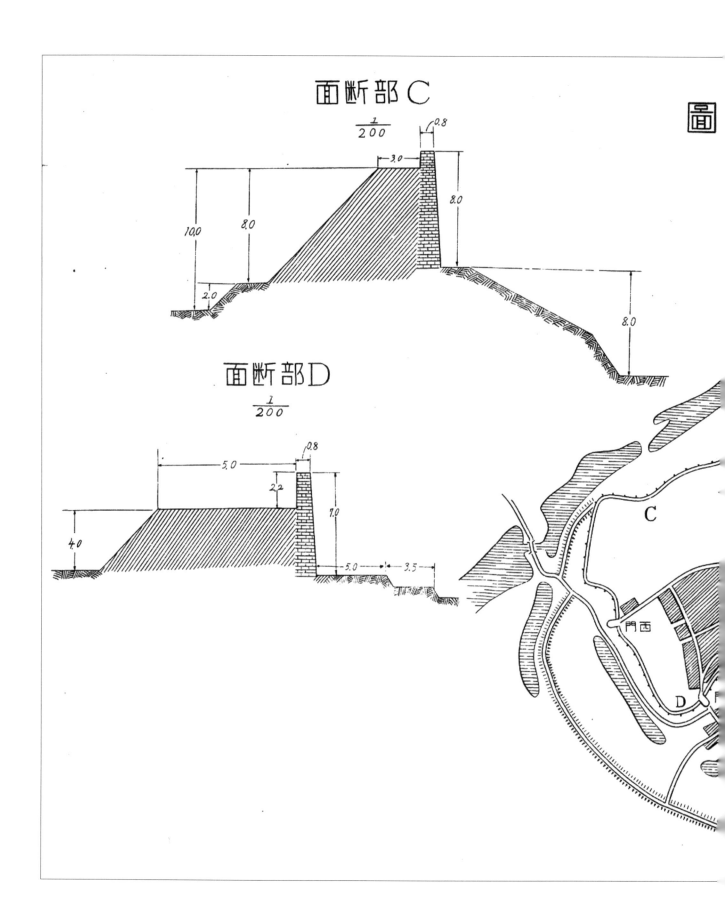

面断部D

$\frac{1}{200}$

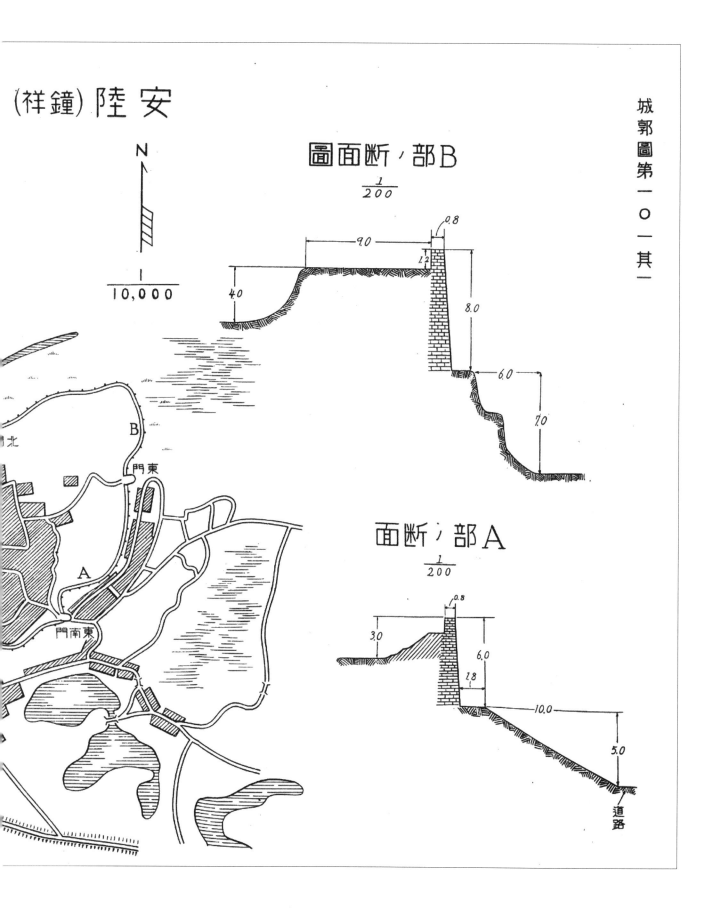

安 陸（鐘祥）

N

$\frac{1}{10,000}$

圖面斷ノ部B

$\frac{1}{200}$

面斷ノ部A

$\frac{1}{200}$

城郭圖第一〇一其一

門北

門東

門南東

道路

289

钟祥建置沿革

春秋战国时期，为楚国别邑，称郊郢。秦时属南郡之地。西汉因袭秦制，设郢县，钟祥设县自此始，仍属南郡。东汉初，废郢县。三国时，吴于郊郢置牙门戍，依山垒石筑城，名石城。晋元康九年(299)，置竟陵郡，治石城。南朝宋泰始六年(470)，立苌寿县，为竟陵郡治。西魏大统十七年(551)，改苌寿县为长寿县；同年置郢州，治长寿。元改郢州为安陆府，治长寿。明洪武九年(1376)，改安陆府为安陆州，省长寿县入安陆州。嘉靖十年(1531)，因嘉靖皇帝生养发迹于此，升安陆州为承天府，与北京顺天府、南京应天府同级。为中央三大直辖府之一。同年复立县，取"祥瑞钟聚"之意，命名钟祥，承天府治钟祥。清顺治三年(1646)，改承天府为安陆府，仍治钟祥。长寿、钟祥是晋、南北朝、隋、唐、五代、宋、元、明、清等朝代的竟陵郡、郢州、安陆府、承天府治所。民国元年(1912)废安陆府，改属湖北省第四行政督察区；同二十五年(1936)钟祥划归湖北省第三行政督察区管辖。

钟祥近汉江，位于应城西北约100公里处。

史上钟祥有段时间名安陆。即钟祥曾为安陆府府治，而与其同时的安陆却是德安府府治。现附隋朝以降的安陆建置，以便与钟祥对照。隋开皇十四年(594)置安陆郡，治安陆，安陆为属县。唐武德四年(621)改安陆郡为安州，置总管府；同七年(624)改为大都督府。贞观三年(629)罢都督府。以后寻复寻罢。开元年间(713~741)，安陆仍置都督府。天宝元年(742)改安州为安陆郡，置都督府。乾元元年(758)复为安州都督府。宋宣和元年(1119)升州为府，于安陆置德安府。德安府领安陆、应城、孝感、应山、云梦五县。南宋建炎四年(1130)，安陆为德安府汉阳镇抚使治所。绍兴三年(1133)德安府仍隶荆湖北路，治所安陆。元至元十三年(1276)，安陆仍为德安府治，隶荆湖北道宣慰司。明洪武元年(1368)，安陆县属德安府，德安府领安陆、云梦、应城、应山、随州五县，隶湖广行省；同九年(1376)降府为州，隶黄州府，属武昌府；同十三年(1380)复升为府，治安陆，隶湖广布政使司武昌道。清康熙三年(1664)，安陆为德安府治，属湖北布政使司，隶汉黄德道。史上安陆县一直指的是现今的安陆市。明洪武九年(1376)安陆和德安两府同时降为州，分别为安陆州和德安州，治所分别在长寿县和安陆县。嘉靖十年(1531)，安陆州升为承天府，并同时设立钟祥县，钟祥一直沿用到清顺治三年(1646)。因此，可以说历史上的安陆府和安陆县是同时存在的。

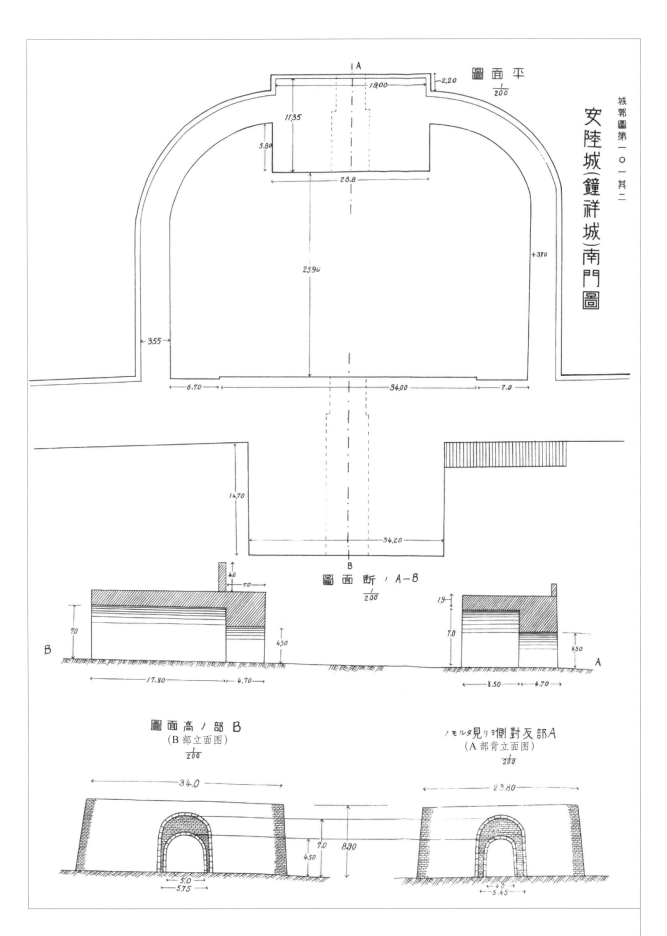

安陸城(鐘祥城)南門圖

圖面平
$\frac{1}{200}$

1900

2,20

1135

5.80

28.8

+3.50

2590

3,55

6.70

34,00

7.0

14,70

34,20

B

圖面断 A−B
$\frac{1}{200}$

4.0

5.0

7.0

4.50

B

1.9

7.0

4.50

A

17.80

4.70

8.50

4.70

圖面高ノ部 B
(B部立面图)
$\frac{1}{200}$

ノモルタ見リ3側對反部A
(A部背立面图)
$\frac{1}{200}$

34.0

23.80

7.0

8.90

4.50

5.0
5.75

4.6
5.45

291

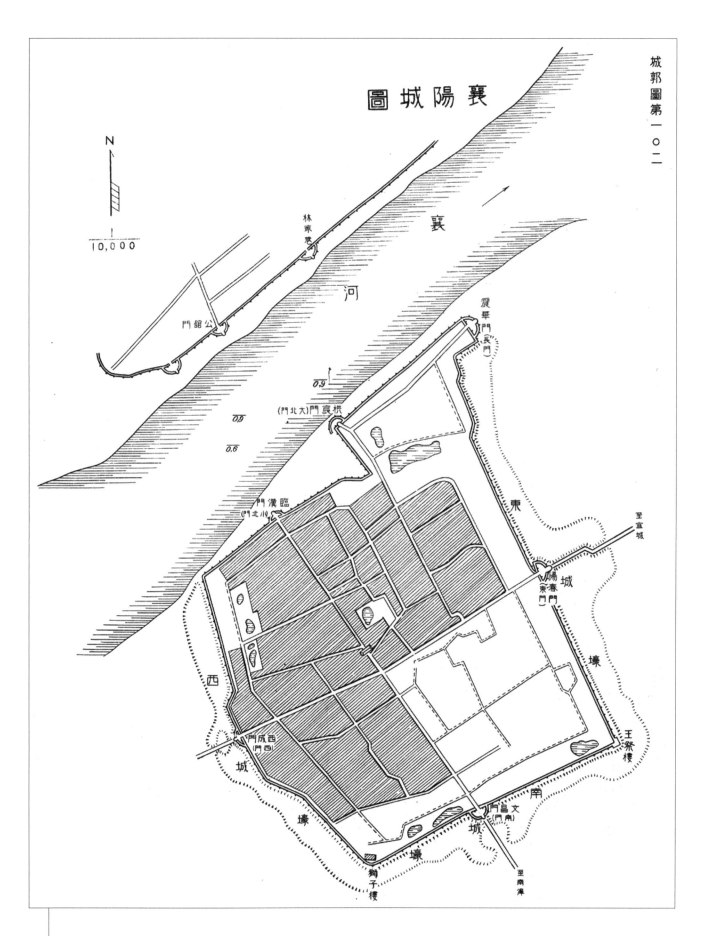

襄陽城圖

城郭圖第一〇二

N

10,000

襄

河

公韶門

林東巷

0.9

0.6

0.8

(大北門)棋宸門

震華門(辰門)

(小北門)臨漢門

東

至宣城

陽城門

東春門

城壕

(西門)西成門

西

城壕

王粲樓

南

城

文昌門(南門)

城壕

獅子樓

至廟庫

襄阳建置沿革

秦南郡北境地。西汉初年始建襄阳县，以县治位于襄水之阳而得名，辖汉水以南、中庐县以东、以北的地区。汉武帝时属荆州刺史部南郡。新莽时改称"相阳"。东汉光武帝时恢复原名，仍属荆州南郡。东汉初平年间 (190~193) 移州治于襄阳城内。建安十三年 (208) 曹操控制了南郡北部，置襄阳郡，郡治襄阳城。三国曹魏时仍属荆州襄阳郡。晋初为荆州治所。太元十四年 (389) 以襄阳为中心侨置雍州。南朝宋元嘉二十六年 (449) 析出荆州的襄阳、南阳、顺阳、新野、随等五郡为侨置雍州的实土，州治襄阳城。南齐因袭旧制。梁朝时萧詧以襄阳降西魏，西魏改称襄州，置总管府。襄阳县属襄州总管府襄阳郡。北周因袭之。隋初废郡存襄州，后改州为襄阳郡，襄阳县属之。唐武德四年 (621) 改郡为州。贞观 (627~649) 初年置山南道，治所襄阳城，属山南道襄州。开元二十一年 (733) 属山南东道 (治所仍在襄阳城) 襄州。天宝年间 (742~756) 改州为郡，乾元年间 (758~760) 复称襄州。五代时属山南道 (实即山南东道) 襄州。北宋时属京西南路襄州。宣和元年 (1119) 属京西南路襄阳府。南宋绍兴五年 (1135) 襄阳县辖境遂扩展至汉水以北，仍属襄阳府。元至元二十九年 (1292) 属江北河南行中书省襄阳路。明洪武 (1368~1398) 初年属湖广行中书省襄阳府；同九年 (1376) 属湖广承宣布政使司襄阳府。崇祯十五年 (1642)，李自成改称襄阳为"襄京"。清时属湖北布政使司襄阳府。民国二年 (1913) 直隶于省；同三年 (1914) 属襄阳道；同十六年 (1927) 废道，仍属省辖；同二十五年 (1936) 襄阳划归湖北省第五行政督察区管辖。

襄阳位于汉水南岸，信阳西方约 190 公里处。襄阳西方 8 公里处有隆中山，相传曾为诸葛孔明茅庐所在地。

长沙建置沿革

秦时属长沙郡，郡治临湘县。汉高祖元年（前206）项羽分封诸侯，分楚为四，长沙属临江国；同五年（前202）分临江为长沙国，封吴芮为长沙王。文帝后元七年（前157）长沙王五传至靖王吴著逝世，无后，废长沙国。景帝前元元年（前156）复置长沙国。此时长沙国大致相当秦时长沙郡。长沙国隶荆州刺史部。新莽始建国元年（9）改长沙国为镇蛮郡，改临湘县为抚睦县，后废长沙国。东汉建武元年（25）复置长沙郡，改抚睦县为临湘，仍为郡治，上隶荆州刺史部。东汉末年封建割据，建安十四年（209）刘备领有长沙郡；同十九年（214），孙权取长沙等三郡，次年孙刘协议以湘江为界，东属孙权，西属刘备。

三国吴因袭前制，仍置荆州长沙郡，治临湘。会稽王孙亮太平二年（257）析长沙郡西部都尉辖地置衡阳郡，析东部都尉辖地置湘东郡。临湘县湘江以西地域析为湘西县。析益阳置新阳县。晋太康元年（280）长沙郡、衡阳郡属荆州。永嘉元年（307）分荆州七郡及江州一郡置湘州。湘州辖长沙、衡阳等八郡，临湘县治仍为长沙郡治及湘州州治。东晋咸和四年（329）湘州并入荆州。义熙八年（412）复分荆州十郡置湘州；同十三年（417）省湘州。东晋末，湘州不复存在。南朝宋永初三年（422）复分荆州十郡设湘州。梁天监六年（507）析湘、广两州置衡州；同九年（510）复分湘州置衡州。

隋开皇九年（589）罢湘州，临湘县改名长沙县；废浏阳、醴陵、湘西（一部分）等县入长沙县，长沙之名自此始。此时潭州地域大于南朝长沙郡，小于湘州。大业三年（607）改州为郡，潭州改名长沙郡，长沙县为州郡治所。唐武德元年（618）复改长沙郡为潭州，长沙县为州治。贞观元年（627）潭州属江南道。开元二十一年（733）潭州属江南西道。天宝元年（742）又改潭州为长沙郡。至德元年（756）改郡为州。大历四年（769）长沙县升紧县。会昌四年（844）长沙县新升望县。五代后梁开平元年（907）、后唐天成二年（927），分别封马殷为楚王和楚国王，以潭州为长沙府，作为楚国都城。后汉乾祐二年（949）马希广奏，析长沙县东界为龙喜县；同三年（950）马希萼、马希崇与马希广混战，潭州城毁。

宋至道三年（997）潭州属荆湖南路。南宋绍兴元年（1131）分荆湖南北路为荆湖东西路；同二年（1132）罢东西路，仍分南北路，南路治潭州。潭州为上州。元至元十四年（1277）设潭州行省；同十八年（1281）迁潭州行省于鄂州，后称湖广等处行中书省。徙湖南道宣慰司治潭州（路）。天历二年（1329）潭州路改天临路。至正二十四年（1364）改天临路为潭州府。

明洪武五年（1372）潭州府更名长沙府，属湖广布政使司。清因袭明制，仍设长沙府。康熙三年（1664）湖广省设右布政使司、湖南按察使司于长沙，偏沅巡抚移驻长沙。雍正元年（1723）改湖广右布政使司为湖南布政使司；同二年（1724）改偏沅巡抚为湖南巡抚，仍属湖广总督管。长沙府城自此为湖南省省会。民国元年（1912）并县归府，长沙府附廓的长沙、善化两县合并于府，为长沙府直辖地；同二年（1913）废府留县，长沙府直辖地改为长沙县；同三年（1914）长沙县属湘江道；同九年（1920）设长沙市政厅，年底改设市政公所；同年废道，复行省、县两级制；同二十二年（1933）长沙设"省辖市"，市县分治。

圖沙長

（現今沒有城墻）

湘

江